高职高专"十三五"规划教材

西门子 PLC 原理与编程

主　编　汪明添

北京航空航天大学出版社

内容简介

本书以西门子 S7 - 200 为主要内容，将理论指令与对应实例按知识结构组合，以便教师有实例好教，学生有实例好学，方便查阅理论指令。本书详细讲解了 PLC 的系统特点、工作原理、指令系统，分析总结了程序设计的方法，内容包括：电气控制基础；PLC 的基础；PLC 的基本指令和控制要点；PLC 的程序设计方法；PLC 的常用功能指令和设计举例；PLC 应用，如变频器、触摸屏、SMART PLC 和组态。本书配有电子课件，录制有各章节的视频，可供教师参考。

本书可作为高职高专院校电类和机电一体化等专业的教材，也可作为工程技术人员的参考书。

图书在版编目(CIP)数据

西门子 PLC 原理与编程 / 汪明添主编. -- 北京 ：北京航空航天大学出版社，2020.8

ISBN 978 - 7 - 5124 - 3298 - 7

Ⅰ. ①西… Ⅱ. ①汪… Ⅲ. ①PLC 技术-程序设计-高等职业教育-教材 Ⅳ. ①TM571.61

中国版本图书馆 CIP 数据核字(2020)第 104349 号

西门子 PLC 原理与编程

主　编　汪明添

责任编辑　孙兴芳

*

北京航空航天大学出版社出版发行

北京市海淀区学院路 37 号(邮编 100191)　http://www.buaapress.com.cn

发行部电话：(010)82317024　传真：(010)82328026

读者信箱：emsbook@buaacm.com.cn　邮购电话：(010)82316936

北京凌奇印刷有限责任公司印装　各地书店经销

*

开本：710×1 000　1/16　印张：14.75　字数：314 千字

2020 年 8 月第 1 版　2024 年 1 月第 2 次印刷　印数：2 800 册

ISBN 978 - 7 - 5124 - 3298 - 7　定价：49.00 元

前　言

可编程序控制器(PLC)是以微处理器为核心,融合大规模集成电路技术、自动控制技术、计算机技术、通信技术为一体的新型工业自动化电子系统装置。PLC 是现代工业自动化的三大支柱之一,对传统的技术改造、发展新型工业具有重大意义。

本书以西门子 S7－200 为主要内容,包括:电气控制基础;PLC 的基础;PLC 的基本指令和控制要点;PLC 的程序设计方法;PLC 的常用功能指令和设计举例;PLC 应用,如变频器、触摸屏、SMART PLC 和组态。

本书注重基础性和实用性,以工程实例为主线,将理论与工业生产实际相结合。传统 PLC 教材一般先讲理论指令等,然后再讲实例应用;项目式教材先列项目,然后再将理论指令等插在其中;而本书介于两者之间,将理论指令与对应实例按知识结构组合,以便教师有实例好教,学生有实例好学,方便查阅理论指令。书中的 PLC 项目和案例可上机操作或仿真运行,从而使读者在实际操作中能够较好地掌握相关知识。

程序设计是 PLC 应用的难点,本书结合高职高专教学的特点,系统介绍了 PLC 的程序设计方法,其中包括梯形图经验设计方法、继电器电路图替换法、时序图设计法、逻辑设计法、顺序控制设计法、功能指令应用法等。这些方法的学习,有助于学生掌握 PLC 设计的编程规律和思路。

本书配有电子课件,录制有各章节的视频,可供教师参考。

为了叙述方便,书中采用了“◎”“＃”“[ ]”3 个符号。在文字符号前不加前缀符表示线圈,加“◎”前缀表示动合触点,加“＃”前缀表示动断触点;在文字符号后加“[ ]”表示电气元件所在的图区或编程元件所在的网络。例如:“◎KM1(1－3)[4]”表示动合触点在网络 4;“Q0.0[3]”表示输出继电器 Q0.0 线圈在网络 3;“＃I0.0[5]”表示输入继电器 I0.0 的动断触点在网络 5。

本书由贵州电子信息职业技术学院教师汪明添担任主编，李鹏担任副主编。其中，汪明添编写了前言、第 2～6 章，李鹏编写了第 1 章。在编写本书的过程中，得到了张定祥、黄新奇、沈旭东、王旋、朱高伟、刘富、刘高强各位老师的支持和帮助，在此谨致深切的谢意。在本书编写过程中参考了大量文献，在此对这些文献的作者深表感谢。

PLC 新技术不断更新，由于编者水平有限，书中难免有欠妥之处，真诚希望广大读者批评指正、完善和更新。编者邮箱：wmt8899@sina.com。

编　者

2020 年 6 月

目　　录

项目清单

第1章 电气控制基础

电气控制是一门重要的控制技术，有三种常用的控制方式：继电接触器控制方式、顺序控制器控制方式和PLC控制方式。

在自动控制过程中大多以电动机作为动力，而电动机是通过某种控制方式来接受控制的，其中以各种有触点的继电器、接触器、行程开关等自动控制电器组成的控制线路称为继电接触器控制方式。

20世纪70年代出现了顺序控制器，它采用的是晶体管无触点的逻辑控制，通过在矩阵板上插接晶体管来实现编程。但它仍属于硬件组成的顺序控制装置，更改程序仍然不方便。随着PLC的出现，顺序控制器很快淡出了市场，因为PLC以软件形式完成顺序逻辑控制，用计算机手段实施操作，所以更改程序十分方便。再者得益于类似计算机的高可靠性和高运算速度，PLC一经出现就立即得到了广泛应用，而且逐渐取代了复杂的继电接触器控制。但是，由于构成继电接触器控制的各种低压电器的特殊性，所以继电接触器控制不可能完全被取代。这不仅因为它是一种成熟、完善的技术，而且还因为它是PLC的基础。此外，几乎所有PLC的输入、输出仍然都要与这些电器相连接，通过它们将输入信号送给PLC，再通过它们将PLC的输出信号传送给负载，带动执行机构动作。

1.1 常用低压电器

电器是所有电工器械的简称，即凡是根据外界特定的信号和要求自动或手动接通与断开电路，断续或连续地改变电路参数，实现对电路或非电对象的切换、控制、保护、检测和调节的电工器械均称为电器。

低压电器通常指工作在交流1 200 V以下、直流1 500 V以下电路中的电器。常用的低压电器主要有：接触器、继电器、刀开关、断路器(空气自动开关)、转换开关、行程开关、按钮、熔断器等；工作电压高于交流 1 200 V、直流 1 500 V 以上的各种电器则属于高压电器。常用的高压电器主要有：高压断路器、隔离开关、高压熔断器、避雷器等。

本节仅介绍按钮、开关、断路器、熔断器、接触器、继电器等常用低压电器。

1.1.1 按钮与开关

1. 按 钮

按钮是手动开关，通常用来接通或断开小电流控制的电路。

当按下按钮时，先断开常闭触点，然后才接通常开触点；按钮释放后，在复位弹簧作用下使触点复位，所以，按钮常用来控制电器的点动。按钮接线没有进线和出线之分，只要将所需的触点直接连入电路即可。当没有按下按钮时，接在常开触头接线柱上的线路是断开的，常闭触头接线柱上的线路是接通的；当按下按钮时，两种触点的状态改变，同时也使与之相连的电路状态改变。

按钮一般由按钮帽、复位弹簧、触点和外壳等部分组成，如图 1.1.1 所示，图形和文字符号如图 1.1.2 所示。每个按钮中触点的形式和数量可根据需要装配成 1 常开、1 常闭、1 常开加 1 常闭形式。按钮可做成单式(一个按钮)、复式(两个按钮)和三联式(三个按钮)的形式。为便于识别各个按钮的作用，避免误操作，通常在按钮帽上做出不同标志或涂以不同颜色，以表示不同作用。一般使用时用红色作为停止按钮，绿色作为启动按钮。

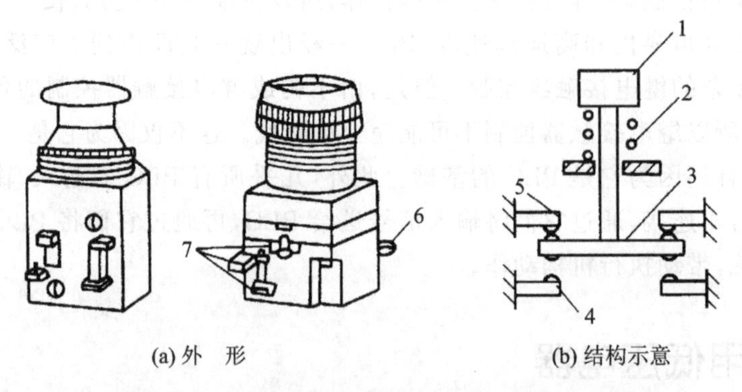

1—按钮帽；2—复位弹簧；3—动触头；4—常开触点的静触头；
5—常闭触点的静触头；6，7—触头接线柱

图 1.1.1 按 钮

2. 位置开关

用于检测工作机械的位置，发出命令以控制其运行方向或行程长短的主令电器，称为位置开关或行程开关。将位置开关安装于生产机械行程终点处，可限制其行程，

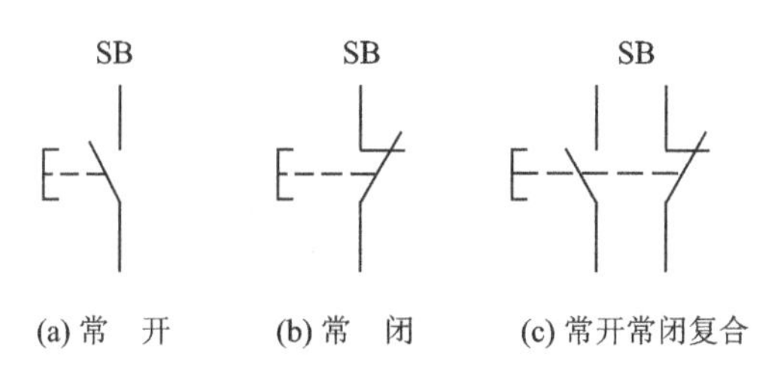

图 1.1.2　按钮的图形及文字符号

也称为限位开关或终点开关。

位置开关的工作原理和按钮相同,区别在于它不靠手的按压,而是利用生产机械运动部件的挡铁碰压使触点动作。位置开关按结构分为机械结构的接触式有触点行程开关和电气结构的非接触式接近开关。

(1) 行程开关

机械结构的接触式有触点行程开关靠移动物体碰撞其可动部件使常开触点接通、常闭触点断开,实现对电路的控制。移动物体(或工作机械)一旦离开,行程开关复位,其触点恢复为原始状态。

行程开关按其结构可分为直动式、滚轮式和微动式三种。其中,直动式行程开关的结构原理如图 1.1.3 所示,它的动作原理与按钮相同,其缺点是触点分合速度取决于工作机械的移动速度,当移动速度低于 0.4 m/min 时触点分合太慢,易受电弧烧损。为此,应采用有盘形弹簧机构瞬时动作的滚轮式行程开关,如图 1.1.4 所示。当工作机械的行程比较小而作用力也很小时,可采用具有瞬时动作和微小动作的微动式行程开关,如图 1.1.5 所示。

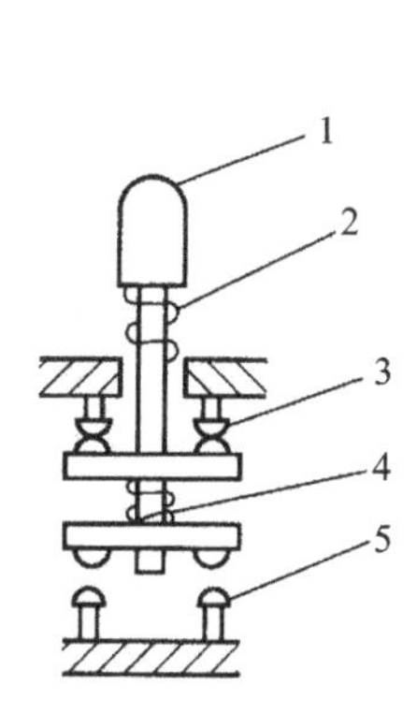

1—顶杆;2—弹簧;3—常闭触点;
4—触点弹簧;5—常开触点

图 1.1.3　直动式行程开关

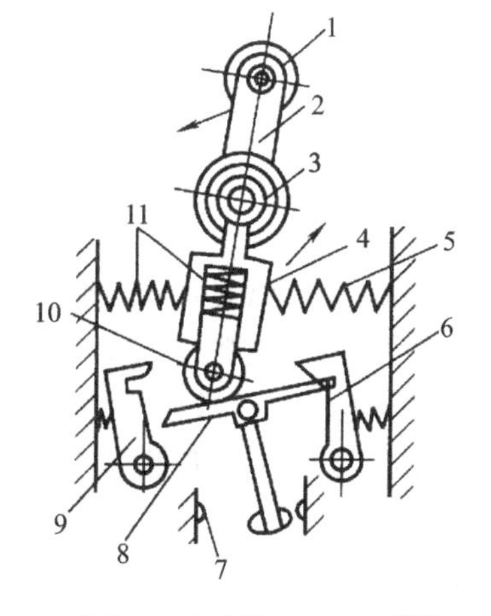

1—滚轮;2—上轮臂;3,5,11—弹簧;
4—套架;6,9—压板;7—触点;
8—触点推杆;10—小滑轮

图 1.1.4　滚轮式行程开关

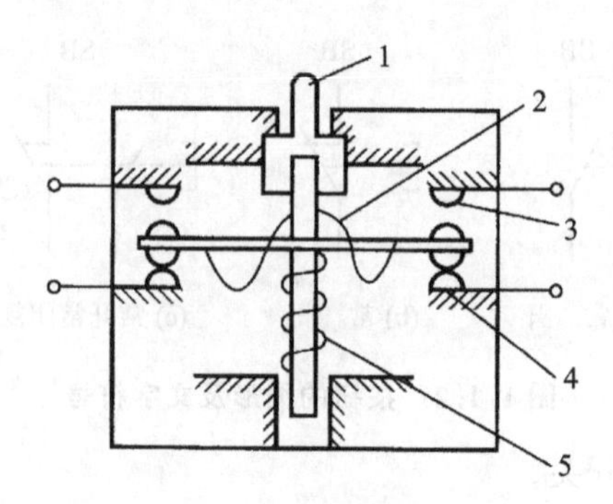

1—推杆；2—弯形片状弹簧；3—常开触点；
4—常闭触点；5—复位弹簧

图 1.1.5 微动式行程开关

(2) 接近开关

接近开关又称无触点行程开关，是当运动的金属片与开关接近到一定距离时发出接近信号，以不直接接触方式进行控制的。接近开关不仅用于行程控制、限位保护等，还可用于高速计数、测速、检测零件尺寸、液面控制、检测金属体的存在等。

行程开关与接近开关的图形符号及文字符号如图 1.1.6 所示。

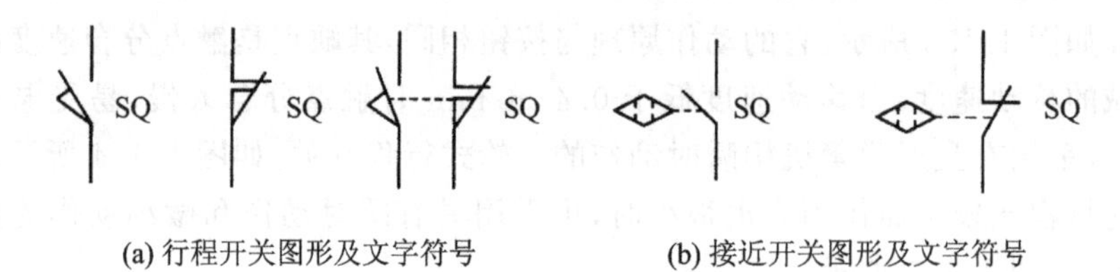

(a) 行程开关图形及文字符号　　(b) 接近开关图形及文字符号

图 1.1.6 行程开关与接近开关的图形符号及文字符号

3. 刀开关

刀开关又称闸刀，主要用来接通和切断长期工作设备的电源，也可以对小容量电动机(小于 7.5 kW)作不频繁的直接启动。刀开关的主要类型有：带熔断器的开启式负荷开关(胶盖开关)、带灭弧装置和熔断器的封闭式负荷开关(铁壳开关)等。刀开关主要根据电源种类、所需极数、额定电压、电流值、电动机容量及使用场合来选择。选择时刀的极数要与电源进线数相等，刀开关的额定电压应大于所控制线路的额定电压，刀开关的额定电流应大于负载的额定电流。刀开关的图形符号及文字符号如图 1.1.7 所示。

4. 低压断路器

(1) 低压断路器的结构和工作原理

低压断路器又称自动空气开关或自动开关，它相当于刀开关、熔断器、热继电器、过电流继电器和欠电压继电器的组合，是一种既有手动开关作用又能自动进行欠电

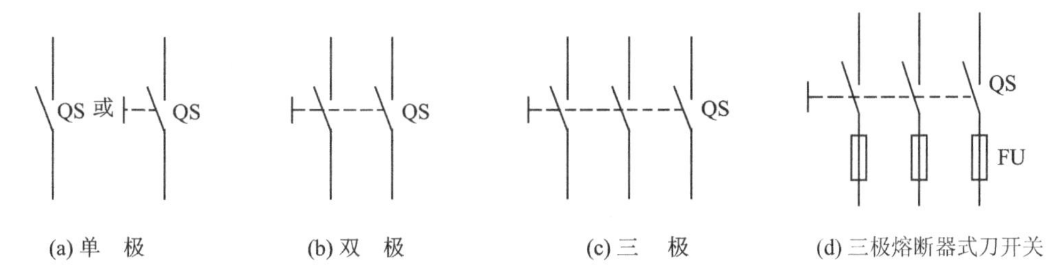

图 1.1.7 刀开关的图形符号及文字符号

压、失电压、过载和短路保护的电器。它是低压配电中非常重要的保护电器，且在正常条件下，也可用于不频繁地接通和切断电路及启动电动机。

低压断路器由操作机构、触头、保护装置（各种脱扣器）、灭弧系统等组成。低压断路器工作原理图如图 1.1.8 所示。

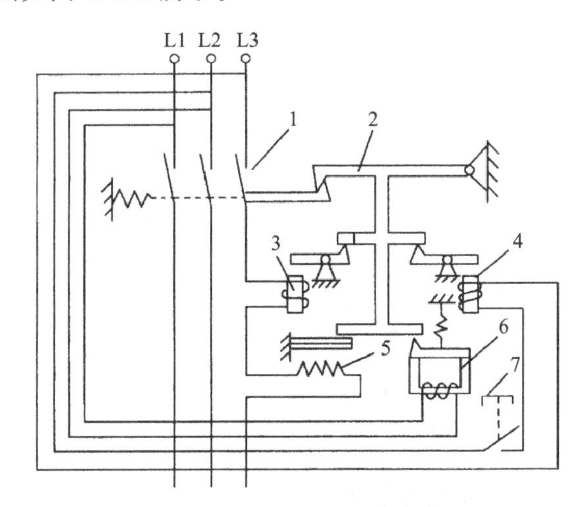

1—主触头；2—自由脱扣机构；3—过电流脱扣器；4—分励脱扣器；
5—热脱扣器；6—欠电压脱扣器；7—启动按钮

图 1.1.8 低压断路器工作原理图

低压断路器的主触头是靠手动操作或电动合闸的。主触头闭合后，自由脱扣机构将主触头锁在合闸位置上。过电流脱扣器的线圈和热脱扣器的热元件与主电路串联，欠电压脱扣器的线圈和电源并联。当电路发生短路或严重过载时，过电流脱扣器 3 的衔铁吸合，使自由脱扣机构 2 动作，主触头断开主电路。当电路过载时，热脱扣器 5 的热元件发热使双金属片向上弯曲，推动自由脱扣机构动作。当电路欠电压时，欠电压脱扣器 6 的衔铁释放，也使自由脱扣机构动作。分励脱扣器 4 则作为远距离控制用，在正常工作时，其线圈是断电的，当需要远距离控制时，按下启动按钮，使线圈通电，衔铁带动自由脱扣机构 2 动作，使主触头断开。

某低压断路器的外观图如图 1.1.9 所示，其内部结构图如图 1.1.10 所示。

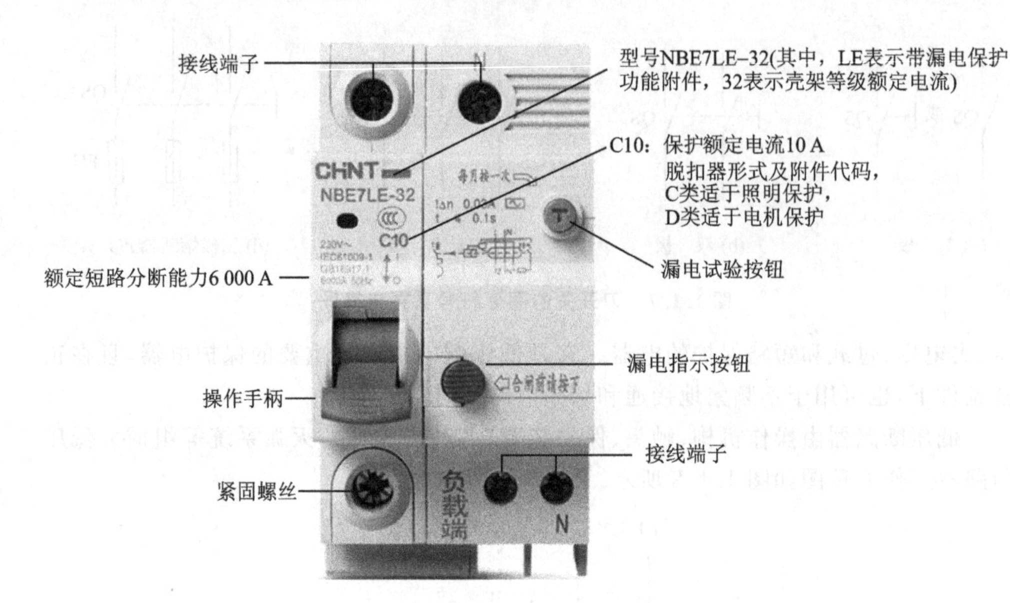

图 1.1.9 某低压断路器的外观图

1—机械锁定和手柄装置;2—电磁脱扣器;3—双金属片;
4—外壳或卡轨部件;5—灭弧栅;6—触头系统;7—接线端子
注：其具有过载和短路保护功能。

图 1.1.10 某低压断路器的内部结构图

(2) 带漏电保护附件的低压断路器

图 1.1.11 所示是一种电磁式电流型漏电保护器的原理，工作原理如下：当电网处于正常情况时，不论 A、B、C 三相负载是否平衡，只要电路中不存在接地漏电电流或触电电流，通过零序电流互感器的三相电流矢量和就都等于零，即 $\dot{I}_A+\dot{I}_B+\dot{I}_C=0$，此时零序电流互感器的二次绕组中没有感应电流产生，漏电保护开关 QF 可在合闸状态下正常工作而不动作。当被保护电网中有电气设备的漏电事故，例如电动机内某

相因绝缘损坏并碰及外壳时，便产生漏电流。如果外壳没有接地，则人碰到外壳时便会触电；或者更有甚者，操作人员因疏忽违反操作规程，直接触及火线而触电。这些漏电电流便通过大地回到变压器的低压侧中性点，因而三相电流的矢量和不再为零，即

$$\dot{I}_A + \dot{I}_B + \dot{I}_C = \dot{I}_L$$

式中：$\dot{I}_L$ 为总漏电电流。

于是，零序电流互感器的二次绕组中就有感应电流 $\dot{I}_{L2}$ 流向漏电脱扣器线圈 L。当总漏电电流达到漏电保护器的整定动作值时，漏电脱扣器动作推动开关脱扣机构，使开关分断电路，达到触电安全保护的效果。

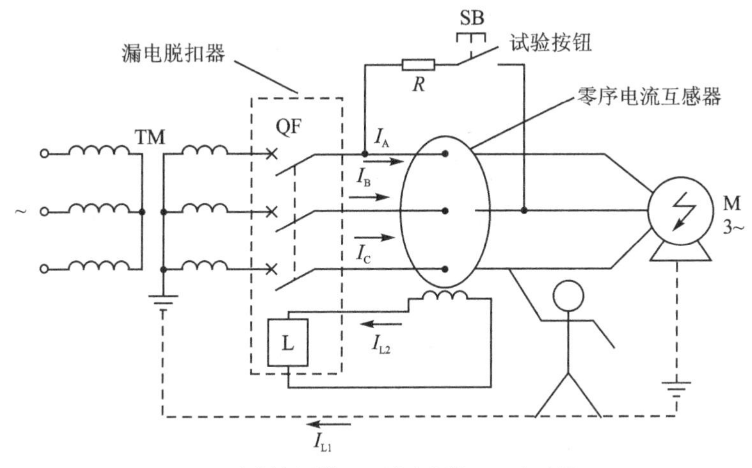

TM—电源变压器；R—试验电阻；M—电动机

图 1.1.11 电磁式电流型漏电保护器的原理

(3) 常见低压断路器

图 1.1.12 所示是部分常见低压断路器的外观图，其中，1P 是指断路器只保护及切断火线，不保护及切断零线；1P＋N 是指断路器保护及切断火线，不保护零线，即火线切断，零线不切断（带漏保）；2P 是指断路器同时保护及切断火线。

表 1.1.1 所列为常见低压断路器-接线方式表。

表 1.1.1 常见低压断路器-接线方式表

名 称	电压/V	接线方式	名 称	电压/V	接线方式
1P 空开/断路器	230/400	只接火线	1P＋N 漏保断路器	230	接火线、零线
2P 空开/断路器	230/400	接火线、零线	2P 漏保断路器	230	接火线、零线
3P 空开/断路器	400	三相四线电	3P＋N 漏保断路器	400	三相四线电
4P 空开/断路器	400	三相四线电	4P 漏保断路器	400	三相四线电

图 1.1.13 所示为某家装空开接线示意图。

(a) 1P断路器过载和短路保护

(b) 1P+N断路器过载和短路保护

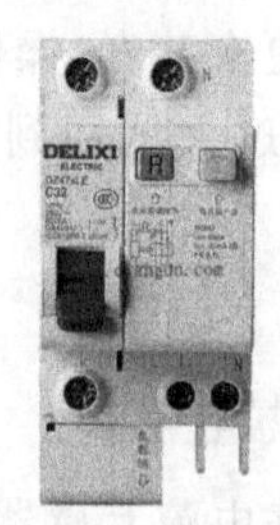

(c) 1P+N带漏电保护附件的断路器过载、短路和漏电保护

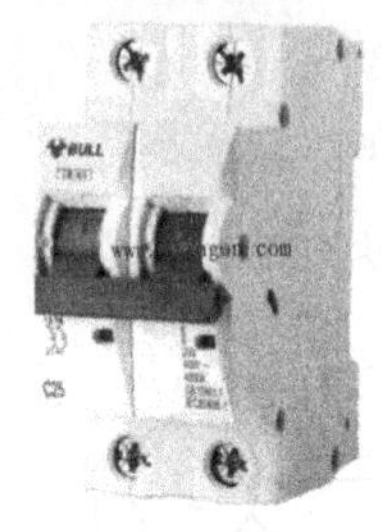

(d) 2P断路器

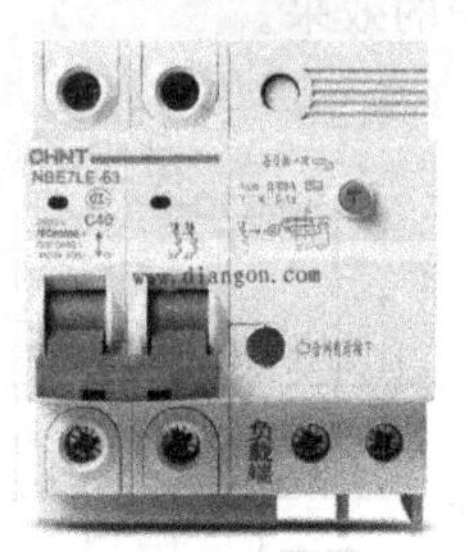

(e) 2P带漏电保护附件的断路器

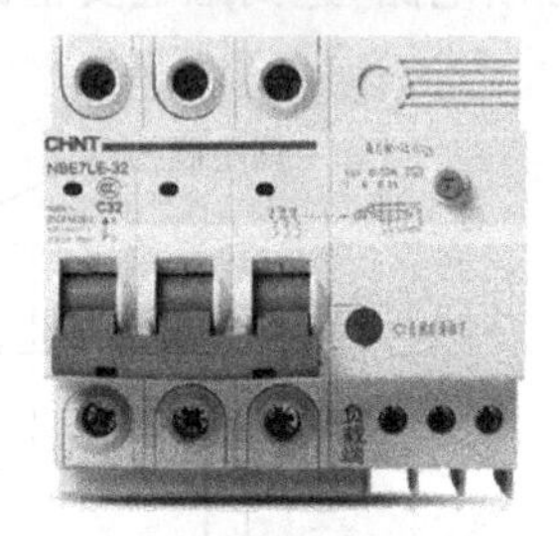

(f) 3P带漏电保护附件的断路器

图 1.1.12 部分常见低压断路器的外观图

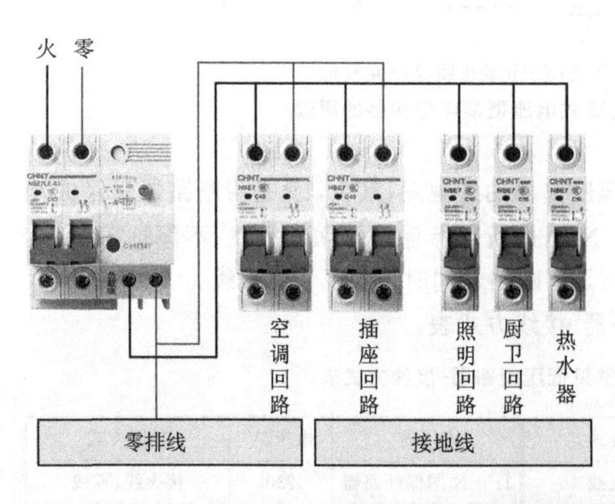

二居室建议搭配

经济型 配电箱
总开关：2P漏保63A
插座回路：空开1P20A×2

空调回路：空开1P20A×2

厨卫回路：空开1P20A
热水器：空开1P20A

高效型 配电箱总开关：2P63A

插座回路：漏保1P+N标准型20 A×2
空调回路：空开1P20A×2
厨卫回路：漏保1P+N标准型20 A
热水器：漏保1P+N标准型20 A

图 1.1.13 某家装空开接线示意图

现代家居用电应按照明回路、插座回路、空调回路等分开布局，当其中一个回路(如照明回路)出现故障时，其他回路仍可以正常供电。

5. 熔断器

熔断器是一种最简单的起短路保护作用的电器，一般是将熔体（易熔的合金制成丝、片状）放入绝缘盒或管内，使用时串入欲保护的线路中即可。正常工作时熔体温升低于其熔点；若发生短路，则熔体温升超过其熔点而熔化，将电路断开，从而保护了电路和用电设备。

常用的熔断器有插入式熔断器、螺旋式熔断器和封闭管式熔断器。

插入式熔断器如图1.1.14所示，因其分断能力较小，故多用于照明电路中。

螺旋式熔断器如图1.1.15所示，其分断能力强。螺旋式熔断器熔体的上端盖有一熔断指示器，一旦熔体被熔断，指示器立即弹出，可透过瓷帽上的玻璃孔观察到。螺旋式熔断器多用于机床配电电路中。

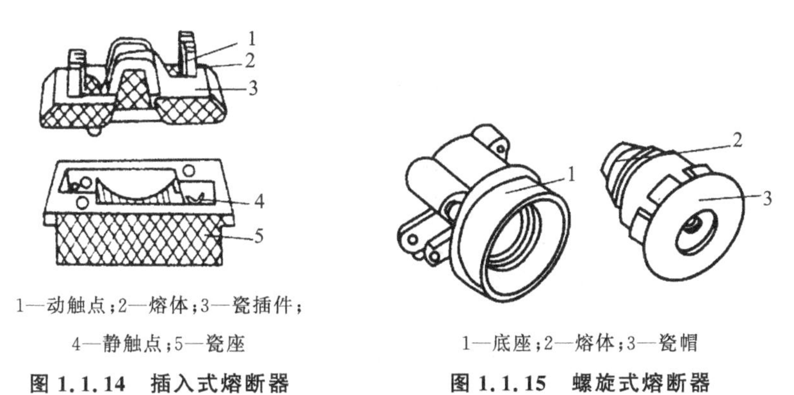

1—动触点；2—熔体；3—瓷插件；
4—静触点；5—瓷座

图1.1.14 插入式熔断器

1—底座；2—熔体；3—瓷帽

图1.1.15 螺旋式熔断器

选择熔断器主要是根据熔断器的种类、额定电压、熔体额定电流等。根据负载的保护特性、短路电流大小、使用场合、安装条件和各类熔断器的适用范围来选择熔断器类型。熔断器额定电压应大于或等于线路的工作电压。

熔体额定电流的确定方法如下：

① 对于电阻性负载，熔体的额定电流等于或略大于电路的工作电流。

② 对于电容器设备的容性负载，熔体的额定电流应大于电容器额定电流的1.6倍。

③ 对于电动机负载，要考虑启动电流冲击的影响，计算方法如下：

对于单台电动机：

$$I_{NF} \geqslant (1.5 \sim 2.5) I_{NM}$$

式中：I_{NF} 为熔体额定电流（A）；I_{NM} 为电动机额定电流（A）。

对于多台电动机；

$$I_{NF} \geqslant (1.5 \sim 2.5) I_{NMmax} + \sum I_{NM}$$

式中：I_{NMmax} 为一台容量最大的电动机的额定电流(A)；$\sum I_{NM}$ 为其余各台电动机的额定电流之和(A)。

1.1.2 接触器与继电器

1. 接触器

接触器适用于远距离频繁接通和断开交流、直流电路，可以带动电动机，也可以带动电加热器、照明灯等电力负载。接触器按其触点通过电流的性质不同，可分为交流及直流接触器；按灭弧介质又可分为空气式、油浸式、真空式等接触器。应用最多的是空气式电磁接触器。交流接触器的结构示意图如图 1.1.16 所示。

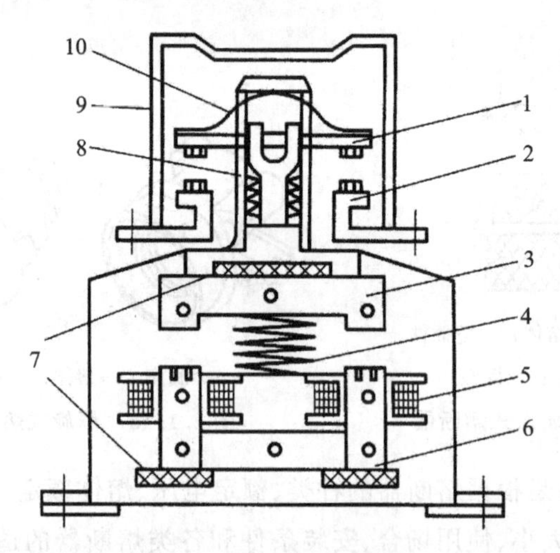

1—动触点；2—静触点；3—衔铁；4—返回弹簧；5—电磁线圈；
6—铁芯；7—垫毡；8—触点弹簧；9—灭弧罩；10—触点压力簧片

图 1.1.16 交流接触器的结构示意图

主触点可通断大电流；辅助触点供控制用，一般允许通断较小电流。其中，电磁部分包括铁芯、电磁线圈、衔铁和返回弹簧。它的基本作用是将电磁能转换成机械能，通过电磁力吸引衔铁带动触点动作，实现对电路的控制。当电流比较大时，在分断电流的瞬间，触点间可能产生电弧，甚至造成触点烧损，因此要采取灭弧措施。其中，灭弧罩是常用的灭弧方式之一。

交流接触器一般根据以下几个参数进行选择：主触点的额定电压、电流值；辅助触点的额定电流值；吸引线圈的电压等级以及触点数量等。

接触器的图形符号及文字符号如图 1.1.17 所示。

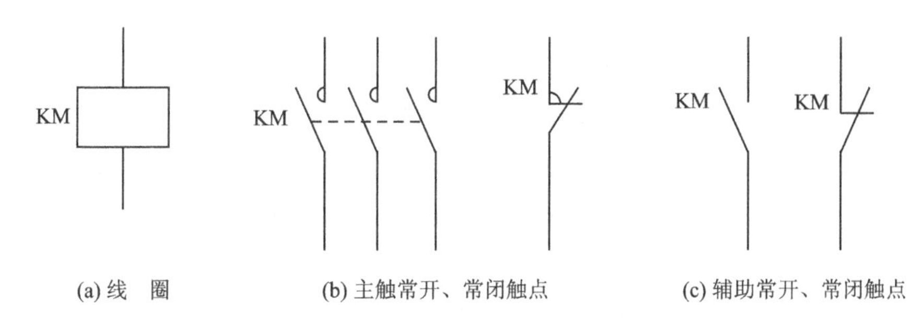

(a) 线　圈　(b) 主触常开、常闭触点　(c) 辅助常开、常闭触点

图1.1.17　接触器的图形符号及文字符号

2. 继电器

继电器是根据控制信号动作的电器，它的种类繁多，主要有：中间继电器、电流继电器、电压继电器、时间继电器、热继电器等。其中，中间、电流和电压继电器属于电磁式继电器。

(1) 电磁式继电器 KA

电磁式继电器的结构、工作原理与接触器相似，主要组成有电磁系统和触点两部分。中间继电器是将一个输入信号变成多个输出信号或将信号放大(增大触点容量)的继电器。由于触点的电流比较小，因此它不需要灭弧装置。电流继电器是根据输入(线圈)电流大小而动作的继电器，按用途分为过电流继电器和欠电流继电器。电压继电器是根据输入电压大小而动作的继电器，同样分为过电压继电器和欠电压继电器。电流继电器和电压继电器分别对电流、电压起保护作用。

(2) 时间继电器 KT

时间继电器是一种按照时间原则动作的继电器，这一时间由人设定。时间继电器按工作方式分为断电延时继电器和通电延时继电器。

所谓断电延时，是指线圈断电后，经过一段时间延时自身的触点才动作。通电延时工作与其相似，是在线圈通电一段时间后触点才动作。

时间继电器的图形符号及文字符号如图1.1.18所示。

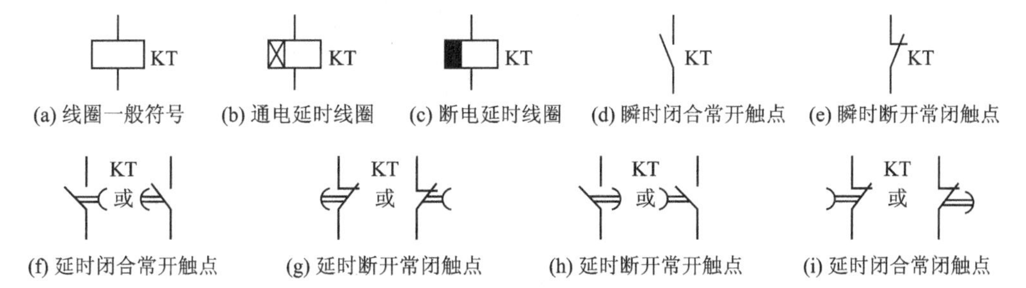

(a) 线圈一般符号　(b) 通电延时线圈　(c) 断电延时线圈　(d) 瞬时闭合常开触点　(e) 瞬时断开常闭触点

(f) 延时闭合常开触点　(g) 延时断开常闭触点　(h) 延时断开常开触点　(i) 延时闭合常闭触点

图1.1.18　时间继电器的图形符号及文字符号

(3) 热继电器

热继电器是对连续运行的电动机作过载及断相保护。热继电器主要由热元件、双金属片和触头三部分组成。热继电器中产生热效应的发热元件，应串接于电动机绕组电路中，这样，热继电器便能直接反映电动机的过载电流，但其触点应接在控制电路中。热继电器的触点一般有常开和常闭两种，作过载保护用时常使其常闭触点串联在控制电路中。

图 1.1.19 所示是热继电器的结构原理。使用时热元件 3 串接在电动机定子绕组中，电动机绕组电流即为流过热元件的电流。当电动机正常运行时，热元件产生的热量虽能使双金属片 2 弯曲，但还不足以使继电器动作；当电动机过载时，热元件产生的热量增大，使双金属片弯曲位移增大，经过一定时间后，双金属片弯曲到推动导板 4，并通过补偿双金属片 5 与推杆 14 将动触点 9 和常闭触点 6 分开，动触点 9 和常闭触点 6 为热继电器串于接触器线圈回路的常闭触点，断开后使接触器失电，接触器的常开触点断开电动机的电源以保护电动机。调节旋钮 11 是一个偏心轮，它与支撑件 12 构成一个杠杆；13 是一个压簧，转动偏心轮，改变它的半径即可改变补偿双金属片 5 与导板的接触距离，达到调节整定动作电流的目的。此外，靠调节复位螺钉来改变常开触点的位置，使热继电器能工作在手动复位和自动复位两种工作状态。当工作在手动复位时，热继电器动作后，经过一段时间待双金属片冷却，按复位按钮才能使动触点恢复到与静触点相接触的位置。工作在自动复位时，热继电器可自行复位。

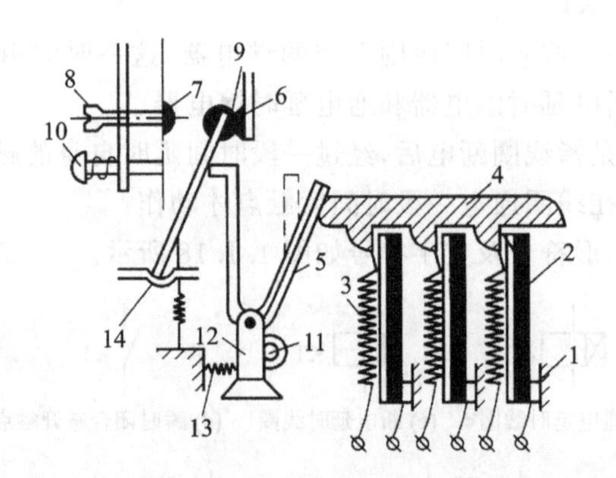

1—双金属片固定支点；2—双金属片；3—热元件；4—导板；5—补偿双金属片；6—常闭触点；7—常开触点；8—复位调节；9—动触点；10—复位按钮；11—调节旋钮；12—支撑件；13—压簧；14—推杆

图 1.1.19 热继电器的结构原理

热继电器的热元件和触点的图形符号如图 1.1.20 所示。

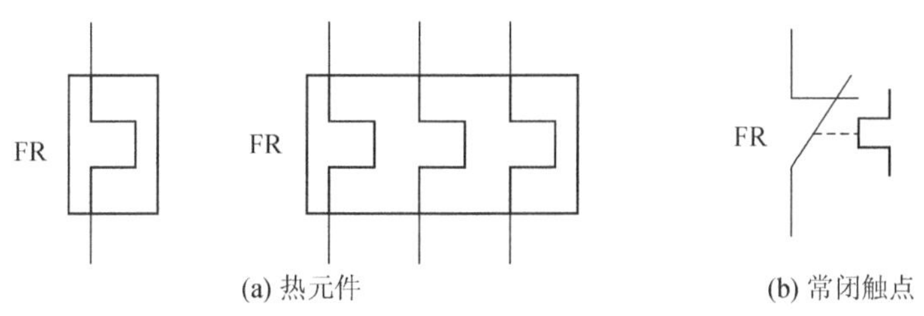

(a) 热元件 (b) 常闭触点

图 1.1.20 热继电器的热元件和常闭触点的图形符号

1.2 电气控制线路的原理图及接线图

继电接触器控制系统由各种电器元件连接而成。为了便于设计、分析以及安装维修,绘制电气控制线路图时必须采用统一规定的图形符号和文字符号。电气控制线路的表示方法一般有电气原理图、电气元件布置图和电气安装接线图。

1. 电气控制线路的图形符号和文字符号

在电气控制线路中,代表电动机、各种电气元件的图形符号应按照国家电气图用符号标准的规定绘制。表 1.2.1 给出了 GB 4728 的部分常用电气图形符号和文字符号。

表 1.2.1 GB 4728 的部分常用电气图形符号和文字符号

名称		图形符号	文字符号
一般三相电源开关			QS
低压断路器			QF
位置开关	常开触头		SQ
	常闭触头		
	复合触头		
转换开关			SA
按钮	启动		SB
	停止		
	复合		

名称		图形符号	文字符号
接触器	主触头		KM
	常开辅助触头		
	常闭辅助触头		
速度继电器	常开触头		KS
	常闭触头		
时间继电器	线圈		KT
	常开延时闭合触头		
	常闭延时断开触头		
	常闭延时闭合触头		
	常开延时断开触头		FR

名称		图形符号	文字符号
热继电路	常闭触头		FR
继电器	中间继电器线圈		KA
	欠电压继电器线圈		KV
	过电流继电器线圈		KI
	常开触头		相应继电器符号
	常闭触头		
	欠电流继电器线圈		KI
熔断器			FU
熔断器式刀开关			QS
熔断器式隔离开关			QS

续表 1.2.1

名　称	图形符号	文字符号	名　称	图形符号	文字符号	名　称	图形符号	文字符号
接触器　线圈		KM	热继电器　热元件		FR	熔断器式负荷开关		QM
桥式整流装置		VC	三相笼型异步电动机			三相自耦变压器		T
蜂鸣器		H	三相绕线转子异步电动机			PNP型三极管		
信号灯		HL			M	NPN型三极管		
电阻器		R	他励直流电动机			晶闸管(阴极侧受控)		V
接插器		X	复励直流电动机			半导体二极管		
电磁铁		YA	直流发电机		G	接近敏感开关动合触头		SQ
			单向变压器			磁铁接近时动作的接近开关的动合触头		SQ
			整流变压器		T			
电磁吸盘		YH	照明变压器					
串励直流电动机		M	控制电路电源用变压器		TC	接近开关动合触头		SQ
并励直流电动机			电位器		RP			

2. 电气原理图

电气原理图是根据控制线路工作原理绘制的，具有结构简单、层次分明、便于研究和分析线路工作原理的特性。在电气原理图中只包括所有电气元件的导电部件和接线端点之间的相互关系，不按各电气元件的实际布置位置和实际接线情况绘制，也不反映电气元件的大小。现以图 1.2.1 所示的 CW6132 型车床的电气原理图为例，说明电气原理图绘制的基本规则和应注意的事项。

(1) 绘制电气原理图的基本规则

① 电气原理图一般分为主电路和辅助电路两部分。其中，主电路是指从电源到电动机绕组的大电流通过的路径；辅助电路包括控制电路、照明电路、信号电路及保护电路等，由继电器的线圈和触头，接触器的线圈和辅助触点、按钮、照明灯、控制变压器等电气元件组成。通常，主电路用粗实线表示，画在左边(或上部)；辅助电路用细实线表示，画在右边(或下部)。

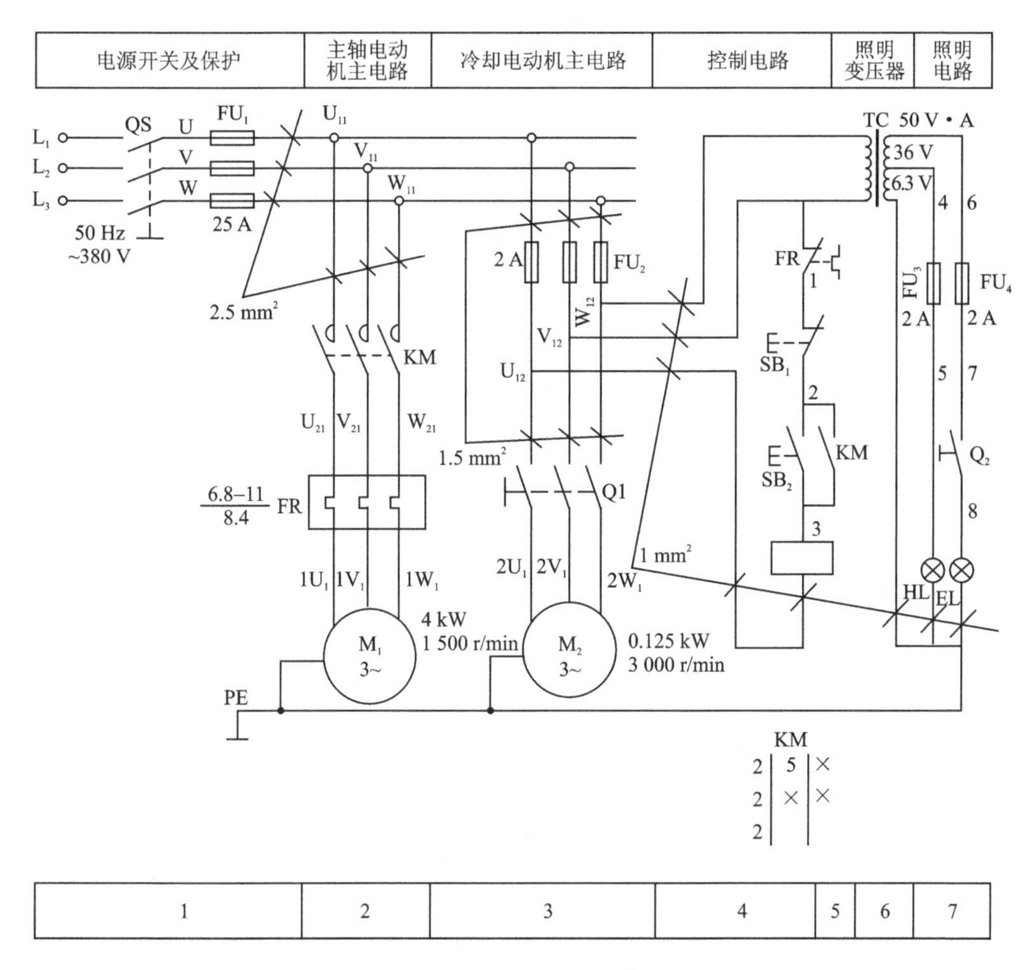

图 1.2.1 CW6132 型车床电气原理图

② 各电器元件不画实际的外形图，而是采用国家规定的统一标准来画，文字符号也采用国家标准。属于同一电器的线圈和触头，都要采用同一文字符号表示。对同类型的电器，在同一电路中的表示可在文字符号后加注阿拉伯数字序号区分。

③ 各电气元件和部件在控制线路中的位置，应根据便于阅读的原则安排，同一电器元件的各部件根据需要可以不画在一起，但文字符号要相同。

④ 所有电器的触头状态，都应按没有通电和没有外力作用时的初始开、关状态画出。例如继电器、接触器的触头，按吸引线圈不通电时的状态画，控制器按手柄处于零位时的状态画，按钮、行程开关触头按不受外力作用时的状态画等。

⑤ 无论是主电路还是控制电路，各电气元件一般都按动作顺序从上到下，从左到右依次排列，可水平布置或者垂直布置。

(2) 图面区域的划分

电气原理图下方的数字 1,2,3,…,7 是图区编号，是为了便于检索电气线路，方便阅读分析，避免遗漏而设置的。此外，图区编号也可以设置在图的上方。

图区编号上方的"电源开关及保护"等字样，表明对应区域上方元件或电路的功能，使读者能清楚地知道某个元件或某部分电路的功能，以利于理解整个电路的工作原理。

(3) 符号位置的索引

符号位置的索引采用图号、页次和图区编号的组合索引法，索引代号的组成如下：

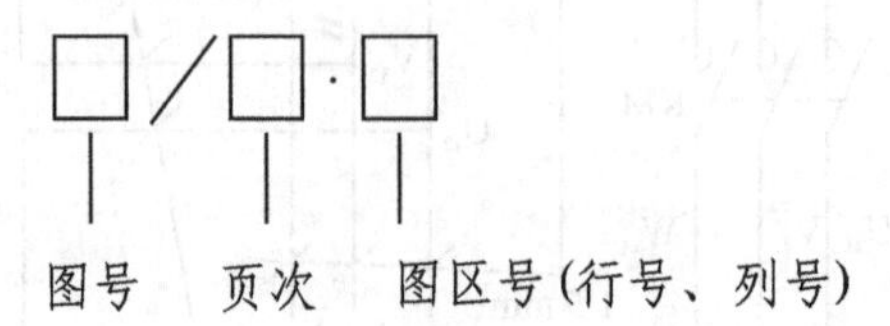

当某图号仅有一页图样时，只写图号和图区的行号、列号；当只有一个图号多页图样时，图号可省略；而当元件的相关触头只出现在一张图样上时，只标出图区号(无行号时，只写列号)。

在电气原理图中，接触器和继电器线圈与触头的从属关系应用附图表示，即在原理图中相应线圈的下方，给出触头的图形符号，并在其下面注明相应触头的索引代号。对于未使用的触头用"×"表明，有时也可采用省去触头图形符号的表示法。

对于接触器，附图中各栏的含义如下：

左栏	KM中栏	右栏
主触头所在区号	辅助常开（动合）触头所在图区号	辅助常闭（动断）触头所在图区号

对于继电器，附图中各栏的含义如下：

KA	KT
左栏 常开(动合)触头所在图区号	右栏 常闭(动断)触头所在图区号

(4) 电气图中的接线端子标记

电气控制线路图中的支路、元件和接点等一般都要加上标号。主电路标号由文字符号和数字组成，其中，文字符号用于标明主电路中的元件或线路的主要特征，数字用于区别电路的不同线段。

三相交流电源引入线采用 L_1、L_2、L_3 标记，中性线为 N。电源开关之后的三相交流电源主电路分别按 U、V、W 顺序进行标记，接地端为 PE。电动机分支电路各接点标记采用三相文字符号后面加数字表示，数字中的个位数表示电动机代号，十位数表示该支路接点的代号，从上到下按数值的大小顺序标记。如 U_{11} 表示 M_1 电动机的第一相的第一个接点代号，U_{21} 表示第一相的第二个接点代号，以此类推。

电动机绕组首端分别用 U_1、V_1、W_1 标记，尾端分别用 U_2、V_2、W_2 标记，双绕组的中点则用 U_3、V_3、W_3 标记；也可以用 U、V、W 标记电动机绕组首端，用 U'、V'、W' 标记绕组尾端，用 U''、V''、W''标记双绕组的中点。

对于数台电动机，在字母前加数字来区别。例如，对于 M_1 电动机，其三相绕组接线端以 1U、1V、1W；对于 M_2 电动机，其三相绕组接线端则标以 2U、2V、2W 来区别。

控制电路各线号采用三位或三位以下的数字标志，其顺序一般为从左到右，从上到下，凡是被线圈、触点、电阻、电容等元件所间隔的接线端点，都应标以不同的线号。

3. 电气元件布置图

电气元件布置图主要用来表明各种电气设备在机械设备上和电气控制柜中的实际安装位置，为机械电气控制设备的制造、安装、维护、维修提供必要的资料。各电气元件的安装位置是由机床的结构和工作要求决定的，如电动机要和被拖动的机械部件在一起。

行程开关应放在要取得信号的地方，操作元件要放在操纵箱等操作方便的地方，一般电气元件应放在控制柜内。

机床电气元件布置主要由机床电气设备布置图、控制柜及控制板电气设备布置图、操作台及悬挂操纵箱电气设备布置图等组成。图 1.2.2 所示为 CW6132 型车床电气位置图。

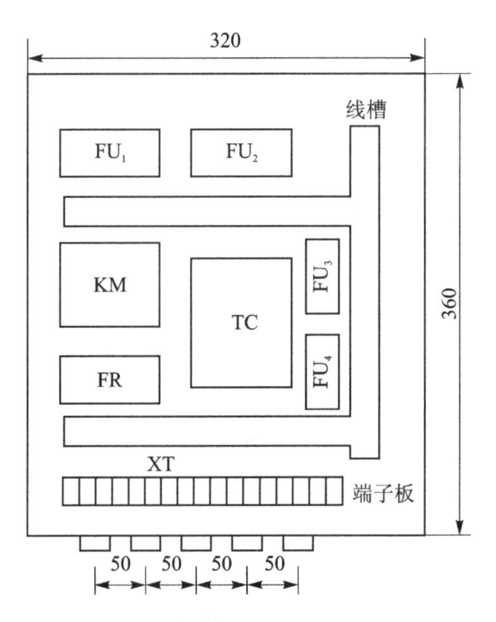

图 1.2.2 CW6132 型车床电气位置图

4. 电气安装接线图

为了进行装置、设备或成套装置的布线或布缆,必须提供其中各个项目(包括元件、器件、组件、设备等)之间电气连接的详细信息,包括连接关系、线缆种类和敷设路线等。用电气图的方式表达的图称为接线图。

安装接线图是检查电路和维修电路不可缺少的技术文件。根据表达对象和用途的不同,接线图有单元接线图、互连接线图和端子接线图等。国家标准《电气制图、接线图和接线表》详细规定了安装接线图的编制规则,主要有:

① 在接线图中,一般都应标出项目的相对位置、项目代号、端子间的电连接关系、端子号、导线号、导线类型、截面积等。

② 同一控制盘上的电气元件可直接连接,而盘内元器件与外部元器件连接时必须绕接线端子板进行。

③ 接线图中各电气元件图形符号与文字符号均应以原理图为准,并保持一致。

④ 互连接线图中的互连关系可用连续线、中断线或线束表示,连接导线应注明导线根数、导线截面积等。一般不表示导线实际走线途径,施工时由操作者根据实际情况选择最佳走线方式。图 1.2.3 所示为 CW6132 型车床电气互连接线图。

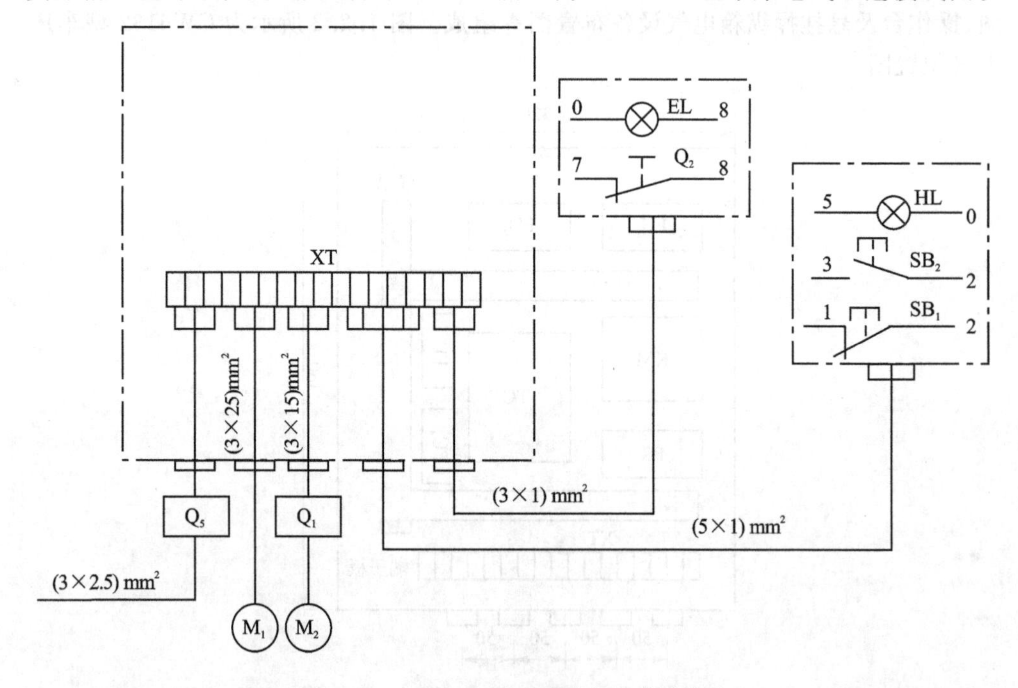

图 1.2.3 CW6132 型车床电气互连接线图

1.3　三相笼型异步电动机的基本控制线路

1.3.1　启动条件

电动机接通电源后由静止状态逐渐加速到稳定运行状态的过程，称为电动机的启动。三相鼠笼式异步电动机有全压启动和降压启动两种方式。若将额定电压直接加到电动机定子绕组上，使电动机启动，则称为直接启动或全压启动。

全压启动所用电气设备少，电路简单，是一种简单、可靠、经济的启动方法。但是，全压启动电流很大，可达电动机额定电流的4～7倍，过大的启动电流会使电网电压显著降低，直接影响在同一电网工作的其他设备的稳定运行，甚至使其他电动机停转或无法启动。因此，直接启动电动机的容量可由下面的经验公式来确定，即

$$\frac{I_{st}}{I_N} \leqslant \frac{3}{4} + \frac{S}{4P_N} \tag{1.3.1}$$

式中：I_{st}为电动机启动电流，A；I_N为电动机额定电流，A；S为电源容量，kVA；P_N为电动机额定功率，kW；

满足上述条件可全压启动。通常，当电动机容量不超过电源变压器容量的15%～20%或电动机容量较小(10 kW以下)时，允许全压启动。

1.3.2　单向直接启动控制线路

在自动控制中，电动机拖动运动部件沿一个方向运动，称为单向运动。

1. 刀开关控制线路

对于容量较小，并且工作要求简单的电动机，如小型台钻、砂轮机、冷却泵电动机等，可采用手动开关在动力电路中接通电源直接启动。刀开关控制线路如图1.3.1所示。

2. 点动控制线路

点动俗称“点车”，其特点是按下按钮，电动机就转动；松开按钮，电动机就停转。

图1.3.2所示是采用接触器控制的单向运行点动控制线路。启动：合上电源开关QS，按下启动按钮SB，接触器KM线圈通电，主触点闭合后，电动机接通电源启动。停止：松开启动按钮SB，接触器KM线圈失电，主触点断开后，电动机脱离电源停止转动。

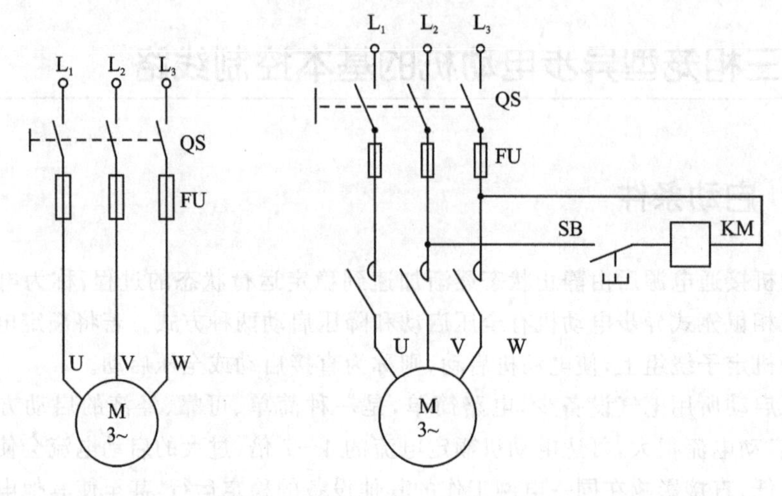

图 1.3.1　刀开关控制线路　　　图 1.3.2　接触器控制的单向点动控制线路

3. 长动控制线路

长动指电动机启动后能连续运行。图 1.3.3 所示是三相异步电动机单向长动控制线路。

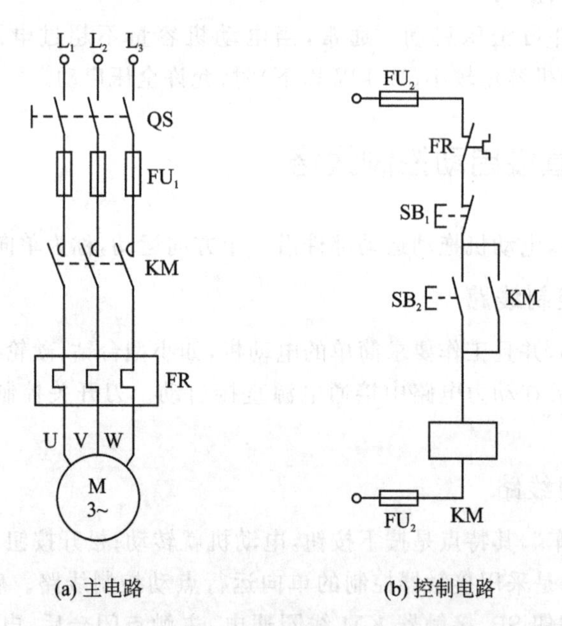

图 1.3.3　三相异步电动机单向长动控制线路

启动：合上电源开关 QS，按下启动按钮 SB_2，接触器 KM 吸引线圈通电，KM 的主触点闭合，电动机 M 启动。同时与 SB_2 并联的 KM 常开辅助触点闭合，相当于将

SB_2 短接，所以，当松开启动按钮 SB_2 时，KM 吸引线圈仍然通电，电动机继续运行，实现长动，这种依靠接触器自身的辅助触点来使其线圈保持通电的电路，称为自锁或自保电路，起自锁作用的常开辅助触点称为自锁触点，一般并联在启动按钮旁边。

停止：按下停止按钮 SB_1，切断 KM 吸引线圈电路，使线圈失电，常开触点全部断开，切断主电路和控制电路，电动机停转。

当松开停止按钮 SB_1 后，控制电路已经断开，只有再次按下启动按钮 SB_2，电动机才能重新启动。

采用按钮、接触器组成的基本线路中一般都具有零压和欠压保护。当电源电压降低到额定电压的 85%以下（或断电）时，接触器电磁线圈所产生的吸力不足以吸牢衔铁而释放，使接触器各触点恢复初态，将电动机电源切断，并且使控制回路失去自锁。当电源恢复正常电压时，电动机不能重新启动，必须由人再次按下启动按钮，从而得到保护。所以，带有自锁环节的电路本身已具备欠压或零压保护。

4. 单向运行既能点动也能长动的控制线路

实际生产中，同一机械设备有时需要长时间运转，即电动机持续工作；有时需要手动控制间断工作，这就需要能方便地操作点动和长动的控制线路。

图 1.3.4 所示电路是既能实现点动也能实现长动的常用控制电路。

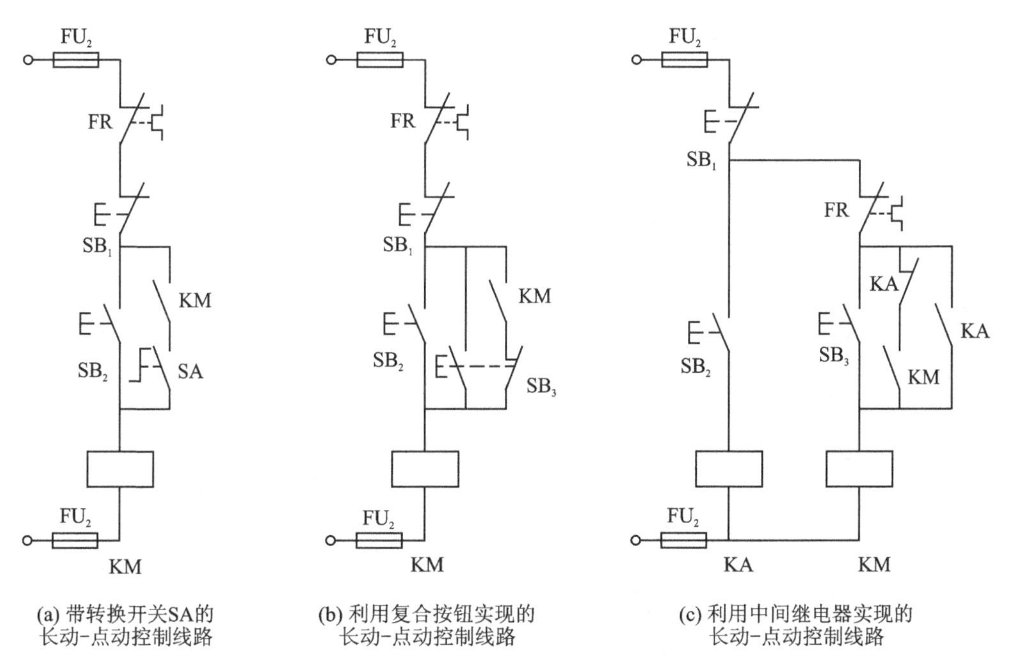

图 1.3.4　长动-点动控制线路

图 1.3.4(a)所示是带转换开关 SA 的长动-点动控制线路。当需要点动时，将开

关 SA 打开→自锁回路断开→按下按钮 SB_2 实现点动；若需长期运行，合上开关 SA，将自锁触点接入，实现连续运行控制。

图 1.3.4(b)所示是利用复合按钮实现的长动-点动控制线路。当按下按钮 SB_2 时，实现连续运转；当按下按钮 SB_3 时，常闭触点先断开→自锁回路断开→实现点动控制。

图 1.3.4(c)所示是利用中间继电器实现的长动-点动控制线路。当按下按钮 SB_2 时，继电器 KA 线圈得电→辅助常闭触点断开自锁回路；同时，辅助常开触点闭合→接触器 KM 线圈得电→电动机 M 得电启动运转，松开按钮 SB_2→KA 线圈失电→常开触点分断→接触器 KM 线圈失电→电动机 M 失电停机，实现点动控制。当按下按钮 SB_3 时，接触器 KM 线圈得电并自锁→KM 主触点闭合→电动机 M 得电连续运转。当需要停机时，按下按钮 SB_1 即可。

因此，电动机长动与点动控制的关键环节是自锁触点是否接入。若能实现自锁，则电动机连续运转；若断开自锁回路，则电动机实现点动控制。

1.3.3 三相异步电动机正反转控制线路

根据电动机工作原理可知，只要改变电动机电源相序，即交换三相电源进线中的任意两根相线，就能改变电动机的转向。为此，用两个接触器的主触点来对调电动机定子绕组电源的任意两根接线，就可实现电动机的正反转。图 1.3.5 所示为三相异步电动机的正反转控制线路。

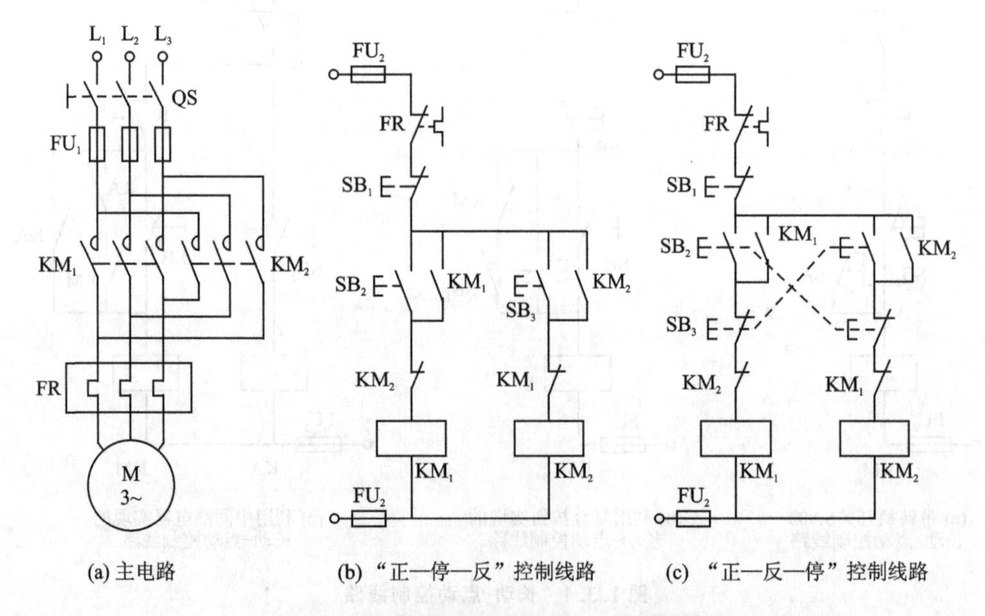

(a) 主电路 (b) “正—停—反”控制线路 (c) “正—反—停”控制线路

图 1.3.5 三相异步电动机的正反转控制线路

1. 电动机“正—停—反”控制线路

图 1.3.5(a)所示为三相异步电动机正反转控制线路的主电路。图 1.3.5(b)所示为电动机“正—停—反”控制线路，主电路中，KM_1、KM_2 分别为实现正、反转的接触器主触点。为防止两个接触器同时得电而导致电源短路，将两个接触器的常闭触点 KM_1、KM_2 分别串接在对方的工作线圈电路中，构成相互制约关系，以保证电路安全可靠地工作。这种在同一时间里两个接触器只允许其中一个接触器工作的相互制约的关系，称为“联锁”，也称为“互锁”，实现联锁的常闭辅助触点称为联锁(或互锁)触点。

在图 1.3.5(b)中，当控制线路作正反转操作控制时，必须先按下停止按钮 SB_1，工作接触器断电后，再按反向启动按钮实现反转，故它具有“正—停—反”控制特点。

2. 电动机“正—反—停”控制线路

图 1.3.5(c)所示为电动机“正—反—停”控制线路，图中采用复合按钮来控制电动机的正反转。在这个控制线路中，正转启动按钮 SB_2 的常开触点串于正转接触器 KM_1 线圈回路中，用于接通 KM_1 线圈；而 SB_2 的常闭触点则串于反转接触器 KM_2 线圈回路中，首先断开 KM_2 的线圈，以保证 KM_1 的可靠得电。反转启动按钮 SB_3 的接法与 SB_2 类似，常开触点串于 KM_2 线圈回路中，常闭触点串于 KM_1 线圈回路中，从而保证按下 SB_3 时 KM_2 能可靠得电，实现电动机的反转。

图 1.3.5(b)中由接触器 KM_1、KM_2 常闭触点实现的互锁称为“电气互锁”，图 1.3.5(c)中由复合按钮 SB_2、SB_3 常闭触点实现的互锁称为“机械互锁”。

图 1.3.5(c)中既有“电气互锁”，又有“机械互锁”，故称为“双重互锁”。此种控制线路工作可靠性高，操作方便，常用于电力拖动系统。

1.3.4　Y-△降压启动控制线路

交流异步电动机直接启动控制线路简单、经济，操作方便，但受到电源容量的限制，仅适用于功率在 10 kW 以下或满足前述全压启动经验公式的电动机。当电动机容量较大(大于 10 kW)时，启动时将产生较大的启动电流，会引起电网电压下降，因此必须采取减压启动的方法，限制启动电流。

所谓减压启动，是指利用启动设备将电压适当降低后加到电动机的定子绕组上进行启动，待电动机启动运转后，再使其电压恢复到额定值正常运行。由于电流随电压的降低而减小，从而达到限制启动电流的目的。由于电动机转矩与电压平方成正比，故减压启动将导致电动机启动转矩大为降低。因此，减压启动适用于空载或轻载下启动。

笼型异步电动机常用的减压启动方法有四种：定子绕组串接电阻降压启动、Y/△减压启动、自耦变压器减压启动、延边三角形减压启动。限于篇幅，下面仅介绍

Y/△减压启动。

凡是正常运行过程中定子绕组接成三角形的三相异步电动机均可采用 Y-△减压启动方式来达到限制启动电流的目的，其原理是：启动时，定子绕组首先接成 Y 形，待转速达到一定值后，再将定子绕组换接成三角形，电动机便进入全压正常运行。

Y-△减压启动方式限制启动电流的原理是：当定子绕组接成 Y 形时，定子每相绕组上得到的电压是额定电压的$\frac{1}{\sqrt{3}}$，使$I_Y=\frac{1}{3}I_\Delta$，Y 形启动时的线电流比三角形直接启动时的线电流降低 3 倍，从而达到降压启动目的。但是，由于启动转矩也随之降至全压启动的 1/3，故 Y-△减压启动仅适用于空载或轻载启动。

图 1.3.6 所示为三个接触器控制的鼠笼式电动机 Y-△减压启动控制线路。

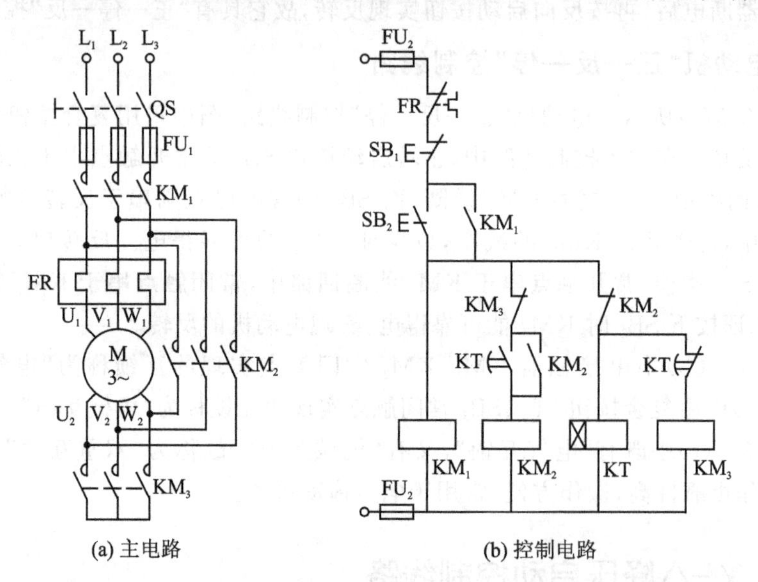

图 1.3.6 三个接触器控制的鼠笼式电动机 Y-△减压启动控制线路

合上电源开关，按下启动按钮 SB_2，接触器 KM_1 线圈通电并自锁，同时使接触器 KM_3 线圈也持续通电，KM_3 的辅助常闭触点断开，切断 KM_2 线圈；KM_1、KM_3 的主触点闭合，电动机接成 Y 形连接，接入三相电源进行减压启动。此时，时间继电器 KT 线圈也处于通电状态，但是触点尚未动作。经过一段时间的延时后，KT 的常闭触点断开，接触器 KM_3 线圈失电，KM_3 的辅助常闭触点复位，为接触器 KM_2 线圈通电做准备；KM_3 主触点断开，使电动机断开 Y 形连接；KT 的另一对常开触点闭合，接触器 KM_2 线圈通电并自锁，KM_2 主触点闭合，电动机接成三角形连接，电动机在全电压下运行。

此时，KM_2 常闭触点断开，使 KM_3、KT 在电动机三角形连接运行时处于断电状态，使电路更为可靠地工作。至此，电动机的 Y-△减压启动过程结束，电动机投入正常运行。

停止时，按下停止按钮 SB_1，KM_1、KM_2 的线圈均失电，主触点断开，电动机将停止运行。

1.3.5　三相异步电动机正反转实训

【项目 1.1】　三相异步电动机正反转

(1) 设备和器件

① 三相异步电动机(M)：YS－5624，90 W，一台。

② 小型断路器(QS)：DZ47LE－32/D/10A/3P/0.03A，一只。

③ 熔断器(FU_1)：ABB 小型熔断器保险管座 1P 单相导轨安装 E91/32A，1P 含熔芯 10 A；三只。

④ 熔断器(FU_2)：ABB 小型熔断器保险管座 1P 单相导轨安装 E91/32A，1P 含熔芯 6 A；两只。

⑤ 启动按钮(SB_1、SB_2)：LA_2，两只。

⑥ 停止按钮(SB_3)：LA_2，一只。

⑦ 正转交流接触器(KM_1)：CJX1－16/22AC 380 V，一只。

⑧ 反转交流接触器(KM_2)：CJX1－16/22AC 380 V，一只。

⑨ 热继电器(FR)：JR36－20(0.68～1.1 A，触点类型一常开一常闭)，一只。

⑩ 正泰指示灯：ND16－22D 220 V，绿色两只，红色一只。

⑪ 其他：1 mm^2 红、黄、蓝色单股铜芯线各一卷(100 m)；0.75 mm^2 红、黄、蓝色多股铜芯软线各一卷(100 m)；捆扎带每组 20 根。

(2) 检查元件，选配导线

按元件明细表配齐并检查元件，根据电动机额定电流选配导线。

(3) 布置并固定电器元件

按电器元件布置，如图 1.3.7 所示，并固定电器元件。

(4) 接　线

按照图 1.3.8 所示接线。

(5) 电路检查

1) 检查主电路

① 查线号法。

检查接触器 KM_1、KM_2 之间的换相线，用查线号法逐线核对。

② 万用表法。

a. 通路检查：断开刀开关，万用表拨到 R×10 挡，切除控制线路，将表笔分别搭在 U_1、V_1、W_1 两端，测得断路阻值为____Ω，按下接触器 KM_1 的触点架，测得电动机两相绕组串联的阻值为____Ω。松开 KM_1 的触点架，按下 KM_2 触点架测得同样结果。

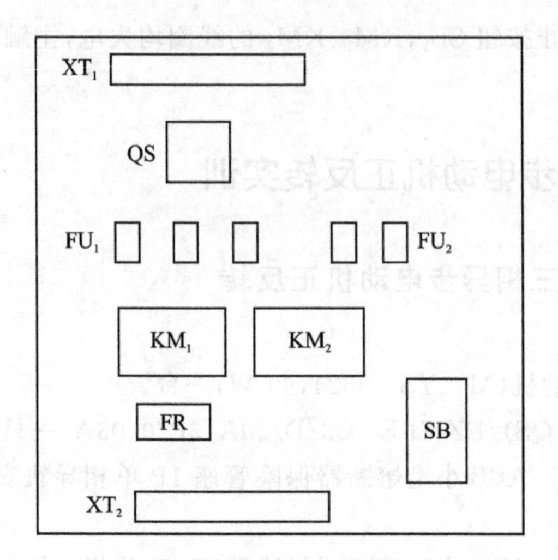

图 1.3.7 三相异步电动机正反转控制线路元件布置图

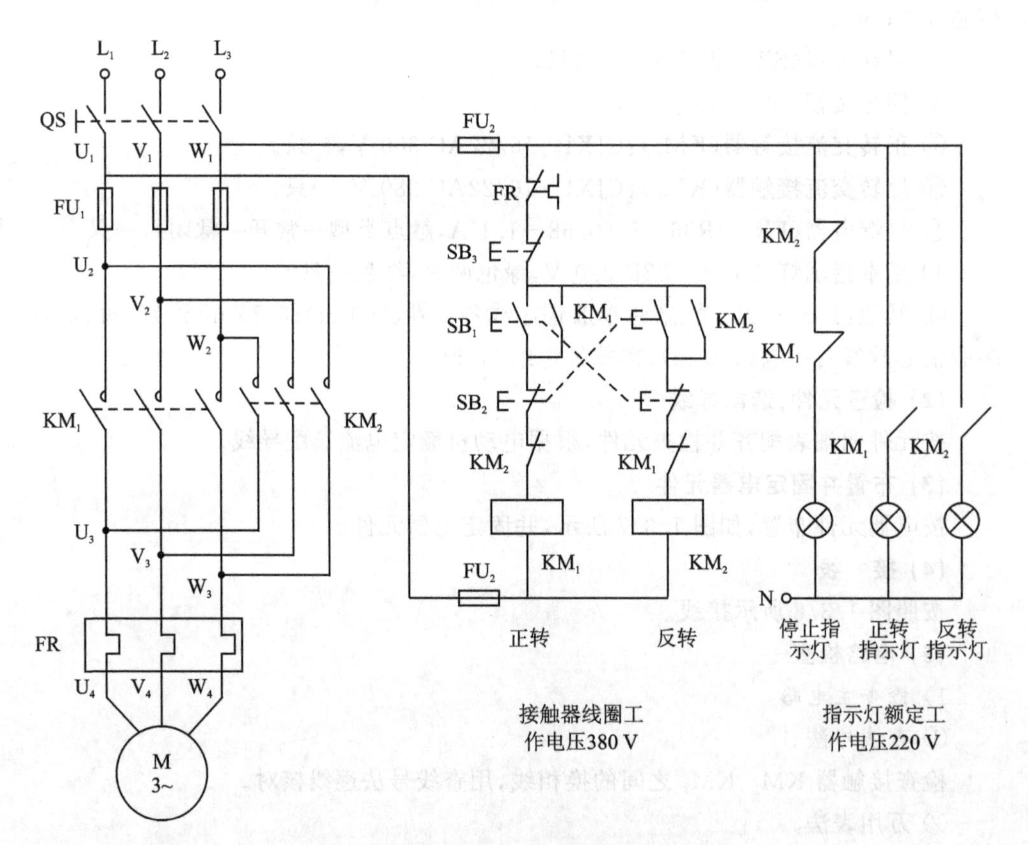

图 1.3.8 三相异步电动机正反转控制线路

b. 换相检查：将为表笔搭在换相线（U_1，W_1）两端，按下 KM_1 触点架，测得电动机两相绕组串联的阻值为____Ω。同时按下 KM_2 触点架，测得短路阻值为____Ω，说明换相线正确。

2）检查控制电路

① 查线号法。

对照原理图核对线号，检查按钮、自锁触点和联锁触点的连线。

② 万用表法。

切断主电路，拆下电动机接线，接通 FU_2。

将表笔搭在控制线路电源（U_1，W_1）两端，测得断路阻值为____Ω。

a. 检查启动、停止和按钮联锁控制。

按下 SB_1，测得 KM_1 线圈的阻值为____Ω，同时按下 SB_2 测得断路阻值为____Ω。松开 SB_2，测得 KM_1 线圈的阻值，同时按下 SB_3 测得断路阻值为____Ω。同理，按下 SB_2 测得 KM_2 线圈的阻值为____Ω。

b. 检查自锁、联锁控制。

按下 KM_1 触点架，测得 KM_1 线圈的阻值为____Ω；同时按下 KM_2 触点架，测得断路阻值为____Ω。同理，按下 KM_2 触点架，测得 KM_2 线圈的阻值为____Ω；同时按下 KM_1 触点架，测得断路阻值为____Ω。

(6) 通电运行

请指导老师检查后通电运行。

习　题

1.1　什么是电气原理图、电气安装图和电气互连图？它们各起什么作用？

1.2　什么是失压、欠压保护？哪些电器可以实现欠压和失压保护？

1.3　点动和长动有什么不同？各应用在什么场合？同一电路如何实现既有点动又有长动的控制？

1.4　在可逆运转（正反转）控制线路中，为什么采用按钮的机械互锁后还要采用电气互锁？

1.5　有两台电动机 M_1 和 M_2，要求：

(1) M_1 先启动，经过时间 10 s 后，才能用按钮启动电动机 M_2。

(2) 电动机 M_2 启动后，M_1 立即停转。试设计控制线路图。

第2章 PLC的基础

2.1 PLC的基础知识

2.1.1 PLC的定义、特点与应用

1. PLC的定义

PLC是在继电器控制技术、计算机技术和现代通信技术的基础上逐步发展起来的一项先进的控制技术。在现代工业发展中，PLC技术、CAD/CAM技术和机器人技术并称为现代工业自动化的三大支柱。PLC主要以微处理器为核心，用编写的程序进行逻辑控制、定时、计数和算术运算等，并通过数字量和模拟量的输入/输出(I/O)来控制各种生产过程。

PLC是一种由程序指挥的控制器，程序由电气技术人员根据被控机器的控制要求而编写，简称可编程序控制器。

目前，在我国市场上有关PLC的国外品牌主要有德国西门子，法国施耐德，日本三菱、松下和欧姆龙等；国内品牌主要有和利时、信捷和深圳亿维等。由于不同公司产品的程序指令各有不同，因此，当应用任何一家公司的PLC产品时，都需要在使用前进行学习。

世界上第一台PLC由美国数字设备公司(DEC公司)在1969年为美国通用汽车公司的生产线研制，以后又经过了不断的改进与发展。目前，PLC已广泛应用于钢铁、采矿、石油、化工、电力、电子、机械制造、汽车、船舶、装卸、造纸、纺织、环保等行业中。

2. PLC的特点

PLC从开始研制到成熟应用只有短短几十年，作为工业自动控制的核心器件，PLC在工业自动控制领域应用非常广泛，很大程度上是因为它具有以下两个优势：一是强大的功能与很高的可靠性；二是PLC的程序编写思路与继电器控制线路很像，容易被电气技术人员掌握。因此，PLC深受电气技术人员的欢迎。

PLC的特点简单归纳如下：

① 可靠性高。PLC可适应不同的工业环境，抗外部干扰能力强，无故障时间长，系统程序与用户程序相对独立，不容易发生死机现象。

② 使用灵活。PLC以基本单元加扩展模块的形式，能满足更多的接口需要与多功能需要。

③ 编程容易。PLC编程语言面向电气技术人员，采用与继电器控制线路相似的梯形图进行设计，简单直观，易于理解和掌握。

④ 安装、调试、维修方便。PLC只需进行输入/输出接口接线，外部连接线少。有自诊断和动态监控功能，方便调试，可现场进行程序调整与修改。

⑤ 设计施工周期短。

用PLC完成一项控制工程时，在其系统设计完成后，现场控制柜(台)等硬件的设计及现场施工和PLC程序设计可同时进行，因此大大缩短了施工周期。PLC的程序设计可以在实验室模拟调试，程序设计好以后，再将PLC安装到现场进行统调。

由于PLC用软件取代了继电接触器控制系统中大量的中间继电器、时间继电器、计数器等低压电器，从而使得整体的设计、安装、接线工作量大大减少。

3. PLC的应用

从应用类型看，PLC的应用大致可归纳为以下几方面：

① 开关量逻辑控制：利用PLC最基本的逻辑运算、定时、计数等功能实现逻辑控制，可以取代传统的继电器控制，用于单机控制、生产自动线控制等，例如机床、装配生产线及电梯的控制等。这是PLC最广泛的应用领域。

② 运动控制：大多数PLC都有拖动步进电机或伺服电机的位置控制模块。

③ 过程控制：PLC可实现模拟量控制，而且具有PID控制功能的PLC可构成闭环控制，用于过程控制。这一功能已广泛用于锅炉、反应堆、水处理、酿酒以及闭环位置控制和速度控制等方面。

④ 数据处理：PLC具有数学运算、数据传送、转换、排序和查表等功能，可进行数据的采集、分析和处理，同时可通过通信接口将这些数据传送给其他智能装置，如计算机数值控制(CNC)设备，进行处理。

⑤ 通信联网：PLC的通信包括PLC、PLC与上位计算机、PLC与其他智能设备之间的通信，PLC系统与通用计算机可直接或通过通信处理单元、通信转换单元相连构成网络，以实现信息的交换，并可构成“集中管理、分散控制”的多级分布式控制

系统,满足工厂自动化系统发展的需要。

2.1.2 PLC 的编程语言

PLC 是专为工业自动控制开发的装置。PLC 采用利于推广普及的编程语言,常用的有梯形图、语句表、功能块图、顺序功能图等。

1. 梯形图 LAD

作为一种图形语言,它将 PLC 内部的各种编程元件和各种具有特定功能的命令用专用图形符号进行定义,并按控制要求将有关图形符号按一定规律连接起来,构成描述输入、输出之间控制关系的图形。这种图形称为 PLC 梯形图。

梯形图的许多图形符号与继电器控制系统电路图中的符号有对应关系,如表 2.1.1 所列。

表 2.1.1　符号对照表

项　目	物理继电器	PLC 继电器
线圈	─□─	( )
常开触点	─/─	‖
常闭触点	─┬/─	‖/

图 2.2.1 所示是典型的两种控制示意图。梯形图左右两侧垂直的线称作母线。在左右侧两母线之间是触点的逻辑连接和线圈的输出,这些触点和线圈都是 PLC 一定的存储单元,即软元件。

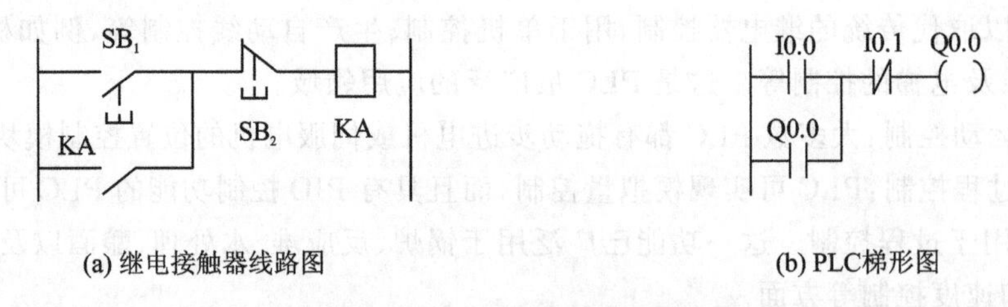

(a) 继电接触器线路图　　(b) PLC梯形图

图 2.1.1　两种控制示意图

PLC 梯形图的一个关键概念是能流,一种假想的能量流。在图 2.1.1(b)中,把左边的母线假设为电源"相线",而把右边的母线(右母线省略)假想为电源"零线"。如果有能流从左至右流向线圈,则线圈被激励;如果没有能流,则线圈未被激励。

两种图形所表述的思想是一致的,但具体表达方式及其内涵是有区别的。

(1) 电气符号

继电接触器线路图中的电气符号代表的是一个实际的物理器件，如继电器、接触器的线圈或触点等。图 2.1.1(a)中的连线是“硬接线”，线路图两端有外接电源，连线中有真实的物理电流。PLC 梯形图表示的并不是一个实际电路，而是一个控制程序。图 2.1.1(b)中的继电器线圈、触点实际是存储器中的一位，因此称为“软继电器”。当相应位状态为“1”时，表示该继电器线圈通电，带动自己的触点动作，常开触点闭合，常闭触点断开；当相应位状态为“0”时，表示该继电器线圈断电，其常开、常闭触点保持原状态。

(2) 线　圈

继电接触器线路图中的继电器线圈包括时间继电器线圈、中间继电器线圈以及接触器线圈等。PLC 梯形图中的继电器线圈是广义的，除了有输出继电器线圈、内部继电器线圈外，还有定时器、计数器以及各种运算等。

(3) 触　点

继电接触器线路图中的继电器触点数量是有限的，长期使用有可能出现接触不良；而 PLC 梯形图中继电器的触点对应的是存储器的存储单元，在整个程序运行中是对这个单元信息的读取，可以多次重复使用，因此，可认为 PLC 内部的“软继电器”有无数个常闭或常开触点供用户使用，没有使用寿命的限制。

(4) 工作方式

继电接触器线路图是并行工作方式，也就是按同时执行的方式工作，一旦形成电流通路，可能有多条支路电器同时工作。PLC 梯形图是串行工作方式，按梯形图先后顺序自左至右，自上而下执行，并循环扫描，不存在几条并列支路电器同时动作因素。当逻辑继电器状态改变时，其众多触点中只有被扫描的触点工作。这种串行工作方式可以在梯形图设计时减少许多有约束关系的连锁电路，使电路设计简化。

2. 语句表 STL

语句表又称指令表，其采用简单易记的文字符号表示各种程序指令。语句表与梯形图语言相互对应，而且可以相互转换。若干条指令组成的程序就是语句表。一条指令语句由步序、指令语和作用器件编号 3 部分组成。在使用简易编程器编程时，常常需要将梯形图转换为语句表才能输入 PLC。

在设计复杂的数字量控制程序时，建议使用梯形图语言；在设计通信、数学运算等高级应用程序时，建议使用语句表。语句表可以为每条语句加上注释，便于复杂程序的阅读。

3. 功能块图 FBD

在开关量控制系统中，输入和输出仅有两种截然不同的逻辑状态，如触点的接通和断开、脉冲的有和无、电动机的转动和停止等。这种二值变量可以用逻辑函数来描述，而“与”“或”“非”是逻辑函数最基本的表达形式。由这三种基本逻辑形式可以组合成任意复杂的逻辑关系。

用逻辑符号描述的 PLC 梯形图称为功能块图，类似于数字逻辑电路的编程语言，逻辑方程为对应的逻辑函数图表达式。图 2.1.2 所示为与门梯形图及其功能块图。

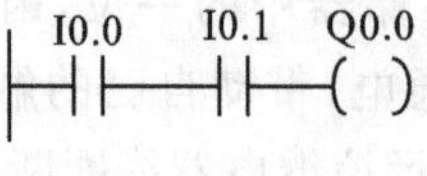

I0.0 I0.1 Q0.0

(a) 与门梯形图

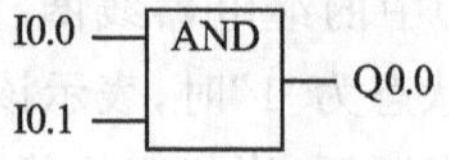

I0.0 AND Q0.0 I0.1

(b) 与门功能块图

图 2.1.2 与门梯形图及其功能块图

对应与门的逻辑方程为

$$Q0.0 = I0.0 \cdot I0.1$$

2.1.3 PLC 的基本构成和面板图

1. PLC 的基本构成

PLC 的生产厂家很多，且产品的结构各不相同，但它们的基本构成却是相同的，都采用计算机结构，如图 2.1.3 所示。由图 2.1.3 可见，PLC 主要由 6 部分组成，包括 CPU（中央处理器）、存储器、输入/输出接口电路、电源、外设接口、I/O 扩展接口。

(1) CPU

CPU 是中央处理器，是 PLC 控制指挥的中心，主要由控制电路、运算器和寄存器组成，并集成在一块芯片上。CPU 通过地址总线、数据总线和控制总线与存储器、输入/输出接口电路相连接，完成信息的传递、转换等。

CPU 的主要功能：

① 接收输入信号，并送入存储器存储起来；

② 按存放指令的顺序，从存储器中取出用户指令进行翻译；

③ 执行指令规定的操作，并将结果输出；

④ 接收输入/输出接口发来的中断请求，并进行中断处理，然后再返回主程序继续顺序执行。

PLC 常用的 CPU 主要采用通用的微处理器、单片机和双极型位片式微处理器。

(2) 存储器

PLC 的存储器包括系统存储器和用户存储器两部分，具体如下：

系统存储器一般存放系统程序，而系统程序具有开机自检、工作方式选择、键盘输入处理、信息传递和对用户程序的翻译解释等功能。系统程序关系到 PLC 的性能，由制造厂家用微机的机器语言编写并在出厂时固化在 ROM 或 EPROM 芯片中，用户不能直接存取。PLC 的具体工作都是由这部分程序来完成的，这部分程序的多

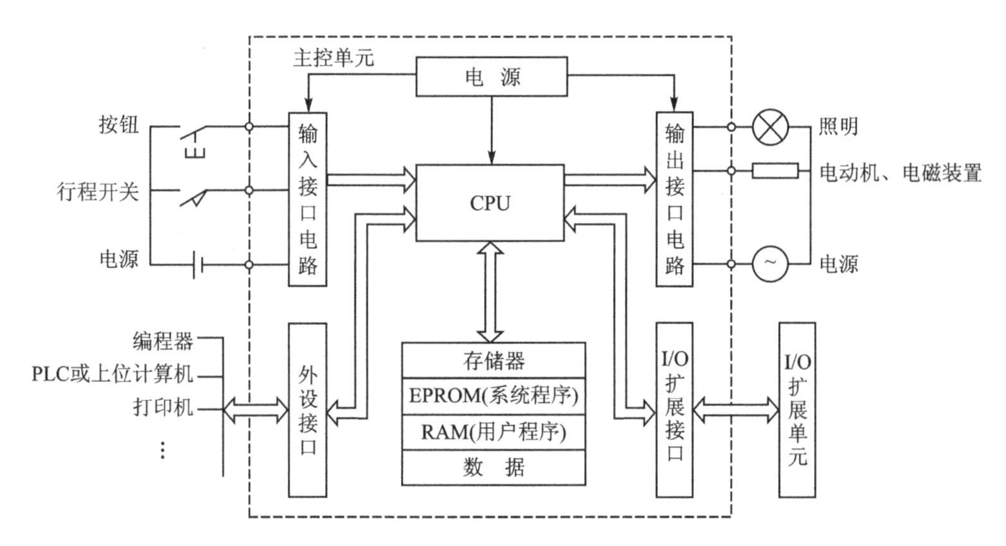

图 2.1.3 PLC 结构示意图

少也决定了 PLC 性能的高低。

用户存储器主要用于存放用户程序、逻辑变量和其他一些信息。用户程序是用户采用编程的方式,从键盘输入并经过系统程序编译处理后放在 RAM 中的。用户程序构成了 PLC 的各种内部器件,也可称为软件。

(3) 输入/输出接口电路

输入/输出接口电路是 PLC 与现场 I/O 设备相连接的部件,它的作用是将输入信号转换为 CPU 能够接收和处理的信号,将 CPU 送出的弱电信号转换为外部设备所需要的强电信号。因此,它不仅能完成输入/输出接口电路信号的传递和转换,而且有效地抑制了干扰,起到了与外部电信号的隔离作用。

1) 输入接口电路

输入接口一般接收按钮开关、限位开关、继电器触点等的信号。通常 PLC 的开关量输入接口按使用的电源不同分为三种类型:直流 12～24 V 输入接口,交流 100～120 V 或 200～240 V 输入接口,交直流(AC/DC)12～24 V 输入接口。

直流 12～24 V 输入接口电路如图 2.1.4 所示,虚线框内为 PLC 内部输入电路。图 2.1.4 中只画出了对应一个输入点的输入电路,各个输入点所对应的输入电路相同。其中,R1 为限流电阻,R2 和 C 构成滤波电路,发光二极管和光电三极管封装在一个管壳内,构成光电耦合器。LED 发光二极管指示该点输入状态。当闭合开关 SB 后,光电耦合器中二极管中有电流流过,光电三极管在光信号照射下导通,将开关 SB 闭合的信号送入内部电路,同时发光二极管 LED 点亮,指示现场开关闭合。输入接口电路不仅使外部电路与 PLC 内部电路实现了电的隔离,提高了 PLC 的抗干扰能力,而且实现了电平转换(外部直流电源 24 V,而 CPU 的工作电压一般为 5 V)。

CPU 224 的主机共有 14 个输入点(I0.0～I0.7、I1.0～I1.5),输入电路为 24 V

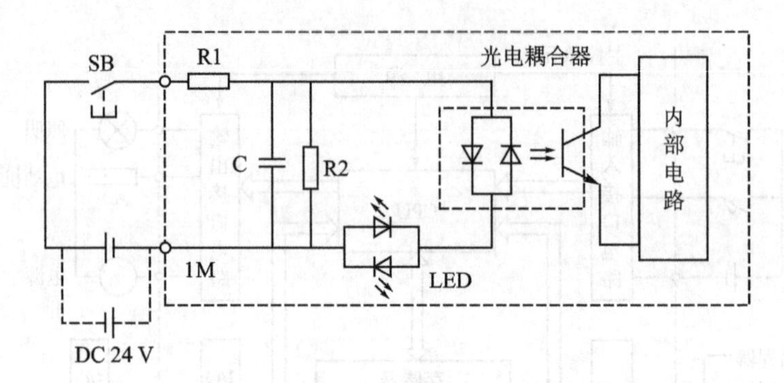

图 2.1.4 直流 12～24 V 输入接口电路

直流输入。电源有两种连接方法对应 PLC 的 NPN 型和 PNP 型接法。当电源的负极与公共端(1M 和 2M)相连时,为 PNP 型接法;当电源的正极与公共端(1M 和 2M)相连时,为 NPN 型接法。CPU 224 PNP 型接法的输入电路接线图如图 2.1.5 所示,系统设置 1M 为输入端子 I0.0～I0.7 的公共端;2M 为输入端子 I1.0～I1.5 的公共端;M 和 L+提供 24 V 直流电源,用于对外部传感器供电,电流为数百毫安。

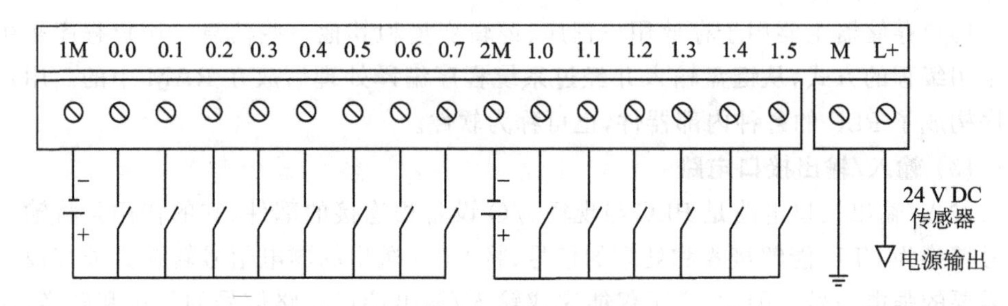

图 2.1.5 CPU 224 输入电路接线图

2) 输出接口电路

输出接口电路按照 PLC 的类型不同一般分为继电器输出型、晶体管输出型和晶闸管输出型三类,以满足各种用户的要求。其中,继电器输出型为有触点的输出方式,可用于直流或低频交流负载;晶体管输出型和晶闸管输出型都是无触点输出方式,前者适用于高速、小功率直流负载,后者适用于高速、大功率交流负载。

图 2.1.6 所示为继电器输出型电路。在继电器输出型电路中,继电器作为开关器件,同时又是隔离器件。图 2.1.6 中只画出了对应于一个输出点的输出电路,各输出点所对应的输出电路相同。电阻 R 和发光二极管 LED 组成输出状态显示器,KA 为一小型直流继电器。当 PLC 输出一个接通信号时,内部电路使继电器线圈通电,继电器常开触点闭合使负载回路接通,同时发光二极管 LED 点亮,指示该点有输出。根据负载要求,可选用直流电源或交流电源。

CPU 224 的输出电路有晶体管输出电路和继电器输出电路两种。在晶体管输出电路中,只能用直流 DC 为负载供电。输出端将数字量输出分为两组,每组有一个

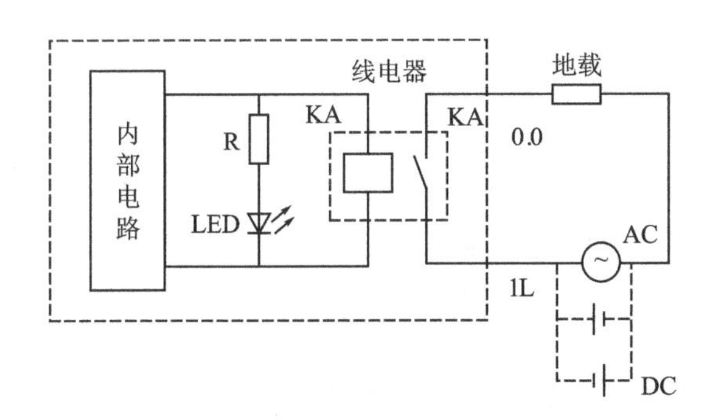

图 2.1.6　继电器输出型电路

公共端，共有 1L、2L 两个公共端，可接入不同电压等级的负载电源。图 2.1.7 所示为 CPU 224 DC/DC/DC 晶体管输出电路的接线图。

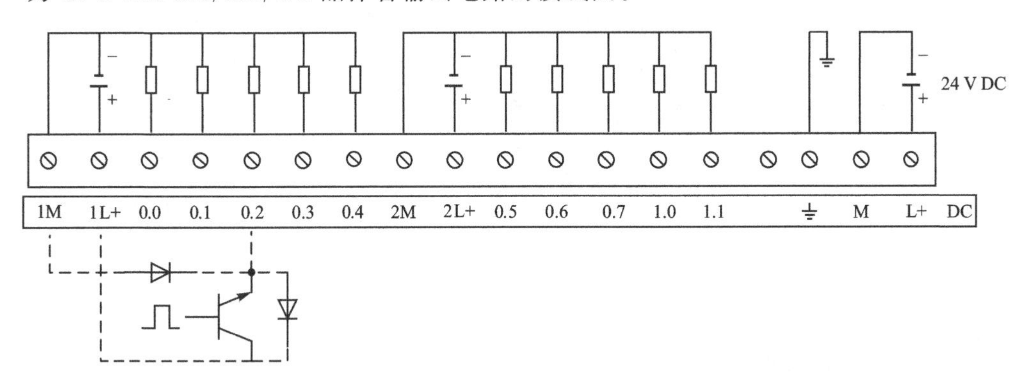

图 2.1.7　CPU 224 DC/DC/DC 晶体管输出电路的接线图

在继电器输出电路中，PLC 由 220 V 交流电源供电，负载采用继电器驱动，所以既可以选用直流为负载供电，也可以选用交流为负载供电。在继电器输出电路中，数字量输出分为三组，每组的公共端为本组的电源供给端，Q0.0～Q0.3 共用 1L，Q0.4～Q0.6 共用 2L，Q0.7～Q1.1 共用 3L，各组之间可接入不同电压等级、不同电压性质的负载电源。图 2.1.8 所示为 CPU 224 AC/DC/RLY 继电器输出电路的接线图。

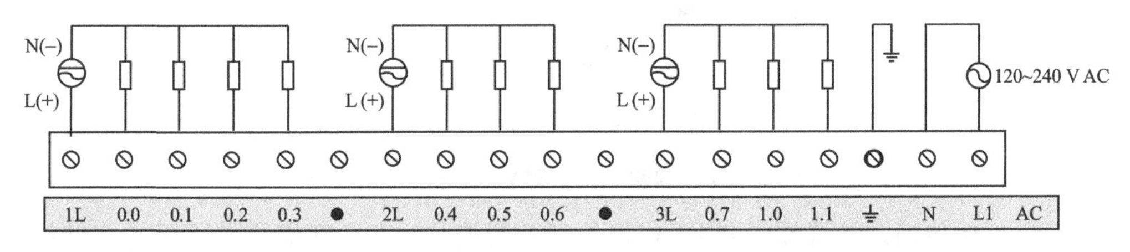

图 2.1.8　CPU 224 AC/DC/RLY 继电器输出电路的接线图

CPU 上标注的“DC/DC/DC”的含义：第一个 DC 表示供电电源电压为 24 V DC，第二个 DC 表示输入端的电源电压为 24 V DC，第三个 DC 表示输出电压为 24 V

DC;CPU 上标注的“AC/DC/RLY”的含义是:AC 表示供电电源电压为 220 V AC, DC 表示输入端的电源电压为 24 V DC,RLY 表示输出为继电器(RELAY)输出。

(4) 电　源

给 S7－200 CPU 供电有直流供电和交流供电两种方式。PLC 的供电电源一种是市电,一种是 24 V 直流电。电源电路将交流/直流供电电源转化为 PLC 内部电路需要的 5 V 直流工作电源和 I/O 单元需要的 24 V 直流电源。

(5) 外设接口

外设接口是指在主机外壳上与外部设备配接的插座。通过电缆线可配接编程器、计算机、打印机、EPROM 写入器、触摸屏等。

(6) I/O 扩展接口

I/O 扩展接口用来扩展输入/输出点数。当用户所需的输入/输出点数超过主机(控制单元)的输入/输出点数时,可通过 I/O 扩展接口与 I/O 扩展单元相接,以扩充 I/O 点数。A/D、D/A 单元及链接单元一般也通过该接口与主机相接。

2. S7－200 CPU 模块外部结构图

S7－200 CPU 224XP 模块外部结构如图 2.1.9 所示。CPU 224XP 为整体式 PLC,输入/输出、CPU 模块、电源模块均装在一个机壳内,当系统需要扩展时,选用需要的扩展模块与基本单元连接即可。

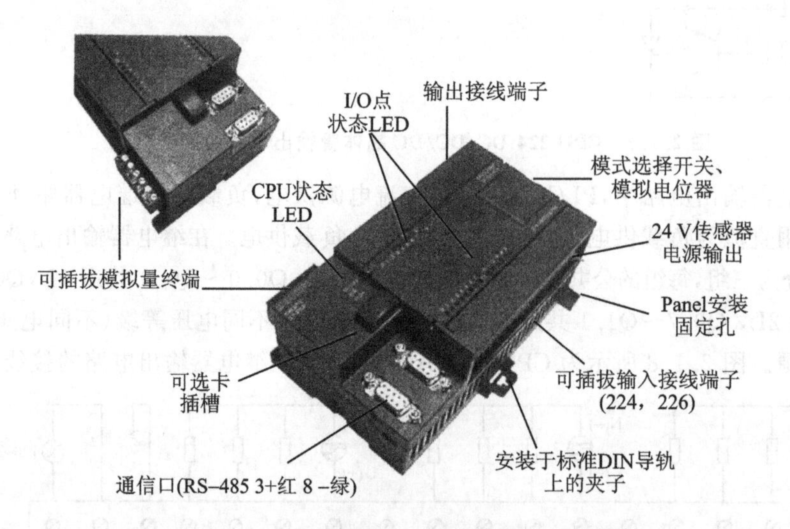

图 2.1.9　S7－200 CPU 224XP 模块外部结构图

① 可插拔输入接线端子:用于连接外部控制信号。在底部端子盖下是输入接线端子和为传感器提供的 24 V 直流电源。

② 输出接线端子:用于连接被控设备。在顶部端子盖下是输出接线端子和 PLC 的工作电源。

③ CPU 状态 LED：有 SF、STOP、RUN 三个。当发生严重的错误或硬件故障时，SF 亮；当不执行用户程序时，STOP 亮（可以通过编程装置向 PLC 装载程序或进行系统设置）；当执行用户程序时，RUN 亮。

④ I/O 点状态 LED：用来显示输入/输出的工作状态。当某输入触点闭合时，相应输入指示灯亮；当某输出继电器接通时，相应输出指示灯亮。

⑤ 扩展接口：通过扁平电缆线，连接数字量 I/O 扩展模块、模拟量 I/O 扩展模块、热电偶模块、通信模块等。CPU 扩展如图 2.1.10 所示。

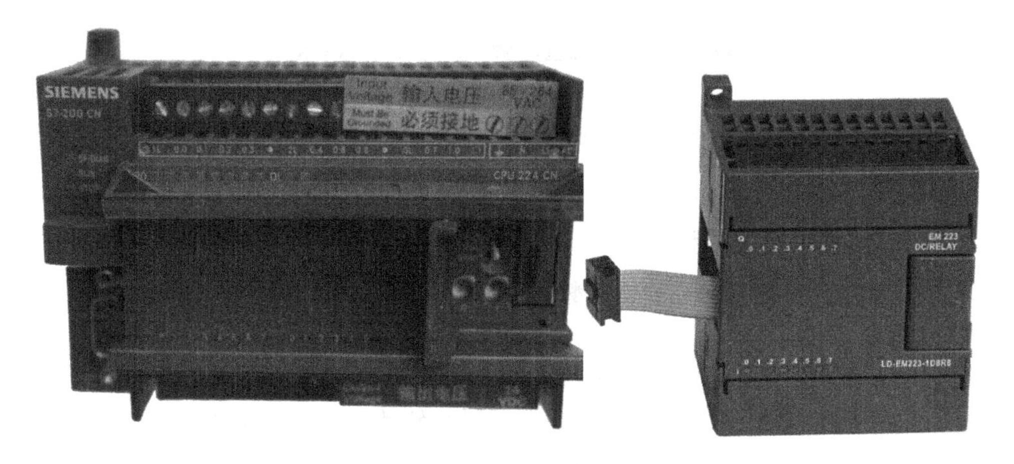

图 2.1.10 CPU 扩展

⑥ 通信口：S7－200 PLC 主机带有一个或者两个串行通信口（port 0 和 port 1），符合 Profibus 标准的 RS－485，兼容 9 针 D 型接口。

S7－200 PLC 与计算机的常用通信方式有：

- 使用 RS－232/PPI 电缆，连接 PG（编程设备）/PC（计算机）的串行通信口（COM 口）和 PLC 的通信口。
- 使用 USB/PPI 电缆，连接 PG/PC 的 USB 和 PLC 的通信口。

图 2.1.11 所示为计算机与 S7－200 的连接示意图。PC/PPI 电缆的一端是 RS－485 端口，用来连接 PLC 主机；另一端是 RS－232 或 USB 端口，用来连接计算机等其他设备。

⑦ 模拟电位器：用来改变特殊寄存器（SM28、SM29）中的数值，以改变程序运行时的参数，如定时器、计数器的预置值、过程量的控制参数等。

⑧ 模式选择开关：共有三个挡位，“RUN”挡为运行模式，启动程序执行；“STOP”挡为停止模式，不执行程序，可进行程序的下载和上传；“TERM”挡为终端暂态模式，调试程序一般置于此模式，可通过编程软件来切换 CPU 工作模式为“RUN”或“STOP”。在 STEP 7－Micro 编程软件主界面的状态栏中单击“运行”和“监控”图标，可运行和监控 PLC；反之，单击“停止”按钮。

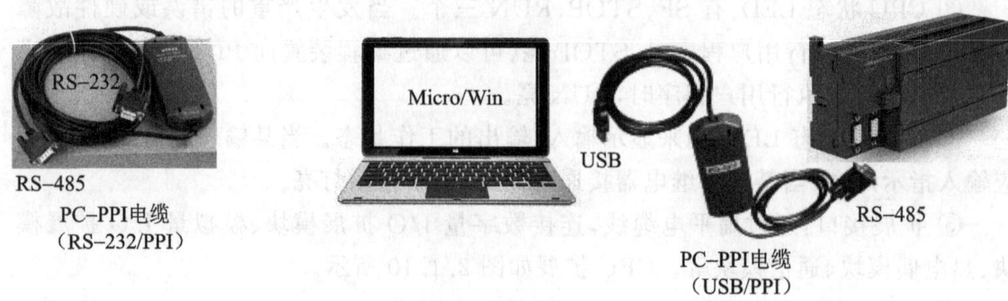

图 2.1.11 计算机与 S7-200 的连接示意图

2.1.4 PLC 的性能指标与分类

1. PLC 的性能指标

PLC 的主要性能指标有 I/O 点数、程序容量、扫描速度等。

(1) I/O 点数

I/O 点数即输入/输出端子的个数，这些端子可通过螺钉与外部设备相连接。I/O 点数是 PLC 的重要指标，其越多表明可以与外部相连接的设备越多，控制规模越大。PLC 的 I/O 点数一般包括主机 I/O 点数和最大扩展 I/O 点数。当一台主机 I/O 点数不够时，可外接 I/O 扩展单元。

(2) 程序容量

程序容量决定了存放用户程序的长短。在 PLC 中程序是按“步”存放的，1 条指令少则 1 步，多则十几步。1 步占用 1 个地址单元，1 个地址单元占用 2 字节(通常一个字节等于 8 位)。例如，一个程序容量为 1 000 步的 PLC，可推知其容量为 2 KB。一般中、小型 PLC 的程序容量为 8 KB 以下；大型 PLC 程序容量可达几兆字节。

(3) 扫描速度(处理速度)

PLC 的基本工作原理是采用循环扫描方式，扫描周期由输入采样、程序执行和输出刷新 3 个阶段构成，主要与用户程序的长短有关。例如，S7-200 的处理速度为 0.8～1.2 ms/1 KB。

其他主要指标还有指令条数、内部继电器和寄存器、特殊功能及高级模块等。

2. PLC 的分类

西门子 PLC 产品包括 LOGO 逻辑控制模块、S7-200、S7-1200、S7-300、S7-400、S7-1500 等，具体分类如下：

(1) 按控制规模(I/O 点数、内存大小和功能)分

按控制规模可分为大型机、中型机和小型机，具体如下：

小型机：小型机的控制点一般在 256 点之内，适合于单机控制或小型系统的控制。西门子小型机有 S7－200（中文替代产品 S7－200 SMART）：处理速度 0.8～1.2 ms/1 KW；存储器 2 KB ；数字量 248 点；模拟量 35 路。

中型机：中型机的控制点一般不大于 2 048 点，可用于对设备进行直接控制，还可以对多个下一级的可编程序控制器进行监控，它适合中型或大型控制系统。西门子中型机有 S7－300（替代产品 S7－1200）：处理速度 0.8～1.2 ms/1 KW；存储器 2 KB；数字量 1 024 点；模拟量 128 路；网络 Profibus；工业以太网；MPI。

大型机：大型机的控制点一般大于 2 048 点，其不仅能完成较复杂的算术运算，还能进行复杂的矩阵运算。它不仅可以对设备进行直接控制，还可以对多个下一级的可编程序控制器进行监控。西门子大型机有 S7－400（替代产品 S7－1500）；处理速度 0.3 ms/1 KW；存储器 512 KB ；I/O 点 12 672。

(2) 按控制性能分

按控制性能可分为高档机、中档机和低档机。

(3) 按结构分

按结构可分为整体式、组合式和叠装式。其中，整体式结构的可编程序控制器把电源、CPU、存储器、I/O 系统都集成在一个基本单元内，一个基本单元就是一台完整的 PLC；组合式结构的可编程序控制器把 PLC 系统的各个组成部分按功能分成若干个模块；叠装式结构的特点是 CPU 自成独立的基本单元，其他 I/O 模块为扩展单元。叠装式结构在安装时不用基板，仅用电缆进行单元间的连接，各个单元可以一个个地叠装。

2.1.5　西门子 PLC 内部编程元件

根据 CPU 型号的不同，S7－200 又分为 CPU 221、CPU 222 等不同型号。不同型号 PLC 的输入/输出个数、支持的高级指令也各不相同，但编程使用的编程元件却基本相同。

1. 数字量输入继电器(I)

输入继电器也就是输入映像寄存器。数字量输入继电器用“I”表示，输入映像寄存器区属于位地址空间，范围为 I0.0～I12.3，可进行位、字节、字、双字操作。实际输入点数不能超过这个数量，未用的输入映像寄存器区可以做其他编程元件使用，如可以当作通用辅助继电器或数据寄存器。

2. 数字量输出继电器(Q)

输出继电器也就是输出映像寄存器。数字量输出继电器用“Q”表示，输出映像寄存器区属于位地址空间，范围为 Q0.0～Q12.3，可进行位、字节、字、双字操作。

3. 通用辅助继电器(M)

通用辅助继电器如同电气控制系统中的中间继电器，在 PLC 中没有输入/输出端与之对应,因此通用辅助继电器的线圈不直接受输入信号的控制,其触点也不能直接驱动外部负载。所以,通用辅助继电器只能用于内部逻辑运算。

4. 特殊标志继电器(SM)

有些辅助继电器具有特殊功能或能够存储系统的状态变量、有关的控制参数和信息,我们称之为特殊标志继电器。用户可以通过特殊标志来沟通 PLC 与被控对象之间的信息。

特殊标志继电器根据功能和性质的不同而具有位、字节、字和双字操作方式。其中,SMB0、SMB1 为系统状态字,只能读取其中的状态数据,不能改写,但可以位寻址。系统状态字中部分常用的标志位说明如下:

SM0.0:始终接通。若需始终断开功能,可用 SM0.0 常闭触点。

SM0.1:首次扫描为 1,以后为 0,常用来对程序进行初始化。

SM0.2:当机器执行数学运算的结果为负时,该位被置 1。

SM0.3:开机后进入 RUN 方式,该位被置 1 一个扫描周期。

SM0.4:该位提供一个周期为 1 min 的时钟脉冲,30 s 为 1,30 s 为 0。

SM0.5:该位提供一个周期为 1 s 的时钟脉冲,0.5 s 为 1,0.5 s 为 0。

SM0.6:该位为扫描时钟脉冲,本次扫描为 1,下次扫描为 0。

SM0.7:该位指示 CPU 工作方式开关的位置(0 为 TERM 位置,1 为 RUN 位置)。当开关在 RUN 位置时,用该位可使自由端口通信方式有效;当切换至 TERM 位置时,同编程设备的正常通信也会有效。

SM1.0:当执行某些指令,其结果为 0 时,将该位置 1。

SM1.1:当执行某些指令,其结果溢出或为非法数值时,将该位置 1。

SM1.2:当执行数学运算指令,其结果为负数时,将该位置 1。

SM1.3:当试图除以 0 时,将该位置 1。

其他常用特殊标志继电器的功能可以参见 S7-200 系统手册。

5. 变量存储器(V)

变量存储器用来存储变量。它可以存放程序执行过程中控制逻辑操作的中间结果,也可以使用变量存储器来保存与工序或任务相关的其他数据。

变量存储器用"V"表示,变量存储器区属于位地址空间,可进行位操作,但更多的是用于字节、字、双字操作。变量存储器也是 S7-200 中空间最大的存储区域,所以常用来进行数学运算和数据处理,存放全局变量数据。

6. 局部变量存储器(L)

局部变量存储器用来存放局部变量。局部变量与变量存储器所存储的全局变量十分相似,主要区别是,全局变量是全局有效的,而局部变量是局部有效的。其中,全局有效是指同一个变量可以被任何程序(包括主程序、子程序和中断程序)访问;而局部有效是指变量只和特定的程序相关联。

7. 顺序控制继电器(S)

顺序控制继电器用在顺序控制和步进控制中，它是特殊的继电器。顺序控制继电器用“S”表示，顺序控制继电器区属于位地址空间，可进行位操作，也可以进行字节、字、双字操作。

8. 定时器(T)

定时器是可编程序控制器中重要的编程元件，是累计时间增量的内部器件。

9. 计数器(C)

计数器用来累计内部事件的次数。

10. 模拟量输入映像寄存器(AI)和模拟量输出映像寄存器(AQ)

模拟量输入电路用以实现模拟量/数字量(A/D)之间的转换，而模拟量输出电路用以实现数字量/模拟量(D/A)之间的转换，PLC 处理的是其中的数字量。

在模拟量输入/输出映像寄存器中，数字量的长度为 1 W(16 位)，且从偶数号字节进行编址来存取转换前后的模拟量值，如 0、2、4、6、8。编址内容包括元件名称、数据长度和起始字节的地址，模拟量输入映像寄存器用 AI 表示，模拟量输出映像寄存器用 AQ 表示，如 AIW10、AQW4 等。

11. 高速计数器(HC)

高速计数器的工作原理与普通计数器基本相同，它用来累计比主机扫描速率更快的高速脉冲。高速计数器的当前值为双字长(32 位)的整数，且为只读值。高速计数器的数量很少，编址时只用名称 HC 和编号，如 HC2。

12. 累加器(AC)

S7-200 PLC 提供 4 个 32 位累加器，分别为 AC0、AC1、AC2、AC3。其中，累加器(AC)是用来暂存数据的寄存器，它可以用来存放数据，如运算数据、中间数据和结果数据，也可用来向子程序传递参数，或从子程序返回参数。使用时只表示出累加器的地址编号即可，如 AC0。

例如 AC3，它提供的是 32 位的数据存取空间，可以按字节、字或双字来存取累加器中的数值，存取数据的长度由所用指令决定，如图 2.1.12 所示。

S7-200 存储器的分区及数量如表 2.1.2 所列，某种存储单元地址的取值范围及数量，即某种编程元件的数量，如表中顺序控制继电器 S 的取值范围为 S0.0～S31.7，即数量为 8×32=256 个。

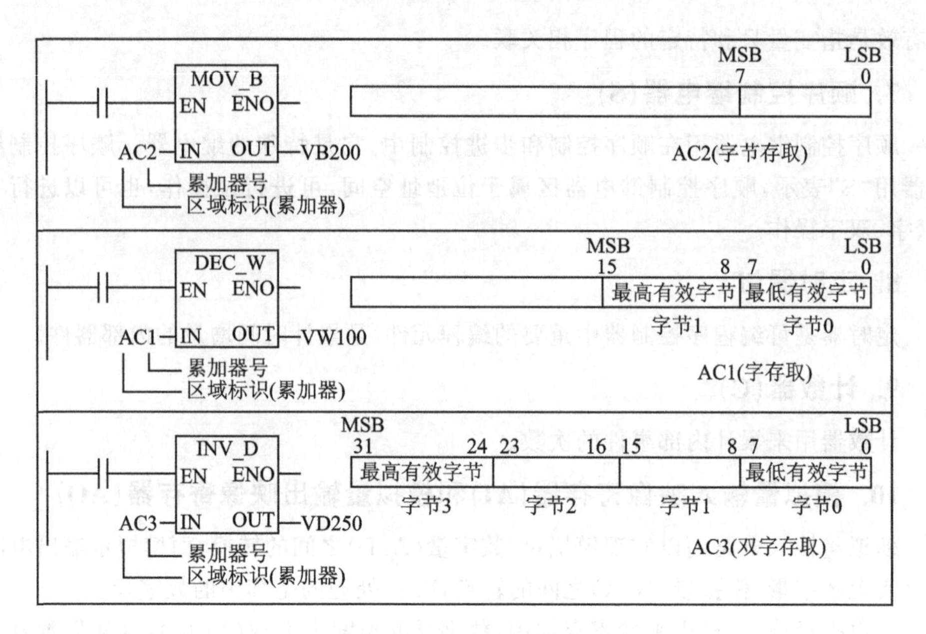

图 2.1.12 累加器的寻址

表 2.1.2 S7-200 存储器的分区及数量

描 述	CPU 221	CPU 222	CPU 224	CPU 226	CPU 226XM
输入映像寄存器(I)	I0.0～I12.3	I0.0～I12.3	I0.0～I12.3	I0.0～I12.3	I0.0～I12.3
输出映像寄存器(Q)	Q0.0～Q12.3	Q0.0～Q12.3	Q0.0～Q12.3	Q0.0～Q12.3	Q0.0～Q12.3
主机数字量 I/O 点数	6/4	8/6	14/10	24/16	24/16
模拟量输出(只读)		AIW0～AIW30	AIW0～AIW62	AIW0～AIW62	AIW0～AIW62
模拟量输出(只写)		AQW0～AQW30	AQW0～AQW62	AQW0～AQW62	AQW0～AQW62
变量存储器(V)	VB0～VB2047	VB0～VB2047	VB0～VB5119	VB0～VB5119	VB0～VB10239
局部存储器(L)	LB0～LB63	LB0～LB63	LB0～LB63	LB0～LB63	LB0～LB63
位存储器(M)	M0.0～M31.7	M0.0～M31.7	M0.0～M31.7	M0.0～M31.7	M0.0～M31.7
特殊存储器(SM)	SM0.0～SM179.7	SM0.0～SM299.7	SM0.0～SM549.7	SM0.0～SM549.7	SM0.0～SM549.7
定时器(T)	T0～T255	T0～T255	T0～T255	T0～T255	T0～T255
计数器(C)	C0～C255	C0～C255	C0～C255	C0～C255	C0～C255
高速计数器(HC)	HC0,HC3, HC4,HC5	HC0,HC3, HC4,HC5	HC0～HC5	HC0～HC5	HC0～HC5
顺序控制继电器(S)	S0.0～S31.7	S0.0～S31.7	S0.0～S31.7	S0.0～S31.7	S0.0～S31.7
累加寄存器(AC)	AC0～AC3	AC0～AC3	AC0～AC3	AC0～AC3	AC0～AC3

2.1.6 编程元件的寻址方式

1. 常数形式

在编程中经常会使用常数，常数数据的长度可为字节、字和双字。在机器内部的数据都以二进制形式存储，但常数的书写可以用二进制、十进制、十六进制、ASCII 码或浮点数（实数）等多种形式。几种常数形式分别如表 2.1.3 所列。注意，表中的“#”为常数的进制格式说明符，如果常数无任何格式说明符，则系统默认为十进制数。

表 2.1.3　常用几种常数形式

进　制	书写格式	举　例
十进制	十进制数值	2 562
十六进制	16#十六进制数值	16#4E5F
二进制	2#二进数值	2#1010 0110 1101 0001
ASCII 码	字符串格式	“Text”
实数（浮点数）	ANSI/IEEE 754－1985 标准	（正数）＋1.175495E－38～＋3.402823E＋38
		（负数）1.175495E－38～3.402823E＋38

(1) 负数的表示方法

PLC 一般用二进制补码来表示有符号数，其最高位为符号位，最高位为 0 时为正数，为 1 时为负数，最大的 16 位正数为 16#7FFF(32 767)。正数的补码是它本身，将正数的补码逐位取反(0 变为 1,1 变为 0)后加 1，得到绝对值与它相同的负数的补码，将负数的补码的各位取反后加 1，得到它的绝对值。例如，十进制正整数 35 对应的二进制补码为 2#0010 0011，十进制负整数－35 对应的二进制数补码为 2#1101 1101。对 16 位数据 1100 1101 1011 1001 求得的绝对值为 0011 0010 0100 0111。不同数据的位数与取值范围见表 2.1.4。

表 2.1.4　数据的位数与取值范围

数据的位数	无符号整数		有符号整数	
	十进制	十六进制	十进制	十六进制
B(字节):8 位	0～255	0～FF	－128～127	80～7F
W(字):16 位	0～65 535	0～FFFF	－32 768～32 767	8000～7FFF
D(双字):32 位	0～4 294 967 295	0～FFFFFFFF	－2 147 483 648～2 147 483 647	80000000～7FFFFFFF

(2) 实数(REAL)

实数又称浮点数,可以表示为 $1.m\times 2^{E}$,其中,尾数 m 和指数 E 均为二进制数,E 可能是正数,也可能是负数。ANSI/IEEE 754－1985 标准格式的 32 位实数(见图 2.1.13)可以表示为 $1.m\times 2^{e}$,其中指数 $e=E+127(1\leqslant E\leqslant 254)$ 为 8 位正整数。

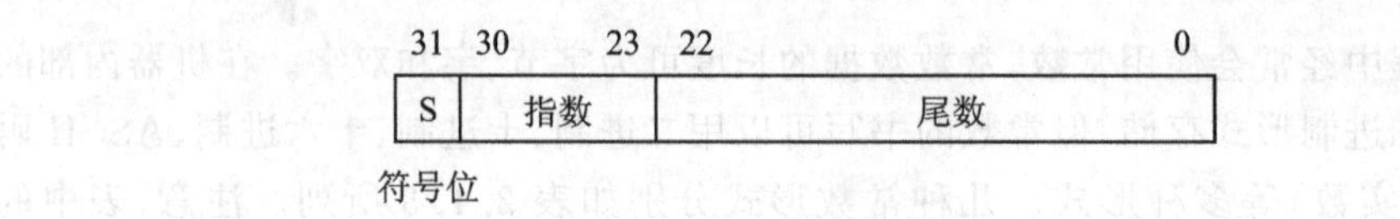

图 2.1.13 浮点数的格式

实数的最高位(第 31 位)为符号位,最高位为 0 时为正数,为 1 时为负数;因为规定尾数的整数部分总是为 1,所以只保留了尾数的小数部分 m(0～22 位)。浮点数的表示范围为 $\pm 1.175\ 495\times 10^{-38}\sim\pm 3.402\ 823\times 10^{38}$。

在编程软件中输入立即数时,带小数点的数(例如 50.0)被认为是浮点数,没有小数点的数(例如 50)则被认为是整数。

(3) 字符串的格式

ASCII(美国信息交换标准码)码是一种字符编码格式,用一个字节的二进制数值代表不同的字符。例如字母 A～F 的 ASCII 码值为十六进制数 H41～H46,数字 0～9 的 ASCII 码值为 H30～H39。字符串中也能包括汉字编码,每个汉字的编码占用两字节。

字符串由若干个 ASCII 码字符组成,每个字符占一字节(见图 2.1.14)。字符串的第一个字节定义了字符串的长度(0～254),即字符的个数。一个字符串的最大长度为 255,一个字符串常量的最大长度为 128 字节。

长度	字符1	字符2	字符3	……	字符254
字节0	字节1	字节2	字节3		字节254

图 2.1.14 字符串的格式

2. 直接寻址与间接寻址

(1) 直接寻址

S7－200 将信息存储在存储器中,存储单元按字节进行编址,无论寻址的是何种数据类型,通常都应指出它所在存储区域内的字节地址。每个单元都有唯一的地址,这种直接指出元件名称的寻址方式称为直接寻址。

按位寻址时的格式为 Ax.y,使用时必须指定元件名称、字节地址和位号。

可以进行位寻址的编程元件有:输入继电器(I)、输出继电器(Q)、通用辅助继电器(M)、特殊标志继电器(SM)、局部变量存储器(L)、变量存储器(V)和顺序控制继电器(S)。编程元件的编址方式如图 2.1.15 所示。

图 2.1.15　编程元件的编址方式

存储区内另有一些元件是具有一定功能的器件，由于元件数量很少，所以不用指出它们的字节，而是直接写出其编号。这类元件包括：定时器(T)、计数器(C)、高速计数器(HC)和累加器(AC)。其中，T、C 和 HC 的地址编号中各包含两个相关变量信息，如 T10，既表示 T10 的定时器位状态，又表示此定时器的当前值。

另外，还可以按字节编址的形式直接访问字节、字和双字数据，但使用时需指明元件名称、数据类型和存储区域内的首字节地址。可以用此方式进行编址的元件有：输入继电器(I)、输出继电器(Q)、通用辅助继电器(M)、特殊标志继电器(SM)、局部变量存储器(L)、变量存储器(V)、顺序控制继电器(S)、模拟量输入映像寄存器(AI)和模拟量输出映像寄存器(AQ)。常用寻址方式如图 2.1.16 所示。

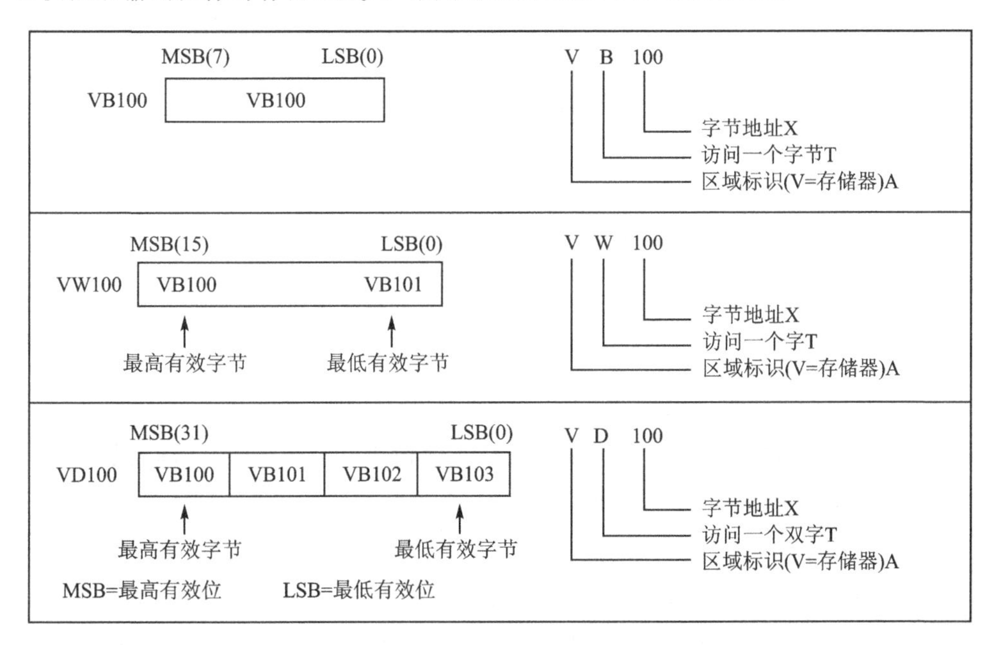

图 2.1.16　常用寻址方式

(2) 间接寻址

间接寻址时操作数并不提供直接数据位置，而是通过使用地址指针来存取存储器中的数据。在 S7－200 中允许使用指针对 I、Q、M、V、S、T、C(仅当前值)存储区进行间接寻址。

① 使用间接寻址前,要先创建一指向该位置的指针。指针为双字(32 位),存放的是另一存储器的地址,只能用 V、L 或累加器 AC 作指针。当生成指针时,要使用双字传送指令(MOVD),将数据所在单元的内存地址送入指针。在双字传送指令的输入操作数开始处加“&”,表示某存储器的地址,而不是存储器内部的值。指令输出操作数是指针地址。

② 指针建立好后,利用指针存取数据。在使用地址指针存取数据的指令中,操作数前加“*”,表示该操作数为地址指针。

例如:“MOVD&VB100,AC1”,这个指令将 VB100 存储器中的 32 位物理地址值送入 AC1。指令中的“&”为地址符号,它与单元编号结合表示所对应单元的 32 位物理地址;将本指令中的“&VB100”改为“&VW100”或“VD100”,指令的功能不变。在指令“MOVW * AC1,AC0”中,AC1 为指针,用来存放要访问的操作数的地址,即把以 AC1 中内容为起始地址的内存单元的 16 位数据送到累加器 AC0 中。存于 VB100、VB101 中的数据被传送到 AC0 中去,AC1 作为内存地址指针,操作过程如图 2.1.17 所示。

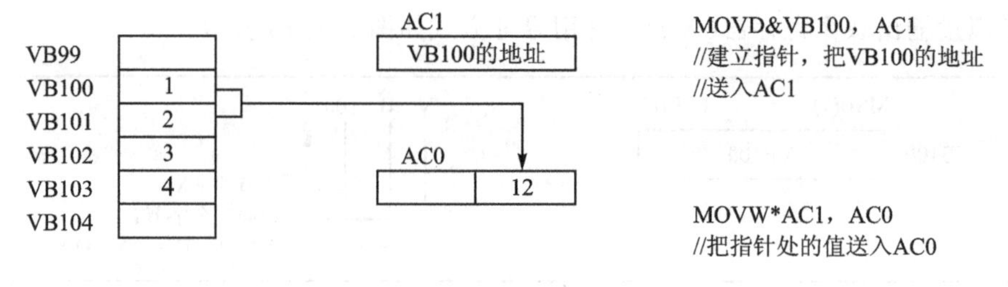

图 2.1.17 使用指针间接寻址

2.1.7 PLC 的工作过程

PLC 的工作方式为循环扫描方式。PLC 的工作过程大致分为 3 个阶段,即输入采样、程序执行和输出刷新 3 个阶段。PLC 重复地执行这 3 个阶段,周而复始。每重复一次的时间称为一个扫描周期。

1. 输入采样

PLC 在系统程序控制下以扫描方式顺序读入输入端口的状态(如开关的接通或断开),并写入输入状态寄存器,此时输入状态寄存器被刷新;接着转入程序执行阶段。在程序执行期间,即使输入状态发生变化,输入状态寄存器的内容也不会改变。输入状态的改变只能在下一个扫描周期输入采样到来时,才能重新读入。因此,如果输入是脉冲信号,则该脉冲信号的宽度必须大于一个扫描周期,才能保证在任何情况下,该输入均能被读入。

2. 程序执行

PLC 按照梯形图先左后右、先上后下的顺序扫描执行每一条用户程序。执行程序时所用的输入变量和输出变量,是在相应的输入状态寄存器和输出状态寄存器中取用,运算的结果写入输出状态寄存器。

在用户程序执行过程中,只有输入点在 I/O 状态寄存器内的状态和数据不会发生变化,而其他输出点和软设备在 I/O 状态寄存器或系统 RAM 存储区内的状态和数据都有可能发生变化,而且排在上面的梯形图的程序执行结果会对排在下面的凡是用到这些线圈或数据的梯形图起作用;相反,排在下面的梯形图被刷新的逻辑线圈的状态或数据只能到下一个扫描周期才能对排在其上面的程序起作用,这就有一定的滞后性。为了解决这个问题,有的 PLC 支持立即 I/O 指令,即在程序执行的过程中可以读取外部信号,而不是读取 I/O 映像区内的数据,就如同在程序和外部信号之间建立了一条绿色通道。

3. 输出刷新

当扫描用户程序结束后,PLC 就进入输出刷新阶段。在此期间,CPU 按照 I/O 状态寄存器对应的状态和数据刷新所有的输出锁存电路,再经输出电路驱动相应的外设。这时,才是 PLC 的真正输出。

上述 3 个阶段构成了 PLC 的一个工作周期。实际上,PLC 的扫描工作还要完成自诊断,与编程器、计算机等通信,如图 2.1.18 所示。自诊断即检查各部件是否工作正常,这部分工作是由厂家编写的系统程序完成的。通信即 PLC 与上位机或其他联网设备传递信息的过程。图 2.1.18 中的 5 个工作阶段构成了一个扫描周期。扫描时间的长短主要取决于程序的长短,通常扫描周期为几十毫秒。这对工业控制对象来说几乎是瞬间完成的。

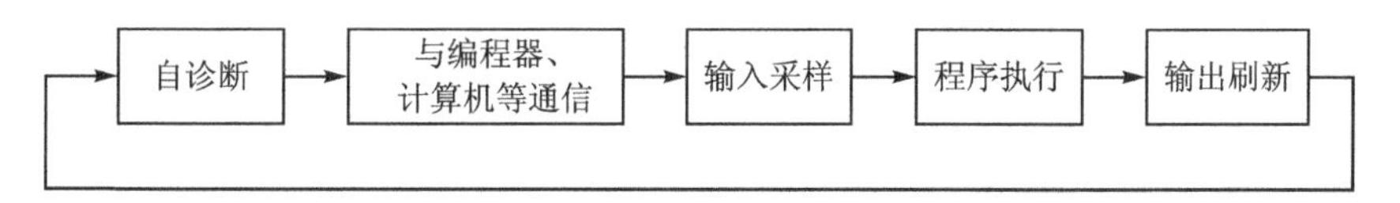

图 2.1.18　PLC 工作过程

2.2　西门子编程软件

为了实现 PLC 与计算机之间的通信,西门子公司为用户提供了两种硬件连接方式:一种是通过 PC/PPI(Point Point Interface)电缆直接连接,另一种是通过带有 MPI 电缆的通信处理器连接。

目前 S7－200 及以上的 PLC 的应用大多采用 PC/PPI 电缆建立计算机与 PLC

之间的通信。一个基本的 S7－200 PLC 系统的配置通过 PC/PPI 通信电缆提供从 RS－232 口到 RS－485 口的转换，把个人计算机与 S7－200 CPU 连接起来。用户程序由编程软件 SETP 7－Micro/WIN 32 生成并下载至 CPU 执行。在图 2.1.11 所示的配置中，PC 为主站（站地址默认为 0），S7－200 CPU 为从站（站地址为 2～126，默认地址为 2）。

2.2.1　主界面

首先安装 STEP 7－Micro/WIN 32 编程软件。打开 STEP 7－Micro/WIN 32 主界面。编程界面启动后，执行“工具”→“选项”→“语言”→“中文”命令，其主界面外观如图 2.2.1 所示。

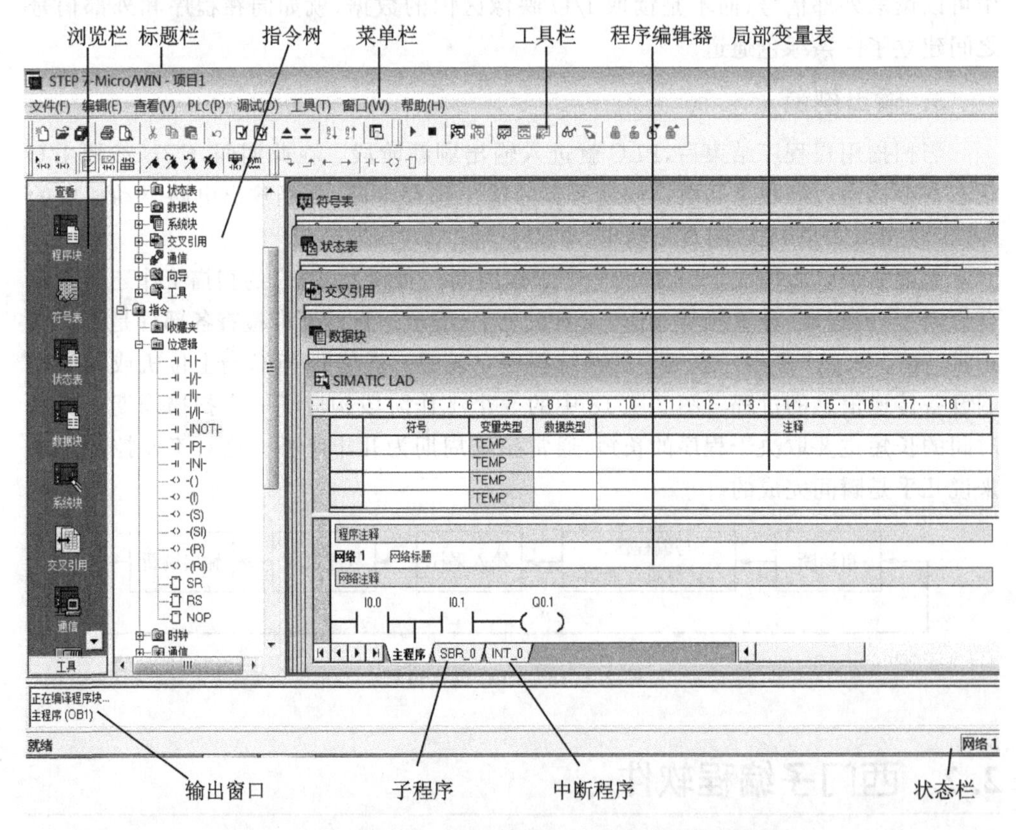

图 2.2.1　STEP 7－Micro/WIN 32 编程软件的主界面

主界面一般可分为 6 个区域：菜单栏（包含 8 个主菜单项）、工具栏（快捷按钮）、浏览栏（快捷操作窗口）、指令树（快捷操作窗口）、输出窗口和用户窗口（可同时或分别打开图中的 5 个用户窗口）。除菜单栏外，用户可根据需要决定其他窗口的取舍和样式的设置。

1. 指令树

指令树以树形结构提供项目对象和当前编辑器的所有指令。双击指令树中的指令符，能自动在梯形图显示区的光标位置插入所选的梯形图指令。选择“查看”→“指令树”菜单项可以打开指令树。

2. 浏览栏

浏览栏可划分为 8 个窗口组件，下面按窗口组件介绍各窗口按钮选项的操作功能。

(1) 程序块

程序块用于完成程序的编辑以及相关注释，其中，程序包括主程序(OBI)、子程序(SBR)和中断程序(INT)。

(2) 符号表

符号表是允许用户使用符号编址的一种工具。实际编程时为了增加程序的可读性，可用带有实际含义的符号作为编程元件代号。

(3) 状态表

状态表用于联机调试时监控各变量的值和状态。

(4) 数据块

数据块用于为 V 存储器指定初始值。用户可使用不同的长度(字节、字或双字)在 V 存储器中保存不同格式的数据。单击工具栏中“查看”视图中的“数据块”图标，或者选择“查看”→“组件”→“数据块”菜单项可打开“数据块”窗口。在图 2.2.2 中输入“VBO 100”和“VB2 100”两行数据，实际上就是起初始化的作用，与图 2.2.3 中的梯形图程序的作用相同。

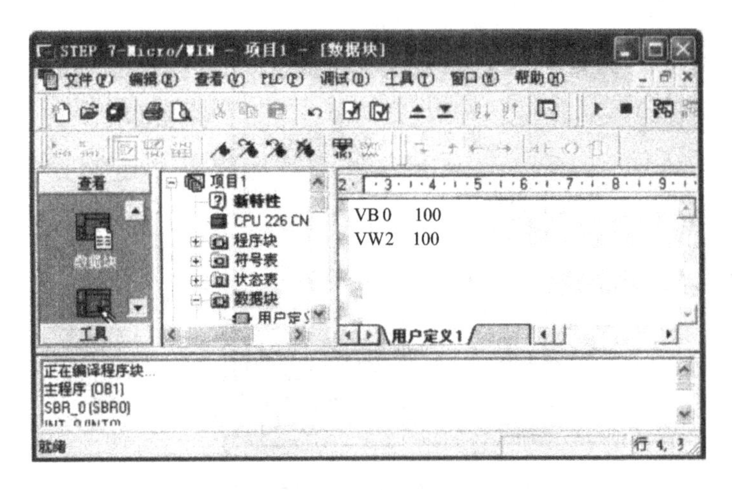

图 2.2.2 “数据块”窗口

数据块必须下载到 CPU 中才起作用,数据块保存在 CPU 的 EEPROM 存储单元中,因此断电后仍然能保持数据。

SM0.1
MOV_B
EN
ENO
100
IN
OUT
VB0
MOV_W
EN
ENO
100
IN
OUT
VW2

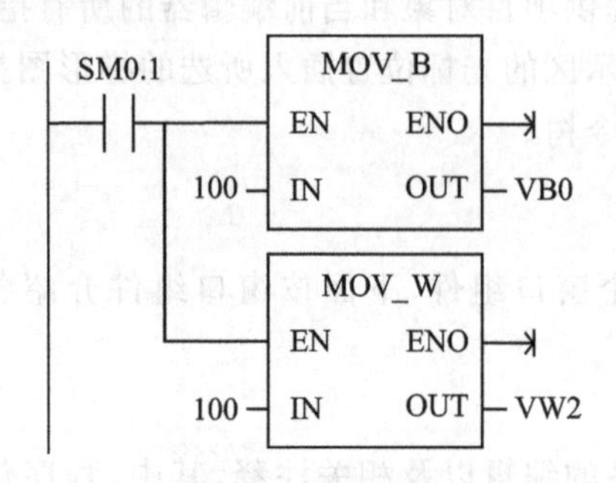

图 2.2.3　初始化程序

(5) 系统块

系统块可配置 S7 - 200 用于 CPU 的参数。系统块为 PLC 提供新的系统配置,信息需下载到 PLC。

(6) 交叉引用表

交叉引用表能显示程序中元件使用的详细信息。交叉引用表对查找程序中数据地址的使用十分有用。单击工具栏中"查看"视图中的"交叉引用"图标,可弹出如图 2.2.4 所示的界面。当双击交叉引用表中某个元素时,界面会立即切换到程序编辑器中显示交叉引用表对应元件的程序段。例如,双击交叉引用表中第一行的"I0.0",则界面切换到程序编辑器中,而且光标(方框)停留在"I0.0"上,如图 2.2.5 所示。

	元素	块	位置	关联
1	I0.0	程序块 (OB1)	网络 1	-||-
2	I0.0	程序块 (OB1)	网络 2	-||-
3	Q0.0	程序块 (OB1)	网络 1	-( )
4	VB10	程序块 (OB1)	网络 2	MOV_B

图 2.2.4　交叉引用表

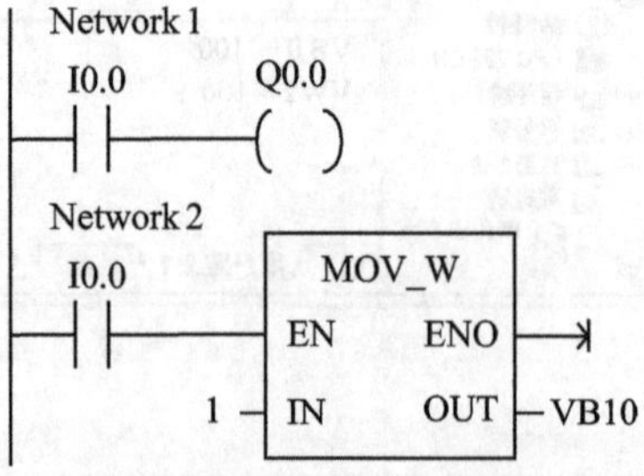

Network 1
I0.0
Q0.0
Network 2
I0.0
MOV_W
EN
ENO
1
IN
OUT
VB10

图 2.2.5　交叉引用表对应的程序

(7) 通　信

进行网络地址和波特率的配置。

(8) 设置 PG/PC

进行地址及通信速率的配置。

2.2.2 网络设置

安装完软件并设置连接好硬件后，建议按下面的步骤单击“通信”图标，找到 PLC 地址后再编程下载。

1. 打开 Communications 对话框

在 STEP 7 - Micro/WIN 32 运行时单击“通信”图标，或选择 View→Communications 菜单项，弹出 Communications 对话框，如图 2.2.6 所示，在 Address 选项组中将 Remote 设置为“2”。

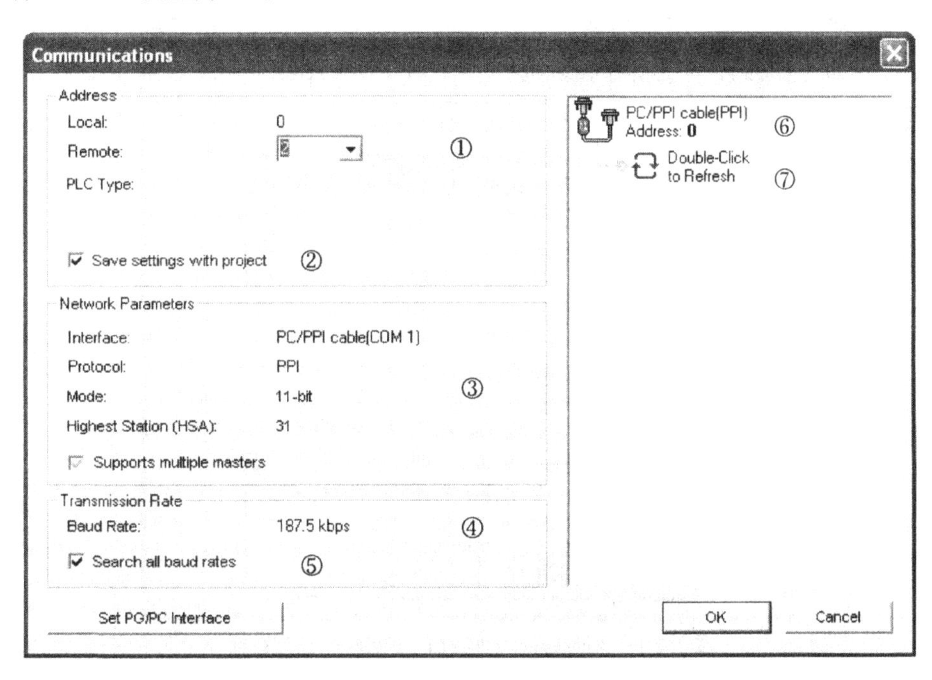

图 2.2.6　Communications 对话框

现将 Communications 对话框介绍如下：

① 通信设置区。Local 显示的是运行 STEP 7 - Micro/WIN 32 编程器的网络地址，默认的地址为 0。使用 Remote 下拉列表框可以选择试图连接的远程 CPU 地址。S7 - 200 CPU 的默认网络地址为 2。

② 选中 Save settings with project 复选框可以使通信设置与项目文件一起保存。

③ Network Parameters 选项组用于显示电缆的属性以及连接的个人计算机通信口。

④ Baud Rate 显示的是本地(编程器)当前的通信速率。S7－200 CPU 的默认波特率为 9.6 千波特。

⑤ 选中 Search all baud rates 复选框时,会在刷新时分别用多种波特率寻找网络上的通信节点。

⑥ 图 2.2.6 中的⑥用于显示当前使用的通信设备,双击可以打开 Set PG/PC Interface 对话框,设置本地通信属性。

⑦ 双击图 2.2.6 中的⑦所示的图标可以开始刷新网络地址,寻找通信站点。

2. 设置 PC/PPI 电缆属性

(1)PPI 设置

双击图 2.2.6 中⑥所示的图标,弹出 Set PG/PC Interface 对话框,检查编程通信设备。如果型号不符合,则重新选择。单击 Properties 按钮,打开 Properties－PC/PPI cable (PPI)对话框,如图 2.2.7 所示。

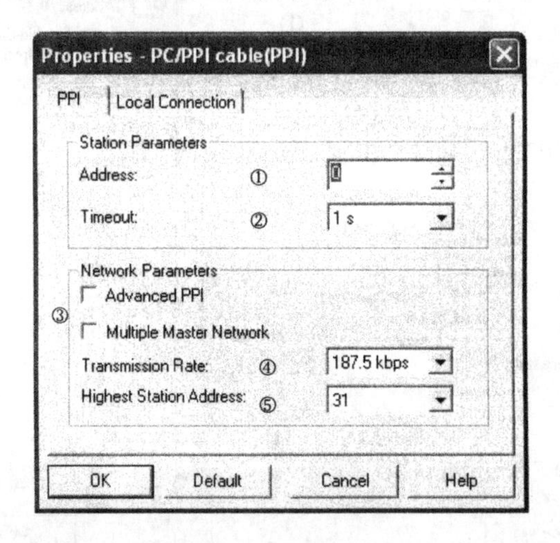

图 2.2.7 Properties－PC/PPI cable(PPI)对话框

"PPI"选项卡中的相应设置如下:

① Address 微调按钮用于设置 STEP 7－Micro/WIN 32 的本地地址。

② Timeout 下拉列表框用于设置通信超时时间。

③ Advanced PPI 复选框和 Multiple Master Network 复选框是附加设置。如果使用智能多主站电缆和 STEP 7－Micro/WIN 32 SP4 以上版本,则不必选中。

④ Transmission Rate 下拉列表框用于设置本地通信速率。S7－200 CPU 的默认波特率为 9.6 千波特。

⑤ 本地最高站址。

(2) 检查本地计算机通信口设置

在 Local Connection 选项卡(见图 2.2.8)中：

① 在 Connection to 下拉列表框中选择 PC/PPI 电缆连接的通信口。若为 RS－232/PPI 电缆，则可以通过右击“我的电脑”在弹出的快捷菜单中选择“管理”→“设备管理器”菜单项，插拔计算机与 PLC 连接线，找到对应 COM? 端口；若为 USB/PPI 电缆，则选择 USB 即可。

② 如果使用本地计算机的 Modem(调制解调器)，则须选中 Modem connection 对话框。这时 STEP 7 Micro/WIN 32 只通过 Modem 与电话网中的 S7－200 连接(EM241)。

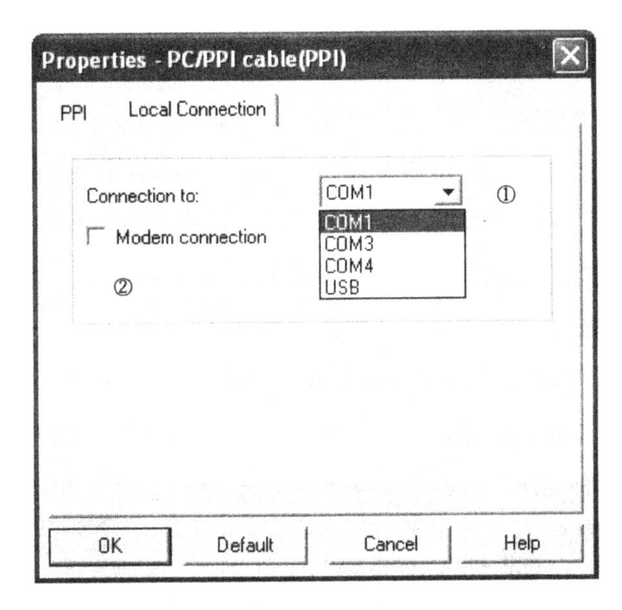

图 2.2.8　Local Connection 选项卡

3. 寻找与计算机连接的 S7－200 站

双击图 2.2.6 中⑦所示的图标，开始寻找与计算机连接的 S7－200 站，找到 S7－200 站后，如图 2.2.9 所示。其中，

① Remote 下拉列表框显示找到的站点地址。

② 图 2.2.9 中的②显示的是找到的 S7－200 站点参数，双击打开 PLC Information 对话框，然后单击“OK”按钮，保存通信设置。

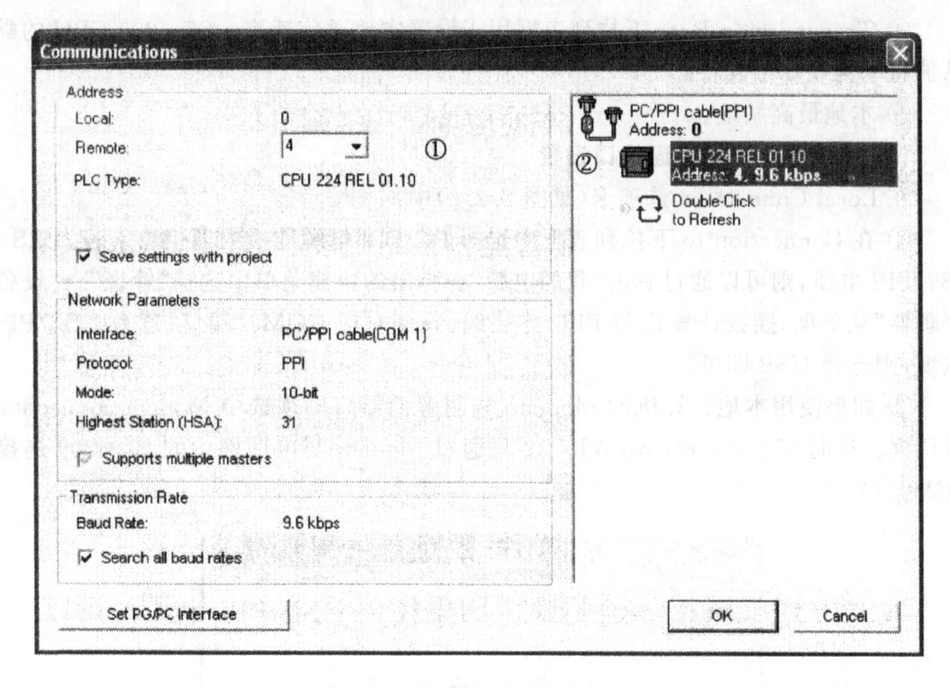

图 2.2.9 找到 S7－200 CPU

2.2.3 STEP 7－Micro/WIN 32 主要的编程功能和编程练习

STEP 7－Micro/WIN 32 主要的编程功能

(1) 编程元素和项目组件

S7－200 的 3 种程序组织单位(POU)是指主程序、子程序和中断程序。

一个项目(project)包括的基本组件有程序块、数据块、系统块、符号表、状态图、交叉引用表。程序块、数据块、系统块须下载到 PLC。单击浏览栏中的“系统块”按钮，或者单击指令树中的“系统块”图标，可查看并编辑系统块。

例如，CPU 密码的创建，具体如下：

1) 密码的作用

S7－200 的密码保护功能提供 4 种限制存取 CPU 存储器功能的等级。各等级均有不需要密码就可以使用的某些功能。默认的是 1 级(没有设置密码)，S7－200 提供不受限制的访问。如果设置了密码，则只有输入正确的密码后，S7－200 才根据授权级别提供相应的操作功能。系统块下载到 CPU 后，密码才起作用。

在第 3 级密码保护下，须要密码才能进行：上传程序、数据块和系统块；下载到 CPU；监控程序状态；删除程序块、数据块或系统块；强制数据或执行单次/多次扫描；复制到存储器卡；在 STOP 模式下写输出。

2）密码的设置

双击指令树中的“系统块”文件夹中的“密码”图标，在系统块的“密码”对话框中，如果选择权限为 2～4 级，则应输入并核实密码，密码最多 8 位，且字母不区分大小写。

3）忘记密码的处理

如果忘记了密码，则必须清除存储器，重新下载程序。清除存储器会使 CPU 进入 STOP 模式，并将它设置为厂家设定的默认状态。

计算机与 PLC 建立连接后，执行 PLC→“清除”命令，弹出“清除”对话框后，选择要清除的块，单击“清除”按钮。如果设置了密码，则会显示一个“密码授权”对话框。在对话框中输入 CLEARPLC（不区分大小写），确认后执行指定的清除操作。

(2) 梯形图程序的输入

1）建立项目

① 打开已有的项目文件。

执行“文件”→“打开”命令，在“打开文件”对话框中，选择项目的路径及名称，单击“确定”按钮，打开现有项目。

② 创建新项目。执行“文件”→“新建”命令即可创建新项目。

2）输入程序

打开项目后就可以进行编程。

① 输入指令。

梯形图的元素主要有接点、线圈和指令盒，梯形图的每个网络必须从接点开始，以线圈或没有 ENO 输出的指令盒结束。线圈不允许串联使用。

要输入梯形图指令首先要进入梯形图编辑器，执行“查看”→“框架”→“指令树”命令，接着在梯形图编辑器中输入指令。

- 在指令树中，选择需要的指令，拖放到需要的位置。
- 将光标放在需要的位置，在指令树中双击需要的指令。
- 将光标放到需要的位置，单击工具栏中的指令按钮，打开一个“通用指令”窗口，选择需要的指令。
- 使用功能键：F4→接点，F6→线圈，F9→指令盒。

当编程元件图形出现在指定位置后，单击编程元件符号的“??? ”，输入操作数。红色字样显示语法出错，当把不合法的地址或符号改变为合法值时，红色消失。若数值下面出现红色的波浪线，则表示输入的操作数超出范围或与指令的类型不匹配。

② 输入程序注释。

LAD 编辑器中共有 4 个注释级别：项目组件（POU）注释、网络标题、网络注释、项目组件属性，具体如下：

项目组件（POU）注释：在“网络 1”上方的灰色方框中单击，输入 POU 注释。单击“切换 POU 注释”按钮，或者执行“查看”→“ POU 注释”命令，可在 POU 注释打开

(可视)和关闭(隐藏)之间切换。

网络标题:将光标放在网络标题行,输入一个便于识别该逻辑网络的标题。

网络注释:将光标移到网络标号下方的灰色方框中,可以输入网络注释。网络注释可对网络的内容进行简单说明,以便于程序的理解和阅读。

项目组件属性:右击指令树中的POU,在弹出的快捷菜单中选择“属性”命令。

在“属性”对话框中有两个标签:“一般”和“保护”。其中,在“一般”选项卡中可为子程序、中断程序和主程序块(OB1)重新编号和重新命名,并为项目指定一个作者;在“保护”选项卡中则可以选择一个密码保护POU,以便其他用户无法看到该POU,并在下载时加密。若用密码保护POU,则选中“用密码保护该POU”复选框。输入一个4个字符的密码并核实该密码。

③ 程序的编辑。

各种操作如下:剪切、复制、粘贴或删除多个网络。通过Shift键+鼠标单击,可以选择多个相邻的网络,进行剪切、复制、粘贴或删除等操作。注意:不能选择部分网络,只能选择整个网络。

④ 程序的编译。

程序经过编译后,方可下载到PLC。

单击“编译”按钮或执行PLC→“编译”命令,就可以编译当前被激活的窗口中的程序块或数据块。

单击“全部编译”按钮或执行PLC→“全部编译”命令,就可以编译全部项目元件(程序块、数据块和系统块)。使用“全部编译”命令,与哪一个窗口是活动窗口无关。

编译结束后,输出窗口显示编译结果。

【项目2.1】 STEP 7-Micro/WIN 32编程练习

① 认识PLC。记录所使用PLC的型号、输入/输出点数,观察主机面板的结构以及PLC和PC之间的连接。

② 开机(打开PC和PLC)并新建一个项目。执行“文件”→“新建”命令或单击“新建项目”按钮。

③ 检查PLC和PC连线后,设置与读取PLC的型号。执行PLC→“类型”命令,在“PLC类型”对话框中单击“读取PLC”按钮,或者在指令树中右击“项目”名称,在弹出的快捷菜单中选择“类型”命令,在“PLC类型”对话框中单击“读取PLC”按钮。

④ 选择指令集和编辑器。执行“工具”→“选项”命令,单击“常规”标签,在该选项卡中设置“编程模式”,选择SIMATIC。

⑤ 输入、编辑如图2.2.10所示的梯形图,并转换成语句表指令。按Insert键,可在插入和覆盖两种输入模式间转换。

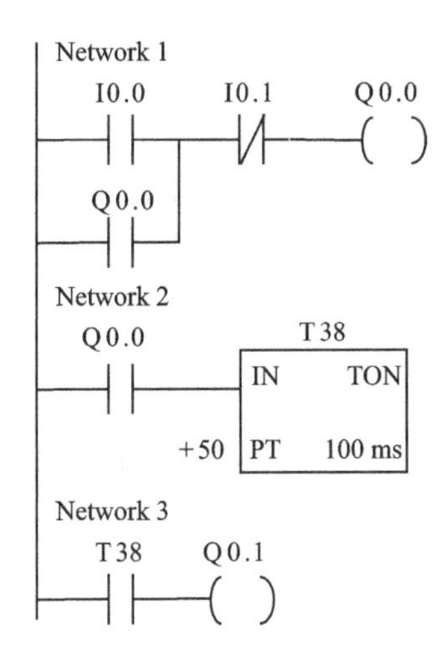

图2.2.10　输入、编辑梯形图程序

⑥ 给梯形图加POU注释、网络标题、网络注释。

⑦ 编写符号表如表2.2.1所列。选择操作数显示形式为符号和地址同时显示，操作方法如下：

建立符号表：单击浏览栏中的“符号表”按钮。

符号和地址同时显示：执行“工具”→“选项”命令，设置“程序编辑器”选项。

表2.2.1　符号表

编　号	符　号	地　址	注　释
1	启动按钮	I0.0	
2	停止按钮	I0.1	
3	灯1	Q0.0	
4	灯2	Q0.1	
5			

⑧ 编译程序，在软件界面的输出窗口观察编译结果，若提示错误，则根据提示错误所在位置（在第几网络、行列）去修改，直到编译成功。

执行PLC→“编译”或“全部编译”命令。

⑨ 将程序下载到PLC。下载之前，PLC必须位于“停止”的工作方式。如果PLC没有在“停止”工作方式下，则单击工具栏中的“停止”按钮，将PLC置于“停止”工作方式。

单击工具栏中的“下载”按钮，或执行“文件”→“下载”命令，弹出“下载”对话框，在该对话框中可选择是否下载“程序代码块”、“数据块”和CPU配置，单击“确定”按钮，开始下载程序。

⑩ 运行程序。单击工具栏中的“运行”按钮。

用编程软件的监控功能来观察程序运行过程中元件的执行情况，以判断程序的正确性。单击工具栏中的监控图标，即进入运行监视界面。此时，若程序正在运行，则会观察到程序中的触点和输出元件随着程序的执行，在接通时都会变蓝色。定时器与计数器还会显示执行的经过值，方便对程序的正确性进行分析。

⑪ 结果记录。观察 PLC 的输入/输出指示灯变化，并记录。

2.2.4 程序调试

Micro/WIN 提供了丰富的程序调试工具供用户使用。

1. 状态表

单击工具栏中的“查看”视图中的“状态表”按钮，打开“状态表”窗口，或者执行“查看”→“组件”→“状态表”命令也可以打开“状态表”窗口。

使用状态表可以监控数据，各种参数（如 CPU 的 I/O 开关状态、模拟量的当前数值等）都在状态表中显示。此外，配合“强制”功能还能将相关数据写入 CPU，改变参数的状态，例如可以改变 I/O 开关状态。

2. 强 制

S7－200 系列 PLC 提供了强制功能，以方便调试工作。在现场不具备某些外部条件的情况下模拟工艺状态。用户可以对数字量（DI/DQ）和模拟量（AI/AQ）进行强制。强制时，运行状态指示灯变成黄色，取消强制后指示灯变成绿色。

如果没有实际的 I/O 连线，则可以利用强制功能调试程序。先打开“状态表”窗口并使其处于监控状态，在“新值”文本框中输入要强制的数据，然后单击工具栏中的“强制”按钮，此时，被强制的变量数值上有一个锁标志，如图 2.2.11 所示。

状态表

	地址	格式	当前值	新值
1	I0.0	位	2#1	
2	I0.1	位	2#0	
3	Q0.0	位	2#1	
4		有符号		
5		有符号		

图 2.2.11 强制功能

单击工具栏中的“取消全部强制”按钮可以取消全部的强制。

3. 写入数据

S7－200 系列 PLC 提供了数据写入功能，以方便调试工作。例如，在“状态表”窗口中输入 Q0.0 的新值“0”，如图 2.2.12 所示。单击工具栏上的“全部写入”按钮，或者执行“调试”→“全部写入”命令即可更新数据。

状态表

	地址	格式	当前值	新值
1	I0.0	位	2#0	
2	I0.1	位	2#0	
3	Q0.0	位	2#1	0
4		有符号		
5		有符号		

图 2.2.12　写入数据

利用“全部写入”功能可以同时输入几个数据。“全部写入”的作用类似于“强制”的作用,但两者是有区别的:强制功能的优先级别要高于“全部写入”,“全部写入”的数据可能改变参数状态,但当与逻辑运算的结果抵触时,写入的数值也可能不起作用。

4. 趋势图

前面提到的状态表可以监控数据,趋势图也同样可以监控数据,只不过使用状态表监控数据时的结果是以表格的形式表示的,而使用趋势图时则以曲线的形式表达。利用后者能够更加直观地观察数字量信号变化的逻辑时序或者模拟量的变化趋势。

单击调试工具栏中的“切换趋势图状态表”按钮,可以在状态表和趋势图形式之间切换,趋势图如图 2.2.13 所示。

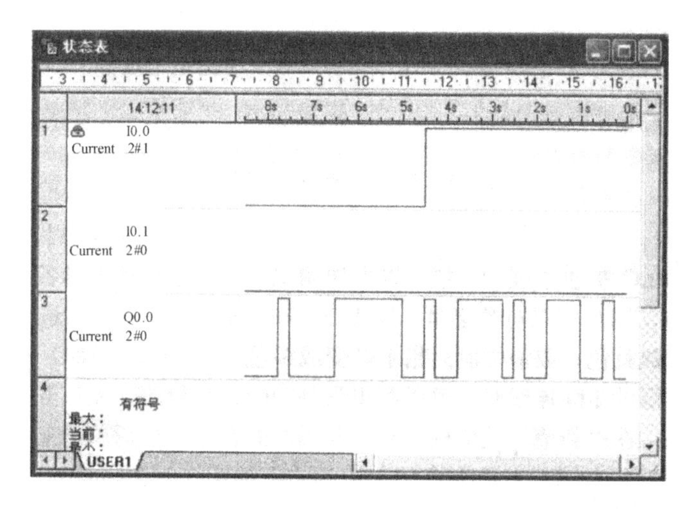

图 2.2.13　趋势图

趋势图对变量的反应速度取决于 Micro/WIN 与 CPU 通信的速度以及图中的时间基准。在趋势图中单击,可以选择图形更新的速率。当停止监控时,可以冻结图形以便仔细分析。

2.3 S7-200 的仿真软件

2.3.1 硬件设置和 ASCII 文本文件的生成

1. 硬件设置

在西门子官网等搜索“S7-200 仿真软件 V2.0”,然后下载即可。该软件不需要安装,执行其中的 S7-200.exe 文件就可以打开它。输入密码 6596,即可进入仿真软件。

软件自动打开的是老型号的 CPU 214,执行“配置”→“ CPU 型号”命令,即可选择 CPU 的高型号 CPU 226XM,该仿真软件支持的指令和功能最多(包括 S7-200 编程软件型号的配置也一样)。用户还可以修改 CPU 的网络地址,一般使用默认的地址(2)。

图 2.3.1 的左边部分是 CPU 224,右边部分是扩展模块。双击紧靠已配置模块右侧空的方框,则弹出“扩展模块”对话框(见图 2.3.2),在该对话框中选中需要添加的 I/O 扩展模块后,单击“确定”按钮,该模块便出现在指定的位置。双击已存在的扩展模块,在“扩展模块”对话框中选中“无卸下”单选按钮,即可取消该模块。

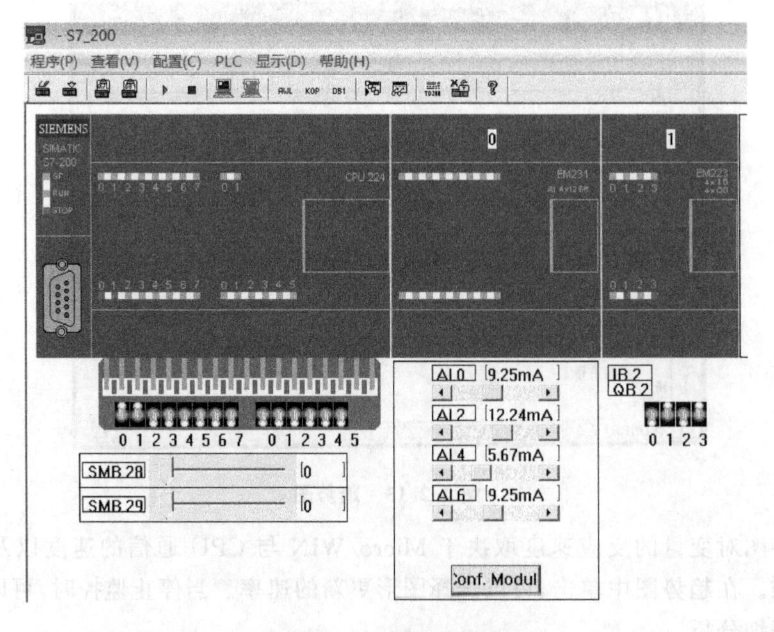

图 2.3.1 仿真软件界面

在图 2.3.1 中，紧靠 CPU 模块的 0 号扩展模块是 4 通道的模拟量输入模块 EM 231，单击该模块下面的 Conf. Module（设置模块）按钮，弹出“配置 EM231”对话框（见图 2.3.3），在该对话框中可以设置模拟量输入信号的量程。模块下面的 4 个滚动条用来设置各个通道的模拟量输入值。

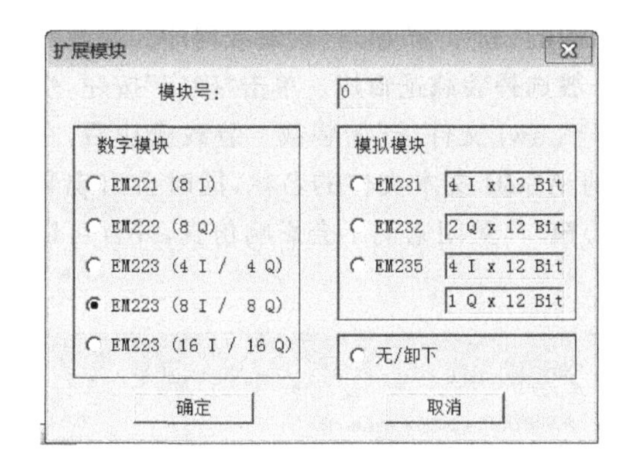

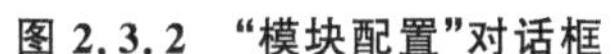
图 2.3.2　“模块配置”对话框

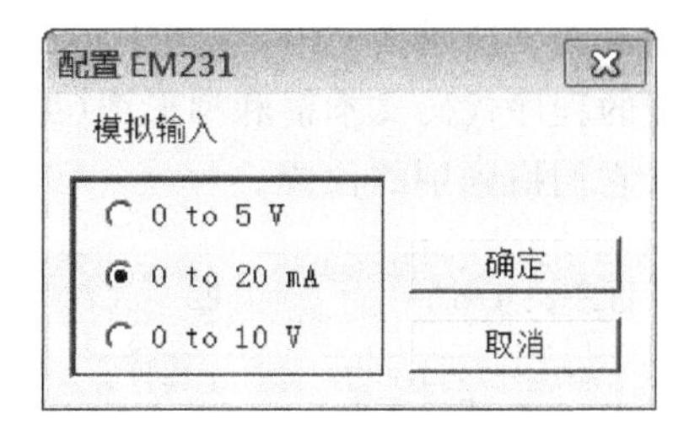

图 2.3.3　“配置 EM231”对话框

图 2.3.1 中的 1 号扩展模块是有 4 点数字量输入、4 点数字量输出的 EM223 模块，该模块下面的 IB 2 和 QB 2 是它的输入点和输出点的字节地址。

CPU 模块下面是用于输入数字量信号的小开关板，它上面有 14 个输入信号用的小开关，与 CPU 224 的 14 个输入点对应。单击小开关，向上为接通，向下为断开。开关板下面有两个直线电位器，SMB 28 和 SMB 29 分别是 CPU 224 的两个 8 位模拟量输入电位器对应的特殊存储器字节，可以用电位器的滑动块来设置它们的值（0～255）。

2. 生成 ASCII 文本文件

仿真软件不能直接接收 S7 - 200 的程序代码，必须用“导出”功能将 S7 - 200 的用户程序转换为 ASCII 文本文件，然后再装载到仿真 PLC 中去。

在编程软件中打开一个编译成功的程序块的具体操作为：执行“文件”→“导出”命令，或右击某一程序块，在弹出的快捷菜单中选择“导出”命令，在弹出的“导出程序块”对话框中输入导出的 ASCII 文本文件的文件名（文件扩展名为“awl”）即可。

如果打开的是 OB1（主程序），则将导出当前项目所有的 POU（包括子程序和中断程序）的 ASCII 文本文件的组合；如果打开的是子程序或中断程序，则只能导出当前打开的单个程序的 ASCII 文本文件。

2.3.2 装载程序和调试

1. 装载程序

生成文本文件后，单击仿真软件工具栏中的“程序”按钮，开始装载程序。在弹出的“装载程序”对话框中选择装载什么块，一般选择装载逻辑块。单击“确定”按钮，然后在弹出的“打开”对话框中双击要装载的 *.awl 文件，开始装载。装载成功后，在图 2.3.1 所示的 CPU 模块中将出现装载的 ASCII 文本文件的名称，同时会出现装载的程序代码文本框和梯形图(见图 2.3.4)窗口，关闭它们不会影响仿真，并且可以将它们拖到别的位置。

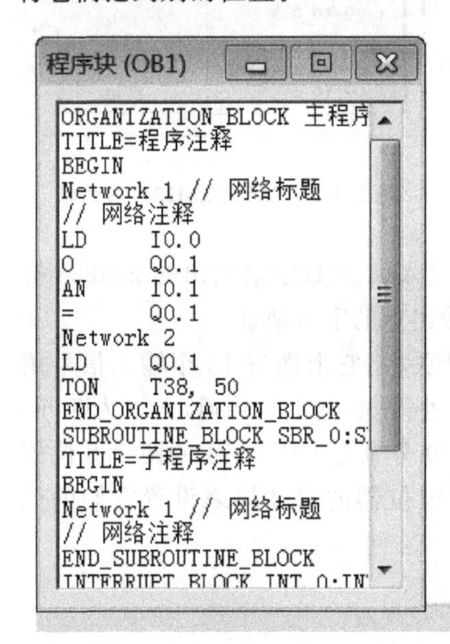

(a) 程序块

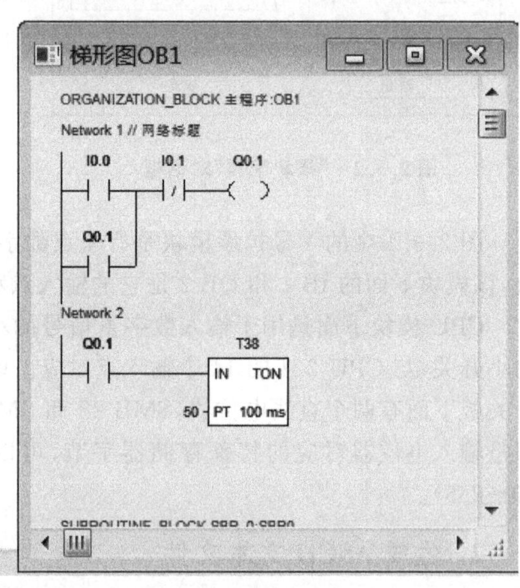

(b) 梯形图

图 2.3.4 程序块与梯形图显示

如果用户程序中有仿真软件不支持的指令或功能，则单击工具栏中的“运行”按钮，在弹出的对话框中将显示仿真软件不能识别的指令。单击“确定”按钮后，不能切换到 RUN 模式。

如果仿真软件支持用户程序中的全部指令和功能，则单击工具栏中的“运行”按钮后，当从 STOP 模式切换到 RUN 模式时，CPU 模块左侧的 RUN 和 STOP LED 的状态随之变化。

2. 模拟调试程序

单击 CPU 模块下面的开关板上小开关上面黑色的部分，可以使小开关的手柄向上,其常开触点闭合,对应输入点的LED变为绿色;单击闭合的小开关下面的黑色部分,可以使小开关的手柄向下,其常开触点断开,对应输入点的LED变为灰色。图中扩展模块的下面也有4个小开关。

在RUN模式下单击工具栏中的"监视梯形图"按钮时,可以用程序状态功能监视梯形图窗口中触点和线圈的状态。

3. 监视变量

单击工具栏中的"监视内存"(状态表窗口)按钮,在弹出的对话框中(见图2.3.5)可以监控V、M、T、C等内部变量的值。输入需要监控的变量的地址后,可以选择数据格式。图2.3.5中的With sign表示的是有符号数,用来监视T38的当前值。当T38的数据格式为Bit时,监视其位的状态。Without sign表示的是无符号数,Hexadecimal表示的是十六进制数,Eat floating表示的是浮点数。用二进制格式(Binary)监控字节、字和双字,可以在一行中同时监控8个、16个和32个位变量(见图2.3.5中对QB0的监控)。"开始"和"停止"按钮分别用来启动和停止监控。

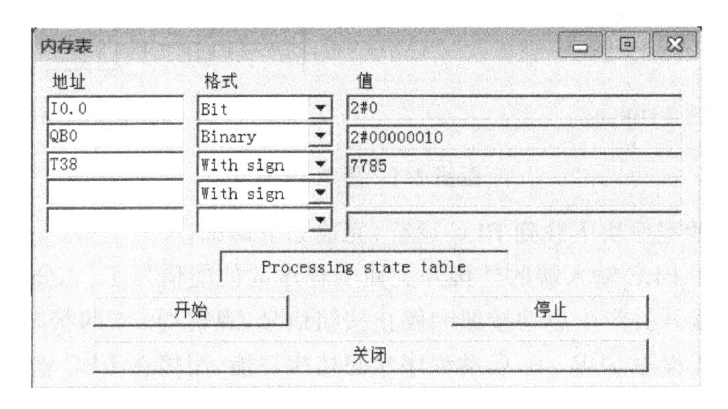

图2.3.5 "内存表"对话框

习 题

2.1 PLC具有什么特点?

2.2 PLC的基本构成由哪几部分组成?各有何作用?

2.3 西门子PLC内部编程元件有哪几种?

2.4 PLC的编程语言主要有哪几种?各有什么特点?

2.5 编程中有哪几种常用常数形式?

2.6 什么是PLC的扫描周期?其扫描过程分为哪几个阶段?各阶段完成什么任务?

2.7 PLC的主要性能指标有哪些?各指标的意义是什么?

2.8 PLC控制与继电器接触式控制相比有何不同？

2.9 输入继电器I0.1是输入字继电器IB 0中的第几号位？输出继电器Q2.0是输出字继电器QB 2的第几号位？

2.10 在编程软件中创建一个新的项目，在程序编辑器中打开自动生成的子程序SBR－0，在局部变量表中生成输入位变量“启动按钮”“停止按钮”，输出位变量“电动机”。观察为它们自动分配的局部存储器地址。在梯形图编辑器中生成用两个输入变量控制输出变量的启保停电路，见题图2.1(a)，生成程序时可以输入变量的绝对地址或符号地址，图中局部变量之前的“#”号是编程软件自动添加的。保存SBR－0后，打开主程序OB1。在OB1中，用I1.0的常开触点调用子程序SBR－0，为SBR－0的3个形参指定实参，见题图2.1(b)。

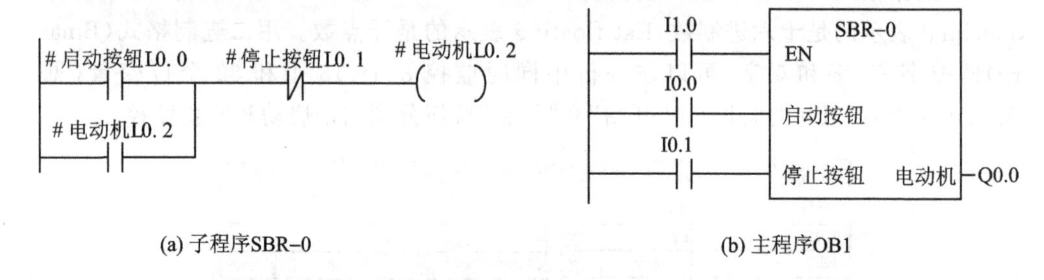

(a) 子程序SBR–0　　(b) 主程序OB1

题图2.1　题2.10图

将编写好的程序块下载到PLC运行，完成如下调试：

(1) 用接在PLC输入端的外接开关使子程序的使能信号I1.0分别为0和1状态，用PLC外接开关产生启动按钮和停止按钮信号，观察Q0.0的状态变化。

(2) 打开子程序SBR－0，启动程序状态监控功能，用接在PLC输入端的开关使I1.0为1状态，用开关产生启动按钮和停止按钮信号，观察梯形图程序的执行情况。

第 3 章

PLC 的基本指令和控制要点

S7－200 PLC 的指令包括基本指令和完成特殊任务的功能指令。基本指令包括基本逻辑、定时、计数、比较和程序控制类指令。本章将讲解 S7－200 PLC 的常用基本指令及其典型程序，功能指令将在第 5 章介绍。

3.1 基本逻辑、定时、计数和比较指令

基本逻辑指令是指构成基本逻辑运算指令的集合，包括基本位操作、置位/复位、边沿触发、逻辑栈等逻辑指令。

3.1.1 基本位操作指令和置位/复位指令

1. 基本位操作指令

(1) 装载及线圈驱动指令

LD(Load)：常开触点逻辑运算开始。

LDN(Load Not)：常闭触点逻辑运算开始。

＝(Out)：线圈驱动。

图 3.1.1 所示为上述 3 条指令的应用举例。

装载及线圈驱动指令使用说明：

① LD(Load)：装载指令，对应梯形图从左侧母线开始，连接常开触点。

② LDN(Load Not)：装载指令，对应梯形图从左侧母线开始，连接常闭触点。

③ ＝(Out)：线圈输出指令，可用于输出继电器、辅助继电器、定时器及计数器等，但不能用于输入继电器。

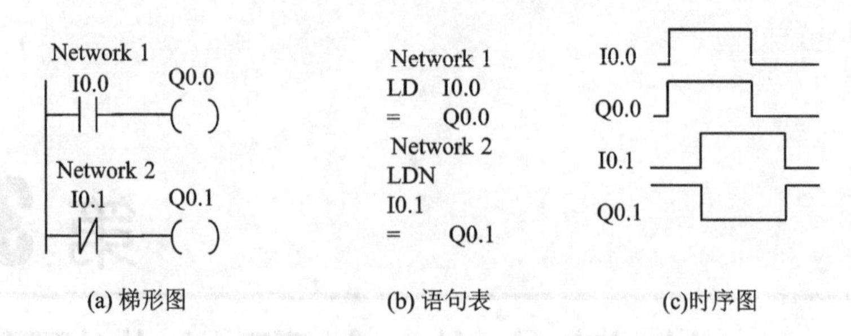

(a) 梯形图 (b) 语句表 (c)时序图

图 3.1.1 LD、LDN、"="指令的应用举例

④ LD、LDN 的操作数：I，Q，M，SM，T，C，S；=（Out）的操作数：Q，M，SM，T，C，S。

图 3.1.1 中的梯形图的含义为：当网络 1 中的常开触点 I0.0 接通时，线圈 Q0.0 得电；当网络 2 中的常闭触点 I0.1 接通时，线圈 Q0.1 得电。此梯形图的含义与以前学过的电气控制中的电气图类似。

(2) 触点串联指令

图 3.1.2 所示为上述两条指令的应用举例。

A(And)：常开触点串联。

AN(And Not)：常闭触点串联。

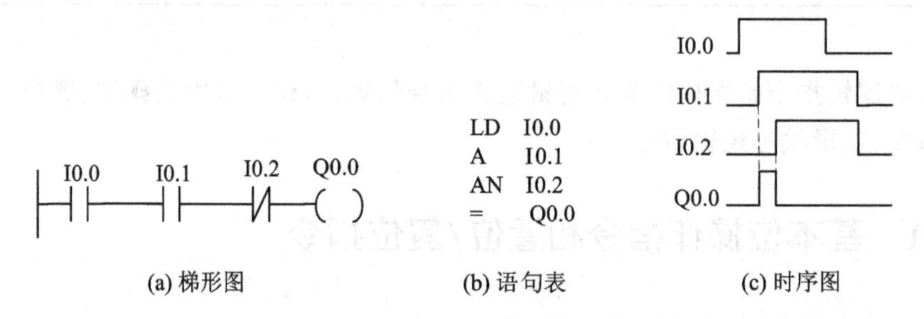

(a) 梯形图 (b) 语句表 (c) 时序图

图 3.1.2 A、AN 指令的应用举例

触点串联指令使用说明：

① A、AN：与操作指令，是单个触点串联指令，可连续使用。

② A、AN 的操作数：I，Q，M，SM，T，C，S。

(3) 触点并联指令

O(Or)：常开触点并联。

ON(Or Not)：常闭触点并联。

图 3.1.3 所示为上述两条指令的应用举例。

(4) 并联电路块的串联指令

ALD(And Load)：并联电路块的串联连接。

图 3.1.4 所示为 ALD 指令的应用举例。

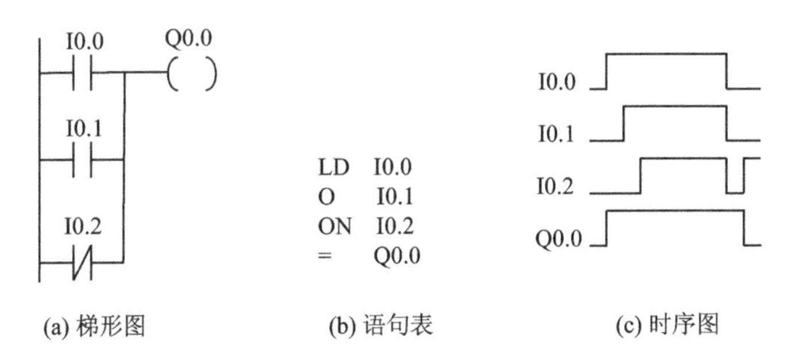

(a) 梯形图　(b) 语句表　(c) 时序图

图 3.1.3　O、ON 指令的应用举例

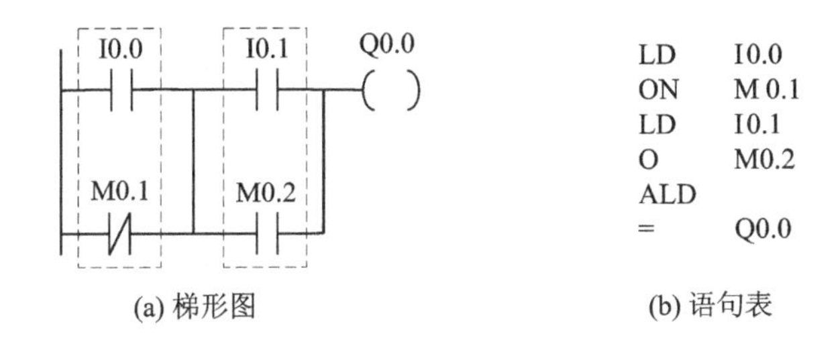

(a) 梯形图　(b) 语句表

图 3.1.4　ALD 指令的应用举例

并联电路块的串联指令使用说明：

① 当并联电路块与前面电路串联时，使用 ALD 指令。电路块的起点用 LD 或 LDN 指令，并联电路块结束后，使用 ALD 指令与前面电路块串联。

② ALD 无操作数。

(5) 电路块的并联指令

OLD(Or Load)：串联电路块的并联连接。

图 3.1.5 所示为 OLD 指令的应用举例。

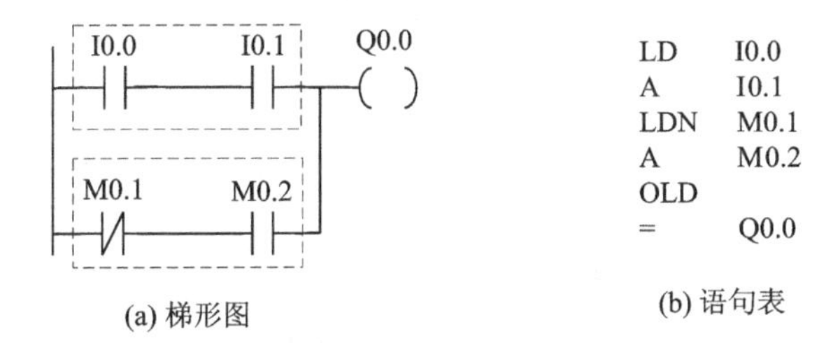

(a) 梯形图　(b) 语句表

图 3.1.5　OLD 指令的应用举例

2. 置位/复位指令 S、R

(1) 置位/复位指令

置位/复位指令的 LAD 和 STL 形式及功能如表 3.1.1 所列。图 3.1.6 所示为 S/R 指令的应用举例。图 3.1.6(a)中置位 Q0.0，2 表示从 Q0.0 开始的 2 个元件

(Q0.0 和 Q0.1)置 1 并保持。

表 3.1.1　置位/复位指令的形式及功能表

指令名称	梯形图(LAD)	指令表(STL)	功　能
置位指令	bit —(S) N	S bit,N	从 bit 开始的 N 个元件置 1 并保持
复位指令	bit —(R) N	R bit,N	从 bit 开始的 N 个元件清 0 并保持

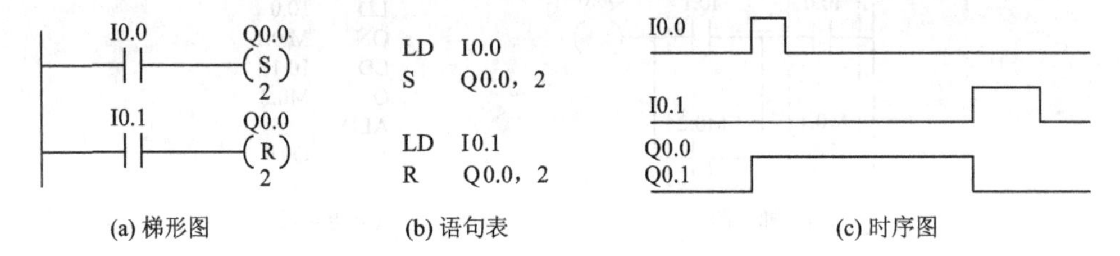

图 3.1.6　S/R 指令的应用举例

S、R 指令与＝(OUT)指令的区别：

＝(OUT)指令，输出状态随输入条件的改变而改变；

S、R 指令，一经触发，则输出状态保持。

对于同一序号的输出线圈可以重复使用 S、R 指令，而＝(OUT)指令不允许。此外，S 和 R 指令不一定要成对使用。

(2) RS 触发器指令

RS 触发器指令的基本功能与置位指令 S 和复位指令 R 的功能相同。

置位优先触发器 SR 的置位信号 S1 和复位信号 R 同时为 1，输出信号 OUT 为 1。

复位优先触发器 RS 的置位信号 S 和复位信号 R1 同时为 1，输出信号 OUT 为 0。

置位优先与复位优先触发器指令格式如图 3.1.7 所示。

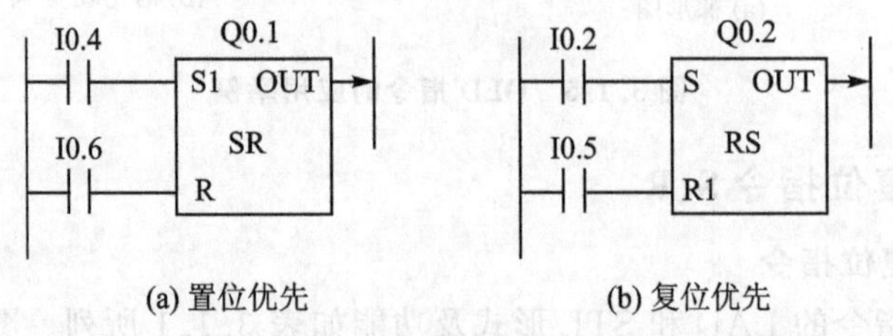

图 3.1.7　置位优先与复位优先触发器指令格式

3. 立即指令 I(Immediate)

立即指令是为了提高 PLC 对输入/输出的响应速度而设置的,它不受 PLC 循环扫描工作方式的影响,允许对输入和输出点进行快速直接存取。当用立即指令读取输入点的状态时,对 I 进行操作,相应的输入映像寄存器中的值并未更新;当用立即指令访问输出点时,对 Q 进行操作,新值同时写到 PLC 的物理输出点和相应的输出映像寄存器中。立即指令的名称和使用说明如表 3.1.2 所列。

表 3.1.2　立即指令的名称和使用说明

<table>
<tr><th>指令名称</th><th>指令表(STL)</th><th>梯形图(LAD)</th><th>使用说明</th></tr>
<tr><td>立即取</td><td>LDI　bit</td><td rowspan="6">bit
─┤I├─
bit
─┤/I├─</td><td></td></tr>
<tr><td>立即取反</td><td>LDNI　bit</td><td></td></tr>
<tr><td>立即或</td><td>OI　bit</td><td></td></tr>
<tr><td>立即或反</td><td>ONI　bit</td><td></td></tr>
<tr><td>立即与</td><td>AI　bit</td><td></td></tr>
<tr><td>立即与反</td><td>ANI　bit</td><td></td></tr>
<tr><td>立即输出</td><td>=I　bit</td><td>bit
─(I)</td><td>bit 只能为 Q</td></tr>
<tr><td>立即置位</td><td>SI　bit,N</td><td>bit
─(SI)
N</td><td rowspan="2">1. bit 只能为 Q;
2. N 的范围:1～38;
3. N 的操作数同 S/R 指令</td></tr>
<tr><td>立即复位</td><td>RI　bit,N</td><td>bit
─(SI)
N</td></tr>
</table>

图 3.1.8 所示为立即指令的应用举例。

在上述例子中,要注意理解输出物理点和相应的输出映像寄存器是不一样的概念,并且要结合 PLC 工作方式的原理来看时序图。在图 3.1.8 中,t 为程序执行到输出点处所用的时间,Q0.0、Q0.1、Q0.2 的输入逻辑是 I0.0 的普通常开触点。Q0.0 为普通输出,当程序执行它时,它的映像寄存器的状态会随着本扫描周期采集到的 I0.0 状态的改变而改变,而它的物理触点要等到本扫描周期的输出刷新阶段才改变;Q0.1、Q0.2 为立即输出,当程序执行它们时,它们的物理触点和输出映像寄存器同时改变;而对于 Q0.3 来说,它的输入逻辑是 I0.0 的立即触点,所以在程序执行它时,Q0.3 的映像寄存器的状态会随着 I0.0 即时状态的改变而立即改变,而它的物理触点要等到本扫描周期的输出刷新阶段才改变。

必须指出的是,立即 I/O 指令是直接访问物理输入/输出点的,比一般指令访问输入/输出映像寄存器占用 CPU 的时间要长,因而不能盲目地使用立即指令,否则,

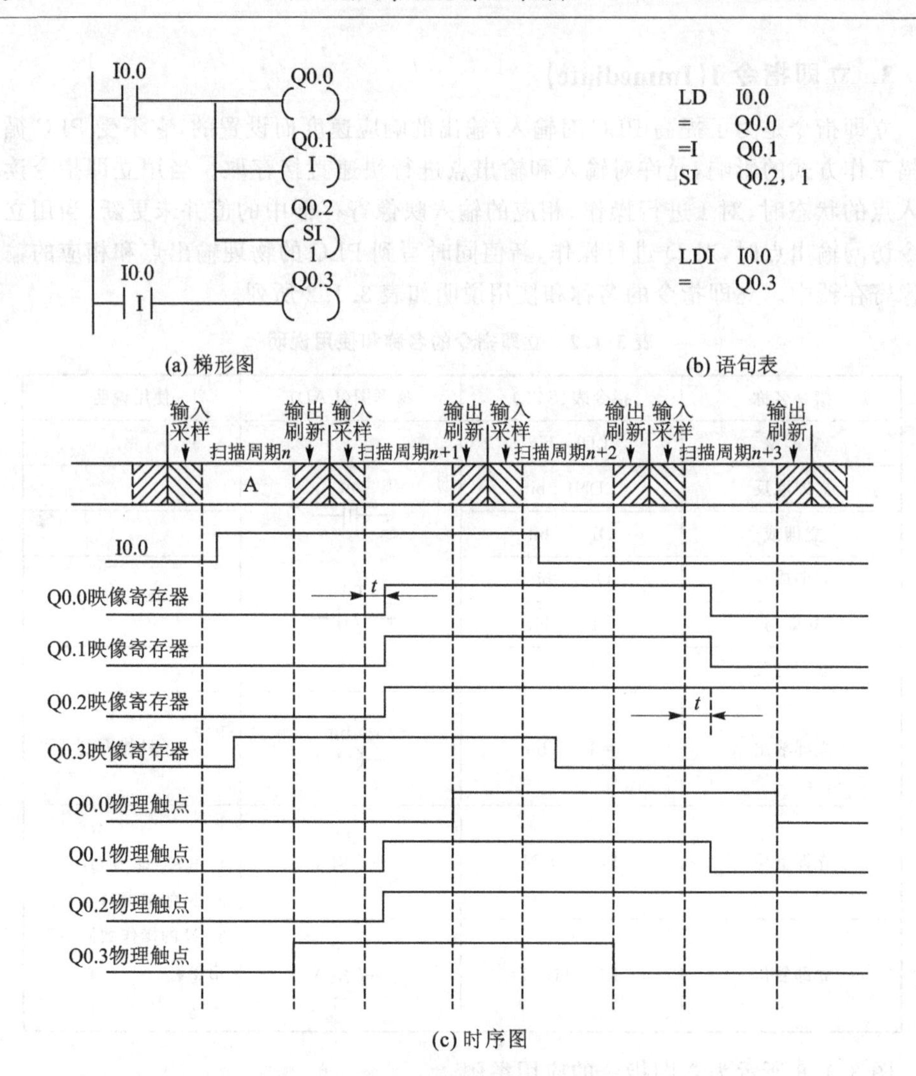

图 3.1.8　立即指令的应用举例

会加长扫描周期的时间，反而对系统造成不利的影响。

4. 边沿脉冲、取反和空操作指令

(1) 边沿脉冲指令 EU、ED

边沿脉冲指令分为上升沿脉冲指令(EU)和下降沿脉冲指令(ED)两种。上升沿脉冲指令是对其之前的逻辑运算结果的上升沿产生一个宽度为一个扫描周期的脉冲，下降沿脉冲指令是对其之前的逻辑运算结果的下降沿产生一个宽度为一个扫描周期的脉冲。

边沿脉冲指令的使用及说明如表 3.1.3 所列。

表 3.1.3　边沿脉冲指令的使用及说明

指令表(STL)	梯形图(LAD)	功　能
EU(Edge Up)	─┤P├─(　)	上升沿微分输出
ED(Edge Down)	─┤N├─(　)	下降沿微分输出

边沿脉冲指令的应用示意如图 3.1.9 所示，图中，若 I0.0 由 OFF 变 ON，则 Q0.0 接通为 ON，一个扫描周期的时间后重新变成 OFF；若 I0.0 由 ON 变 OFF，则 Q0.1 接通为 ON，一个扫描周期的时间后重新变成 OFF。图 3.1.9 对应的动作时序图如图 3.1.10 所示。

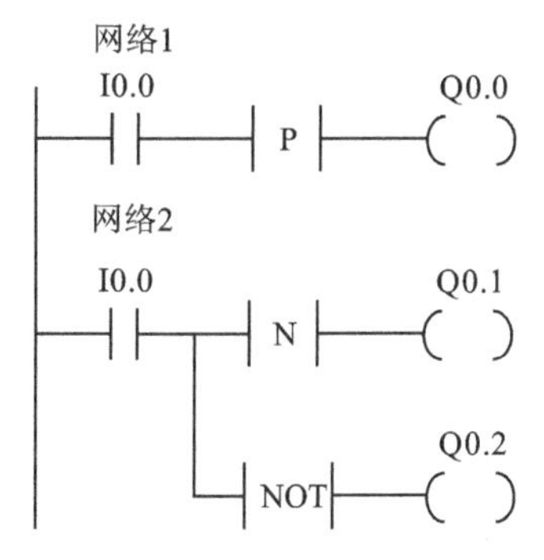

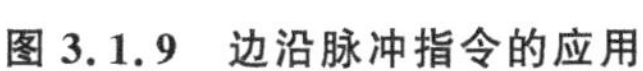
图 3.1.9　边沿脉冲指令的应用

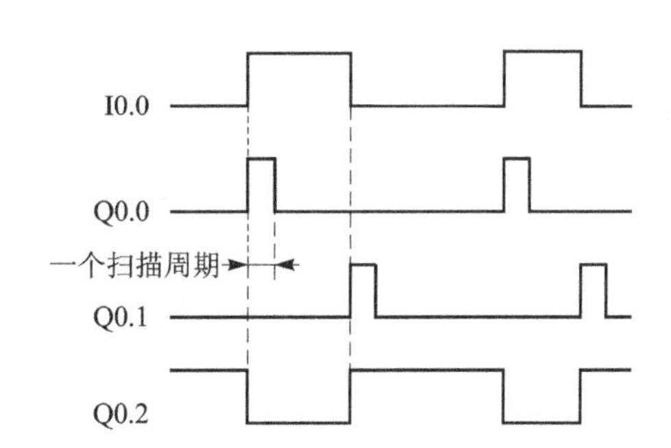

图 3.1.10　图 3.1.9 对应的动作时序图

(2) 取反和空操作指令

取反和空操作指令格式及其功能见表 3.1.4。

表 3.1.4　取反和空操作指令格式及其功能

LAD	STL	功　能
─┤NOT├─	NOT	取反
N ─[NOP]─	NOPN	空操作指令。操作数 N 为执行空操作指令的次数，N=0～255

取反是将该指令前的运算结果取反，应用示意如图 3.1.9 所示。

当 PLC 执行 NOP 指令时，不产生任何操作，但占一个序号空间。该指令可作为程序段的标记，或用于在输入程序时预留地址，以便程序的查找或指令的插入。

(3) 逻辑堆栈的指令 LPS/LRD/LPP

堆栈操作指令用于处理线路的分支点。在编制控制程序时，经常遇到多个分支电路同时受一个或一组触点控制的情况，若采用前述指令则不容易编写程序，用堆栈操作指令则可方便地将梯形图转换为语句表。图 3.1.11 所示为逻辑堆栈的指令格式。

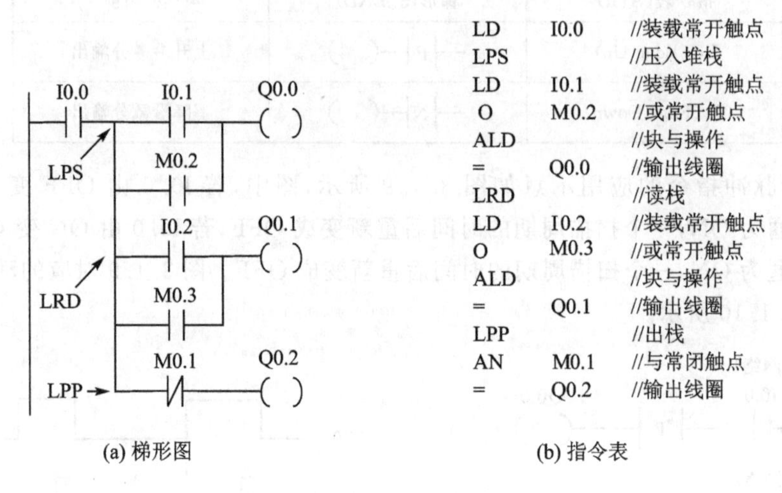
I0.0
I0.1
Q0.0
LPS
M0.2
I0.2
Q0.1
LRD
M0.3
M0.1
Q0.2
LPP
LD I0.0 //装载常开触点
LPS //压入堆栈
LD I0.1 //装载常开触点
O M0.2 //或常开触点
ALD //块与操作
= Q0.0 //输出线圈
LRD //读栈
LD I0.2 //装载常开触点
O M0.3 //或常开触点
ALD //块与操作
= Q0.1 //输出线圈
LPP //出栈
AN M0.1 //与常闭触点
= Q0.2 //输出线圈
(a) 梯形图
(b) 指令表

图 3.1.11 逻辑堆栈的指令格式

LPS 入栈指令:把栈顶值复制后压入堆栈,栈中原来数据依次下移一层,栈底值压出丢失。

LRD 读栈指令:把逻辑堆栈第二层的值复制到栈顶。

LPP 出栈指令:把堆栈弹出一级,原第二级的值变为新的栈顶值,原栈顶数据从栈内丢失。

为保证程序地址指针不发生错误,入栈指令 LPS 和出栈指令 LPP 必须成对使用,最后一次读栈操作应使用出栈指令 LPP。

3.1.2 基本位操作和置位/复位指令编程举例

1. 组合吊灯控制

(1) 控制要求

一个按钮开关控制三盏灯,按钮按下接通一次,一盏灯亮;按两次,两盏灯亮;按三次,三盏灯亮;按四次,灯全灭。当开关再次按下后,重复上述过程。

(2) I/O 分配

输入:开关 I0.0。

输出:三盏灯分别为 Q0.0、Q0.1、Q0.2。

(3) 梯形图

梯形图如图 3.1.12 所示。

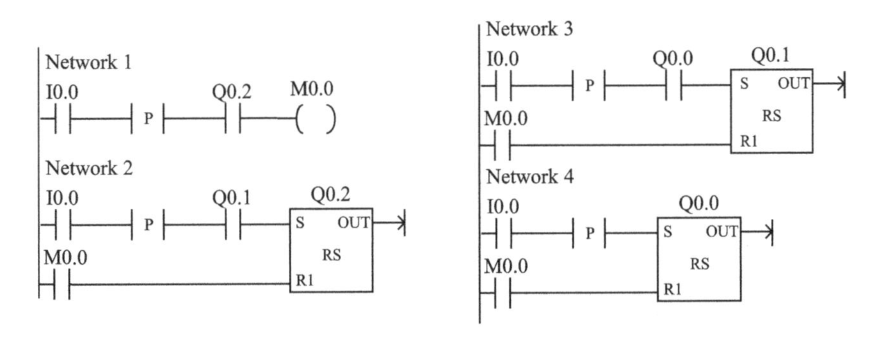

图 3.1.12 组合吊灯控制梯形图

2. 互控控制

图 3.1.13 所示为一种互控控制梯形图。当要求启动时，只有线圈 Q0.0 接通，Q0.1 才能接通；切断时，只有线圈 Q0.1 断电，线圈 Q0.0 才能断电。

互控控制线路连接规律：先动作的接触器常开触点串联在后动作的接触器线圈电路中。在多个停止按钮中，先停的接触器常开触点与后停的停止按钮相并联。

3. 多地(异地)控制

图 3.1.14 所示是两个地方控制一个继电器线圈的程序。其中，I0.1 和 I0.2 是一个地方的启动和停止控制按钮，I0.3 和 I0.4 是另一个地方的启动和停止控制按钮。

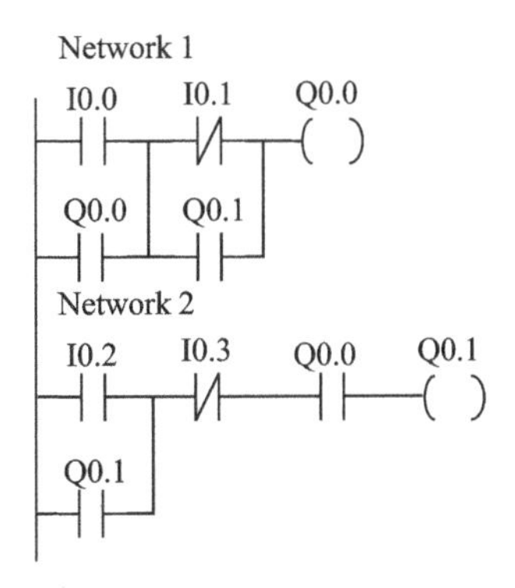

图 3.1.13 互控控制梯形图

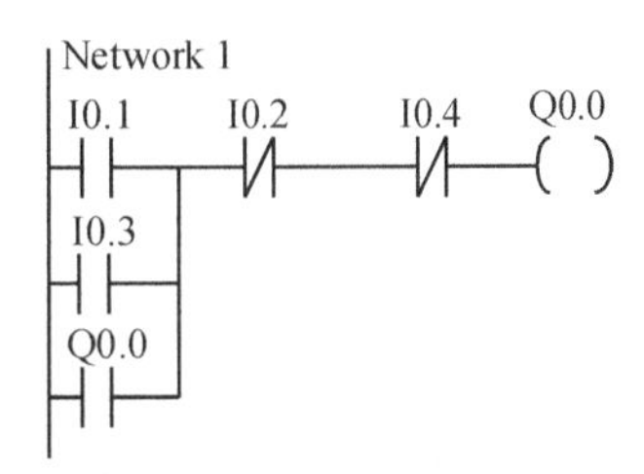

图 3.1.14 异地控制梯形图

接线的原则：将各启动按钮的常开触点并联，各停止按钮的常闭触点串联，然后分别装在不同的地方，就可进行多地操作。

4. 联锁式顺序步进控制

联锁式顺序步进控制梯形图如图 3.1.15 所示，动作的发生是按步进控制方式进行的。将前一个动作的动合触点串联在后一个动作的启动电路中；同时，将代表后一个动作的动断触点串联在前一个动作的关断电路中。这样，只有前一个动作发生后，才允许后一个动作发生；而后一个动作发生后，就使前一个动作停止。特殊辅助继电器 SM0.1 作为启动脉冲，仅在运行的第一个扫描周期内闭合，从第二个扫描周期开始断开并保持。

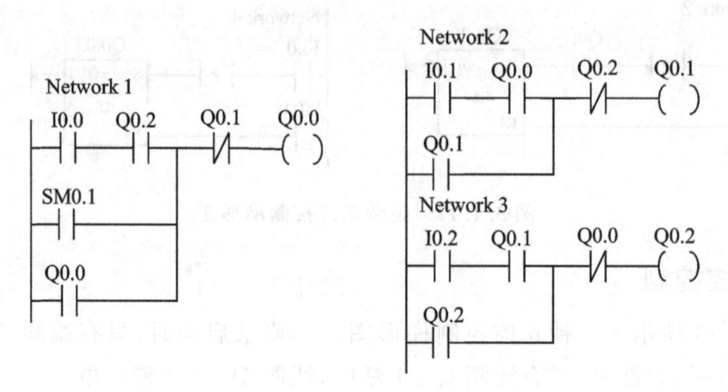

图 3.1.15 联锁式顺序步进控制梯形图

3.1.3 定时器和计数器指令

1. 定时器指令

S7-200 可编程控制器提供了 3 种定时器，分别为接通延时定时器(TON)、带有记忆的接通延时定时器(TONR)及断开延时定时器(TOF)。

(1) 接通延时定时器

接通延时定时器的梯形图由定时器标识符 TON、启动电平输入端 IN、时间设定输入端 PT 及定时器编号 Tn 构成；语句表形式由定时器标识符 TON、定时器编号 Tn 及时间设定值 PT 构成，如图 3.1.16 所示。

接通延时定时器的功能原理：当定时器的启动信号 IN 的状态为 0 时，定时器的当前值 SV=0，定时器 Tn 的状态也是 0，定时器没有工作。

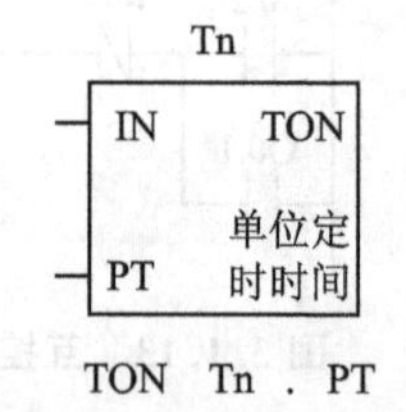

图 3.1.16 接通延时定时器的梯形图及语句表形式

当 Tn 的启动信号由 0 变为 1 时，定时器开始工作，每过一个时基时间，定时器的当前值(又称经过值)SV=SV+1，当定时器的当前值 SV 等于或大于定时器的设定值 PT 时，定时器的延时时间到了，这时定时器的状态由 0 转换为 1，在定时器输出状态改变后，定时器继续计时，直到 SV=32 767(最大值)时，才停止计时，SV 将保持不变。只要 SV>PT 值，定时器的状态就为 1，如果不满足这个条件，定时器的状态应为 0。定时时间的计算公式如下：

定时时间＝单位定时时间×设定值

操作数 PT 的范围：VW、IW、QW、MW、SW、SMW、LW、T、C、AC、常数。

接通延时定时器的梯形图如图 3.1.17(a)所示，其对应的时序图如图 3.1.17(b)所示。当 I0.0 接通时，T33 开始计数，计数到设定值 PT＝3 时，T33 状态置 1，其常开触点闭合，Q0.0 有输出，其后定时器继续计数，但不影响其状态位。当 I0.0 断开时，T33 复位，当前值清 0，状态位也置 0。如果 I0.0 的接通时间没达到设定值就断开了，则 T33 跟随复位，Q0.0 不会有输出。

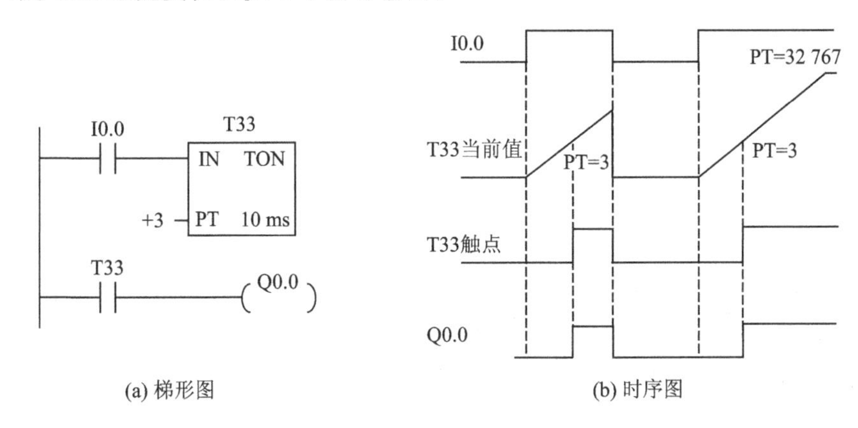

(a) 梯形图　　(b) 时序图

图 3.1.17　接通延时定时器编程

(2) 带有记忆的接通延时定时器

带有记忆的接通延时定时器的梯形图及语句表形式如图 3.1.18 所示。

带有记忆的接通延时定时器的功能原理与接通延时定时器大体相同，当 IN 信号由 0 变为 1 时，当前值 SV 递增，当 SV 等于或大于 PT 值时，定时器接通。带有记忆的接通延时定时器与接通延时定时器的不同之处在于，带有记忆的接通延时定时器的 SV 值是可以记忆的。当 IN 从 0 变为 1 后，维持的时间不足以使 SV 达到 PT 值时，IN 从 1 变为 0，这时 SV 可以保持；当 IN 再次从 0 变为 1 时，SV 在有保持值的基础上累积，当 SV 等于或大于 PT 值时，Tn 的状态仍可由 0 变为 1。

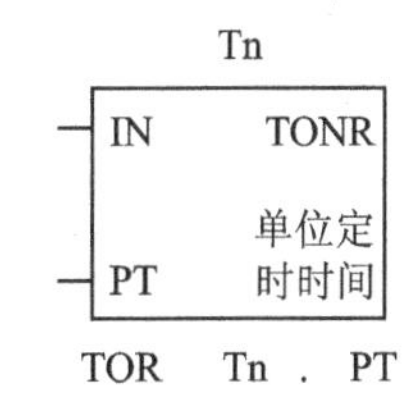

图 3.1.18　带有记忆的接通延时定时器的梯形图及语句表形式

带有记忆的接通延时定时器的梯形图如图 3.1.19(a)所示，其对应的时序图如图 3.1.19(b)所示。当 T2 定时器的 IN 接通时，T2 开始计时，直到 T2 的当前值等于 10(100 ms)，这时 T2 的触点接通，使 Q0.0 接通。其间，当 IN 从 1 变为 0 时，T2 的当前值保持不变，即所谓的记忆功能。直到 I0.1 触点接通，使 T2 复位，Q0.0 被断开，同时 T2 的当前值被清零。

(3) 断开延时定时器

断开延时定时器的梯形图及语句表形式如图 3.1.20 所示。

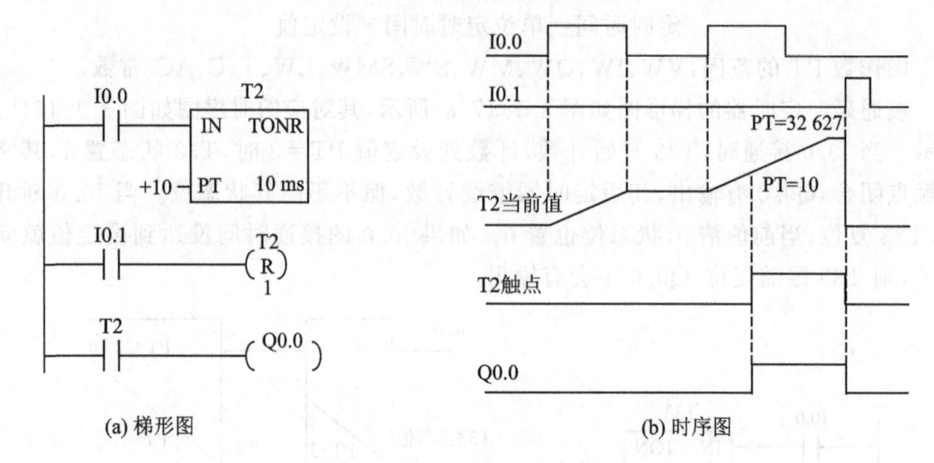

图 3.1.19　带有记忆的接通延时定时器编程

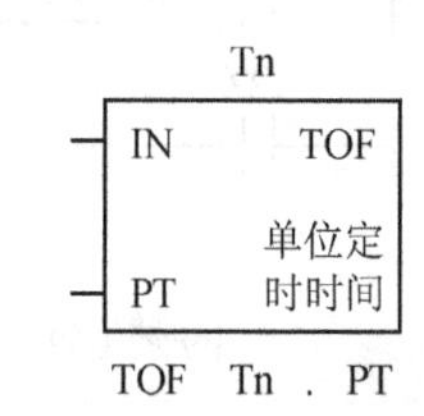

图 3.1.20　断开延时定时器的梯形图及语句表形式

断开延时定时器的功能原理：当定时器的启动信号 IN 的状态为 1 时，定时器的当前值 SV＝0，定时器 Tn 的状态也是 1，定时器没有工作。

当 Tn 的启动信号由 1 变为 0 时，定时器开始工作，每过一个时基时间，定时器的当前值 SV＝ SV＋1，当定时器的当前值 SV 等于或大于定时器的设定值 PT 时，定时器的延时时间到，这时定时器的状态由 1 转换为 0。在定时器输出状态改变后，定时器停止计时，SV 保持不变，定时器的状态就为 0。当 IN 信号由 0 变为 1 时，SV 被复位(SV＝0)，Tn 状态也变为 1。

断开延时定时器的梯形图如图 3.1.21(a)所示，其对应的时序图如图 3.1.21(b)所示。当 T32 定时器的 IN＝1 时，T32 的当前值＝0，T32 的状态为 1，定时器没有工作；当 IN 从 1 变为 0 时，定时器开始计时，直到 T32 的当前值等于 3 时，T32 的触点断开，这使得 Q0.0 断开。当 IN 信号由 0 变为 1 时，T32 当前值复位，T32 变为 1。

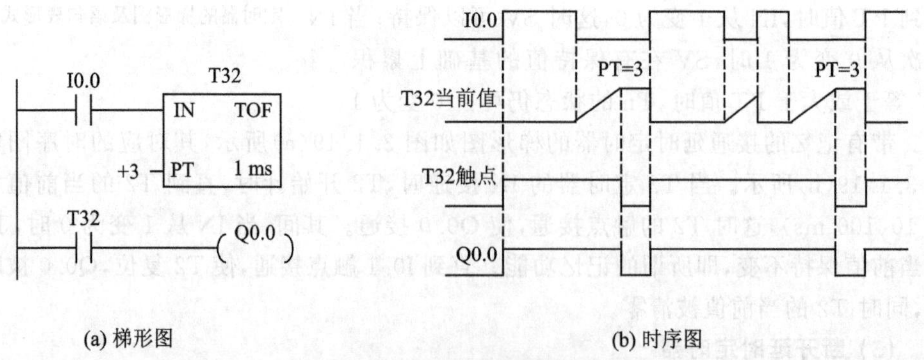

图 3.1.21　断开延时定时器编程

TON、TONR和TOF定时器有3种分辨率,即单位定时时间,见表3.1.5。

表3.1.5 TON、TONR和TOF定时器的分辨率

定时器	分辨率	最大定时/ms	定时器号
TONR	1	32.767	T0、T64
	10	327.67	T1～T4、T65～T68
	100	3 276.7	T5～T31、T69～T95
TON、TOF	1	32.767	T32、T96
	10	327.67	T33～T36、T97～T100
	100	3 276.7	T37～T63、T101～T255

2. 计数器指令

S7-200可编程控制器提供了3种计数器,分别为增计数器(CTU)、减计数器(CTD)及增减计数器(CTUD)。

(1) 增计数器

增计数器的梯形图由增计数器标识符CTU、计数脉冲输入端CU、增计数器复位信号输入端R、增计数器的设定值PV和计数器编号Cn构成;语句表形式由增计数器操作码CTU、计数器编号Cn和增计数器的设定值PV构成,如图3.1.22所示。

增计数器的功能原理:当R=1时,当前值SV=0,Cn状态为0;当R=0时,计数器开始计数。当CU端有一个输入脉冲上升沿到来时,计数器的SV=SV+1;当SV≥PV时,Cn状态为1,当CU端再有脉冲到来时,SV继续累加,直到SV=32 767时停止计数;当R=1时,计数器复位,SV= 0,Cn状态为0。

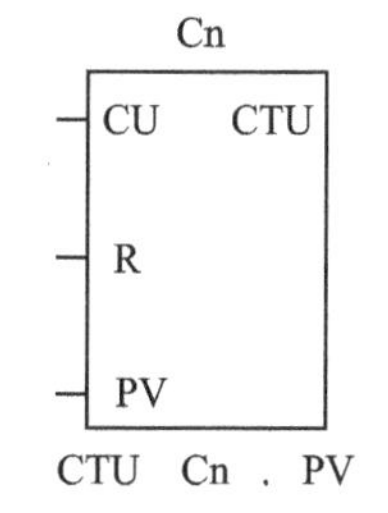

图3.1.22 增计数器的梯形图及语句表形式

操作数范围:计数器编号n=0～255。

增计数器的梯形图如图3.1.23(a)所示,其对应的时序图如图3.1.23(b)所示。当计数器C50对CU输入端I0.0的脉冲累加值达到3时,计数器的状态被置1。C50的常开触点闭合,使Q0.0接通,直到I0.1触点闭合,才使计数器C50复位。

(2) 减计数器

减计数器的梯形图由减计数器标识符CTD、计数脉冲输入端CD、减计数器的装载输入端LD、减计数器的设定值PV和计数器编号Cn构成;语句表形式由减计数器操作码CTD、计数器编号Cn和减计数器的设定值PV构成。减计数器如图3.1.24所示。

减计数器的功能原理:当LD =1时,其计数器的设定值PV被装入计数器的当前值寄存器,此时SV=PV,Cn状态为0;当LD=0时,计数器开始计数。当CD端

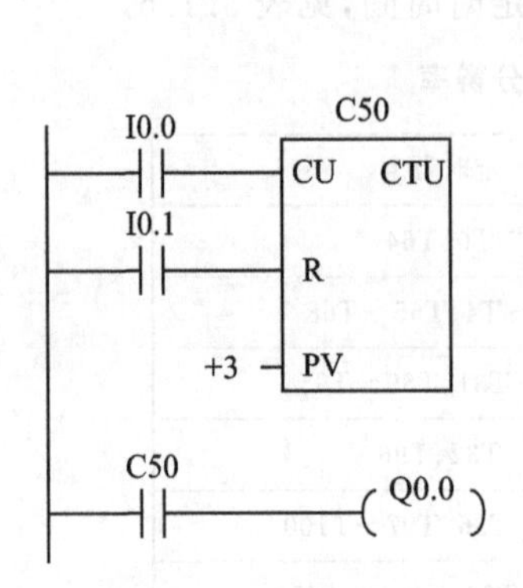

(a) 梯形图

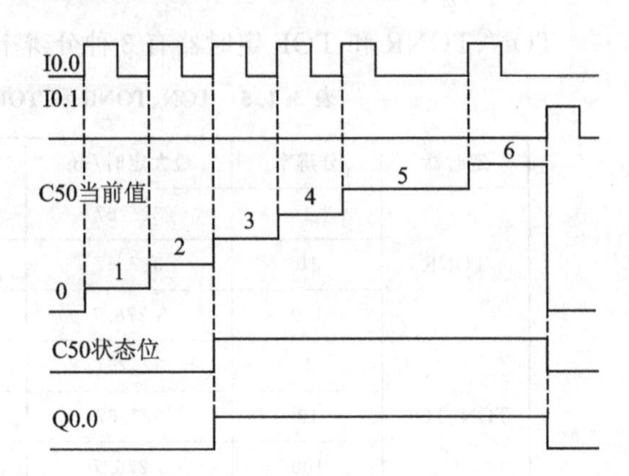

(b) 时序图

图 3.1.23　增计数器编程

有一个输入脉冲上升沿到来时，计数器的 SV＝SV－1，当 SV＝ 0 时，Cn 状态为 1，并停止计数。当 LD ＝1 时，再一次装入 PV 值之后，SV＝PV，计数器复位，Cn 状态为 0。

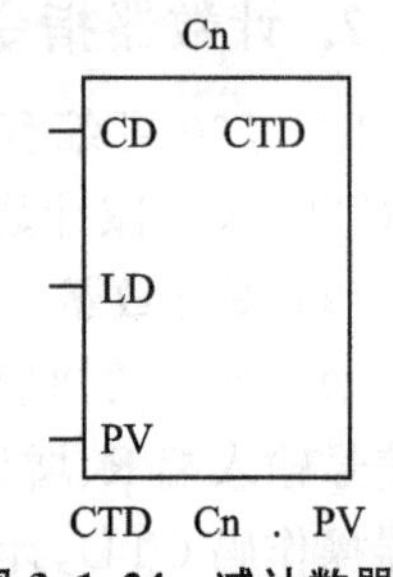

图 3.1.24　减计数器的梯形图及语句表形式

减计数器的梯形图如图 3.1.25(a)所示，其对应的时序图如图 3.1.15(b)所示。当 I0.1 触点闭合时，给 C50 复位端(LD)一个复位信号，使其状态位为 0，同时 C50 被装入预设值(PV)3。当 C50 的输入端累积脉冲达到 3 时，C50 的当前值减为 0，使状态置 1，接通 Q0.0，直至 I0.1 触点再闭合。

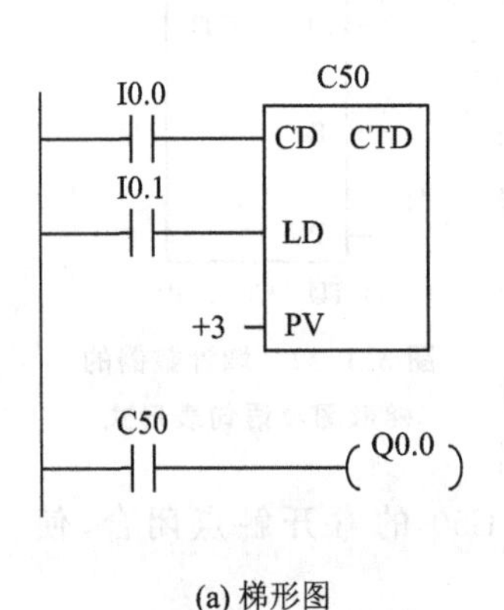

(a) 梯形图

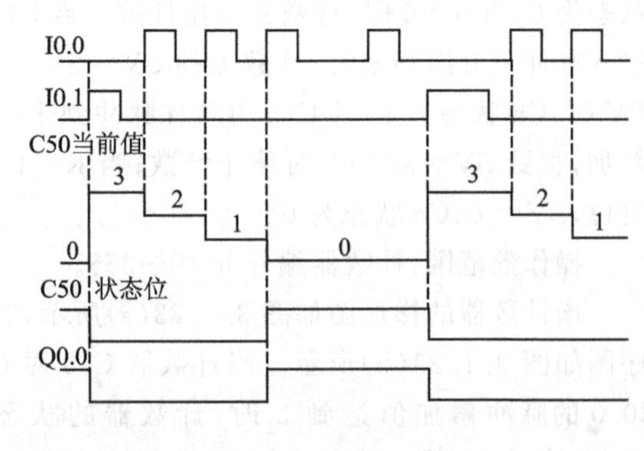

(b) 时序图

图 3.1.25　减计数器编程

(3) 增减计数器

增减计数器的梯形图由增减计数器标识符 CTUD、增计数脉冲输入端 CU、减计数脉冲输入端 CD、增减计数器的复位端 R、增减计数器的设定值 PV 和计数器编号 Cn 构成；语句表形式由增减计数器操作码 CTUD、计数器编号 Cn 和增减计数器的设定值 PV 构成，如图 3.1.26 所示。

增减计数器的功能原理：当 R＝1 时，当前值 SV＝0，Cn 状态为 0；当 R＝0 时，计数器开始计数，当 CU 端有一个输入脉冲上升沿到来时，计数器的 SV＝SV＋1，当 SV≥PV 时，Cn 状态为 1，当 CU 端再有脉冲到来时，SV 继续累加，直到 SV＝32 767 时停止计数。当 CD 端有一个输入脉冲上升沿到来时，计数器的 SV＝SV－1，当 SV＜PV 时，Cn 状态为 0，当 CD 端再有脉冲到来时，计数器的当前值仍不断地递减；当 R＝1 时，计数器复位，SV＝0，Cn 状态为 0。

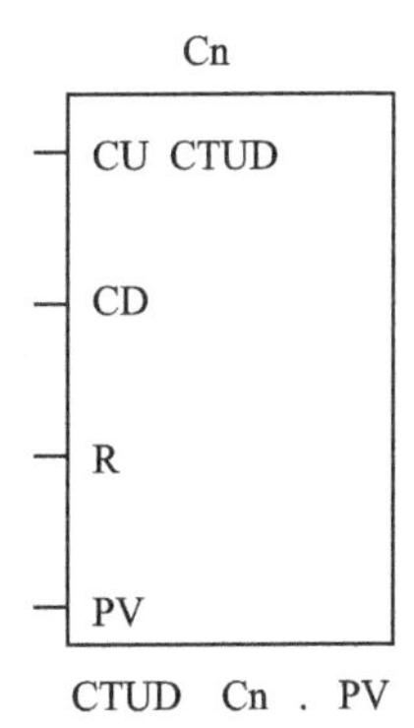

图 3.1.26　增减计数器的梯形图及语句表形式

增减计数器的梯形图如图 3.1.27(a)所示，其对应的时序图如图 3.1.27(b)所示。当增减计数器 C50 的增输入端 CU(I0.0)来过 4 个上升沿后 C50 的状态位被置 1，再有上升沿到来时，C50 继续累加，但状态位不变。当 C50 的减输入端 CD(I0.1)有上升沿到来时，C50 执行减计数，如果 C50 的当前值小于预设值 4，则 C50 状态位复位，但是 C50 的当前值不变，直到复位端 R(I0.0)的信号到来，C50 当前值被清零，状态位复位。Q0.0 与 C50 的状态位具有相同的状态。

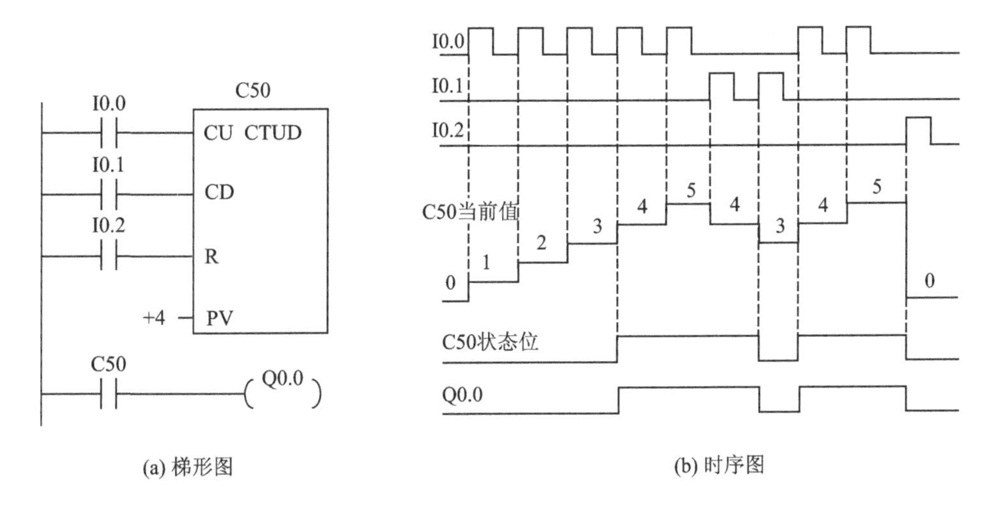

图 3.1.27　增减计数器编程

3.1.4　定时器和计数器指令编程举例

1. 定时器的并联

定时器并联使用的梯形图如图 3.1.28 所示。定时器的并联使多个输出在不同时间接通，实现多个输出的顺序启动。Q0.0 在 3 s 时启动，Q0.1 在 5 s 时启动。

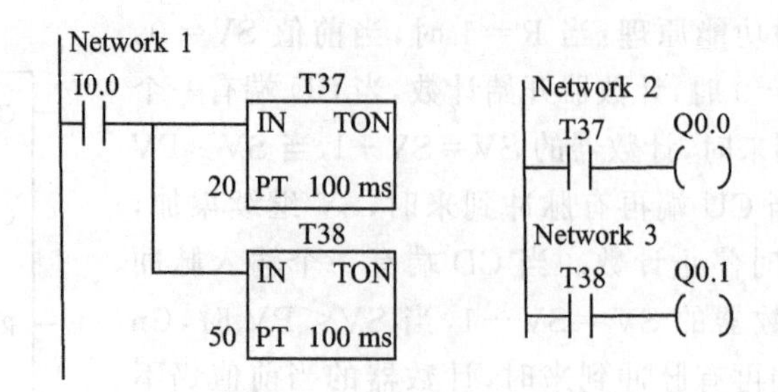

图 3.1.28 定时器并联使用的梯形图

2. 单脉冲发生图

图 3.1.29 所示为单脉冲发生图，其中，图 3.1.29(a)所示为其梯形图，图 3.1.29(b)所示为其时序图。控制触点 I0.0 每接通一次，就产生一个定时的单脉冲。无论 I0.0 接通时间长短如何，输出 Q0.0 的脉宽都等于定时器设定的时间。

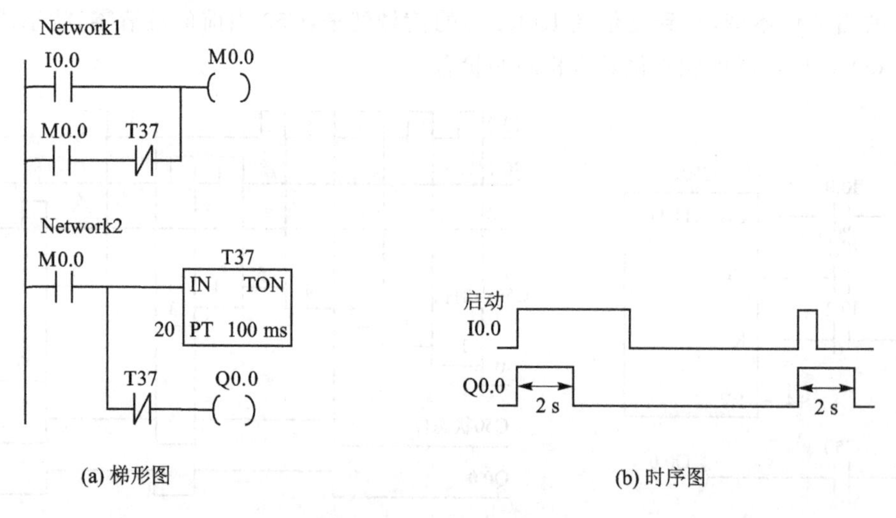

(a) 梯形图 (b) 时序图

图 3.1.29 单脉冲发生图

3. 占空比可调脉冲(又称振荡器)发生图

图 3.1.30 所示为占空比可调脉冲发生图，其中，图 3.1.30(a)所示为其梯形图，图 3.1.30(b)所示为其时序图。

当控制触点 I0.0 接通时，定时器 T37 开始定时，1 s 后其常开触点 T37 接通。在启动定时器 T38 的同时，输出继电器 Q0.1 接通。2 s 后 T38 常闭触点断开，使定时器 T37 复位。随着其常开触点 T37 的断开，Q0.1 断电，同时定时器 T38 复位。T38 常闭触点的再次闭合使定时器 T37 又重新开始定时。如此循环下去，直至 I0.1 常闭触点断开。显然，只要改变定时时间就可以改变脉冲周期和占空比。

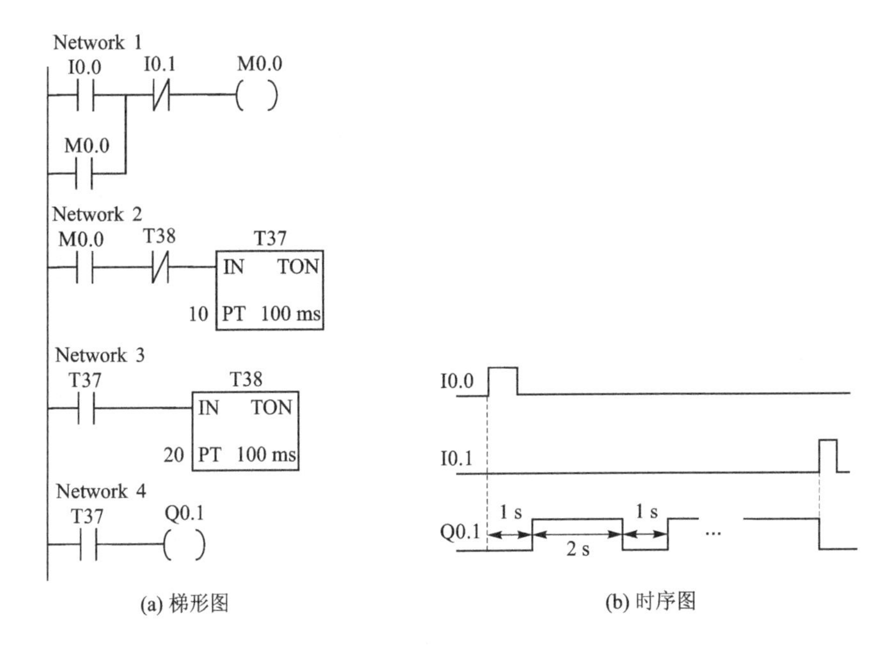

(a) 梯形图　　(b) 时序图

图 3.1.30　占空比可调脉冲发生图

【项目 3.1】　密码锁控制

(1) 控制要求

要求设计密码锁开锁方法如下：

① SB6 为启动按钮，按下 SB6 才可进行开锁工作；SB7 为停止或复位按钮，按下 SB7，停止开锁作业，系统复位，可重新开锁。

② SB1～SB4 为密码输入键，开锁条件为：按顺序依次按下 SB1 三次，SB2 一次，SB3 二次，SB4 四次，开锁时间必须在设定的开锁时间 10 s 内完成，否则报警装置输出报警信号。

③ SB5 为不可按压键，一旦按下，报警。

④ 当按压总次数超过几个按键的总次数时，报警。

(2) I/O 分配

输入：SB1→I0.0，SB2→I0.1，SB3→I0.2，SB4→I0.3，SB5→I0.4。启动：SB6→I0.5，SB7→I0.6。

输出：开锁→Q0.0，报警→Q0.1。

(3) 梯形图

密码锁控制梯形图如图 3.1.31 所示。

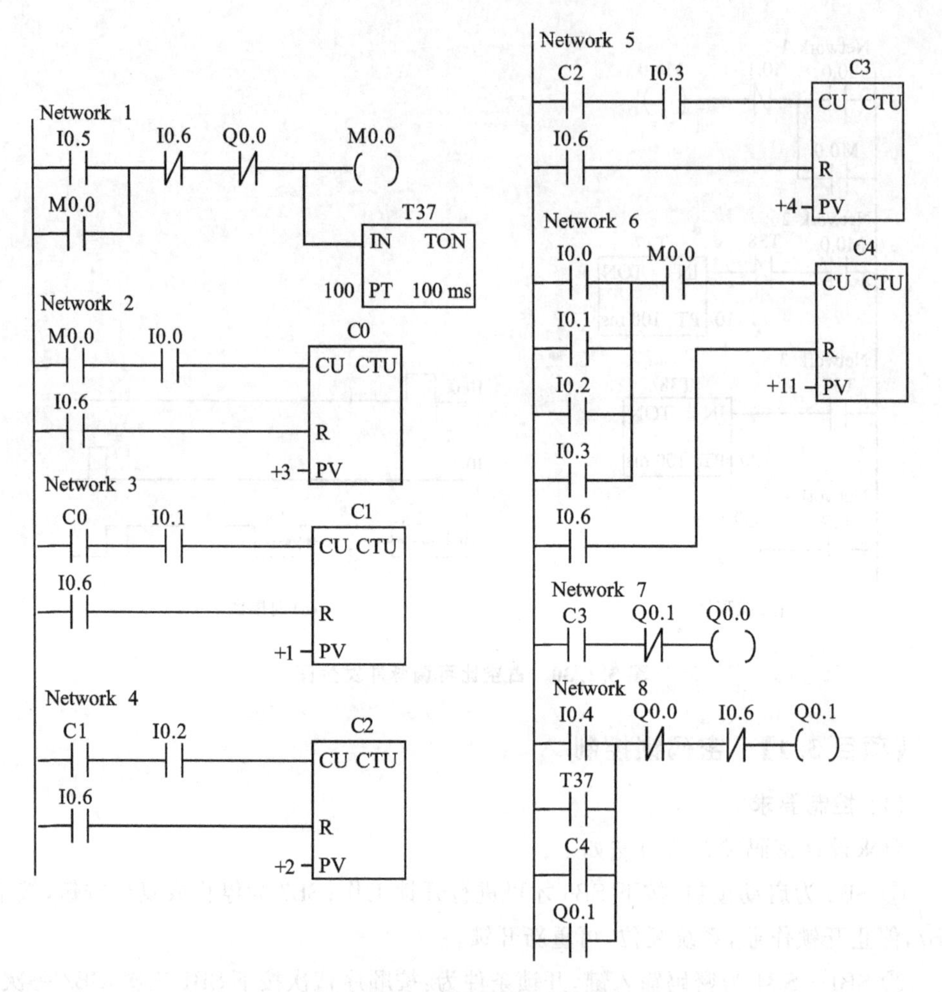

图 3.1.31 密码锁控制梯形图

3.1.5 比较操作指令

比较操作指令按操作数类型可分为字节比较、字比较、双字比较和实数比较。比较指令的梯形图由比较数 1(IN1)、比较数 2(IN2)、比较关系符和比较触点构成。其语句表形式由比较操作码(字节比较 LDB、字比较 LDW、双字比较 LDD 和实数比较 LDR)、比较关系符、比较数 1(IN1)和比较数 2(IN2)构成。比较符有：等于(= =)、大于(＞)、小于(＜)、不等于(＜ ＞)、大于或等于(＞ =)、小于或等于(＜=)，相应的梯形图和语句表格式如图 3.1.32 所示。

比较操作指令的功能：当比较数 1(IN1)和比较数 2(IN2)的关系符合比较符的条件时，比较触点闭合，后面的电路接通；否则，比较触点断开，后面的电路不接通。

IN1 ==B IN2　　IN1 ==I IN2　　IN1 ==D IN2　　IN1 ==R IN2

(a) LDB=IN1，IN2　(b) LDW=IN1，IN2　(c) LDD=IN1，IN2　(d) LDR=IN1，IN2

图 3.1.32　比较操作指令

例 3.1.1　用接通延时定时器和比较指令组成占空比可调的脉冲发生器。

常闭♯T33 和 10 ms 定时器 T33 组成了一个脉冲发生器(振荡器)，使 T33 的当前值按图 3.1.33 所示的波形变化。比较指令用来产生脉冲宽度可调的方波，Q0.0 为 0 的时间取决于比较指令“LD W>=T33,40”中的第 2 个操作数的值。

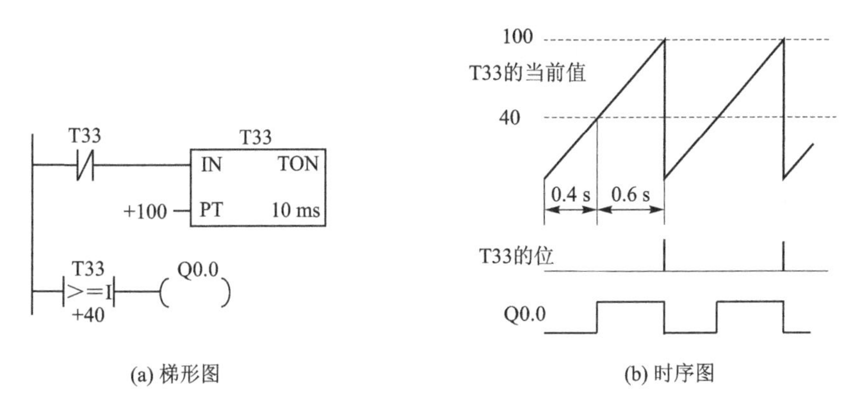

(a) 梯形图　　(b) 时序图

图 3.1.33　自复位接通延时定时器

【项目 3.2】　行车方向的条件指令控制

(1) 控制要求

① 如图 3.1.34 所示，有 4 个站点，小车初始停于 4 个工作站的任意一个，并压合该站点的位置开关。

② 当启动开关 SA 开启后，系统开始运行，可接受工作站的呼叫。SQ 为小车位置检测开关，SB 为呼叫按钮，当呼叫按钮 SB 的号大于停车位置 SQ 的号时，小车右行；当呼叫按钮 SB 的号小于停车位置 SQ 的号时，小车左行；当呼叫按钮 SB 的号与小车停车位置 SQ 的号相等时，小车停止。

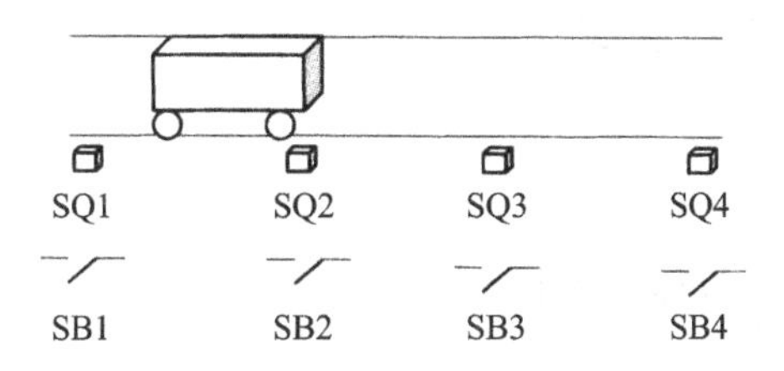

图 3.1.34　小车寻址控制示意图

分析：本项目主要是将小车当前位置与呼叫位置进行比较，比较的对象应为两个字，可以为 MW、IW，也可以为 VB。第一种方案，可以将小车的呼叫信号存储在 MW 中，与当前的小车位置信号 IW 进行两个二进制数的比较，若 MW<IW，则左行；反之，则右行。第二种方案，可以将位置信号存在 VB1 中，呼叫信号存在 VB0 中，进行两个十进制数的比较，若 VB0<VB1，则左行；反之，则右行。

(2) I/O 分配

输入：I0.0→SB1，I0.1→SB2，I0.2→SB3，I0.3→SB4，停止→I0.5，I2.0→SQ0.1，I2.1→SQ0.2，I2.3→SQ0.3，I2.3→SQ0.4，启动→I1.0。

输出：小车右行→Q0.0，小车左行→Q0.1。

(3) 梯形图

图 3.1.35 所示为第一种方案的梯形图。

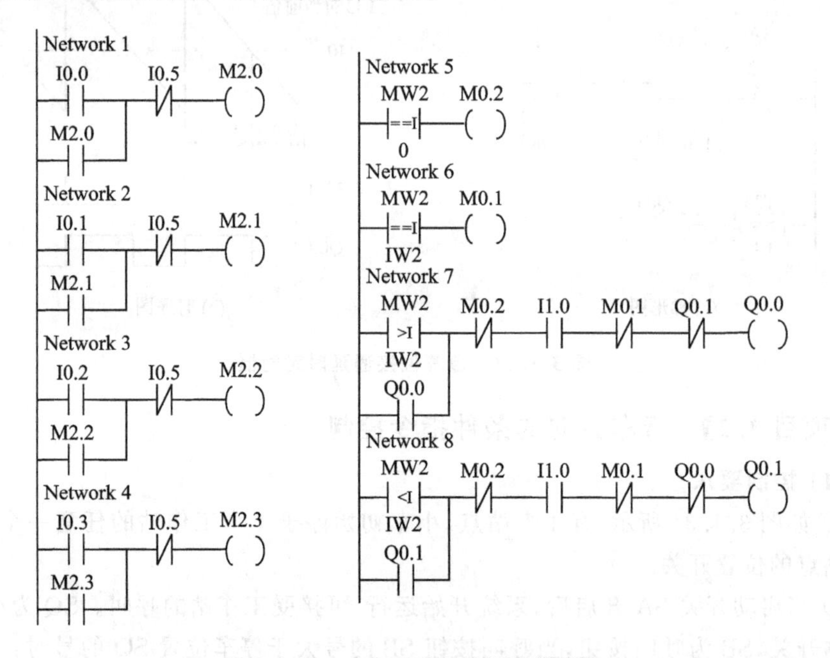

图 3.1.35　小车自动寻址控制梯形图

3.2　程序控制类指令

程序控制类指令包括跳转指令、循环指令、顺控继电器指令、子程序指令、中断指令等，主要用于程序执行流程的控制。

3.2.1　跳转和循环指令

1. 跳转及标号指令

跳转指令使程序流程跳转到指定标号 N 处的程序分支执行。标号指令标记跳转目的地的位置 N。跳转和标号指令的表达形式及操作数范围如表 3.2.1 所列。

表 3.2.1　跳转及标号指令

指令的表达形式		操作数的含义及范围
跳转指令：JMP N N —(JMP)	标号指令：LBL N N ├[LBL]	N:WORD 常数,0～255

JMP 指令在 LBL 之前:当 JMP 指令前边的控制触点闭合时,跳转指令发挥作用,跳转到和它编号相同的 LBL(编号范围 0～255)处,执行 LBL 指令以下的程序,即此周期程序不执行 JMP 与 LBL 之间的指令。假如下一周期触发信号断开,跳转指令不发挥作用,则程序按从上到下、从左到右的顺序依次执行。

指令使用说明如下:

① JMP 指令跳过位于 JMP 和同编号的 LBL 指令间的所有指令。由于执行跳转指令时,在 JMP 和 LBL 之间的指令未被执行,所以可使整个程序的扫描周期变短。

② 程序中可以使用多个编号相同的 JMP,但不允许出现相同编号的 LBL。

③ JMP 和 LBL 指令可以嵌套使用。

④ 在 JMP 指令执行期间,T、C、SR、=(OUT)、R 的操作如表 3.2.2 所列。

表 3.2.2　JMP 和 LBL 之间指令的操作

类　型	状　态
T	不执行定时器指令。如果每次扫描都不执行该指令,则无法保证准确的时间
C	即使计数输入接通,也不执行计数操作。经过值保持不变
SR	即使移位输入接通,也不执行移位操作。特殊寄存器的内容保持不变
=(OUT)	保持为跳转前的状态
R	保持为跳转前的状态

⑤ 出现下列几种情况时,程序将不执行:

- JMP 指令没有触发信号。
- 缺少 JMP 和 LBL 指令对中的一个指令。

- 由步进程序区之外跳入步进程序区之内。
- 由子程序或中断程序区跳到子程序或中断程序区之外。

【项目 3.3】 三台电动机具有手动/自动功能的跳转指令控制

(1) 控制要求

某加工中心有 3 台电机 M1～M3，具有两种启停工作方式：

①手动操作方式：分别用每个电动机各自的启停按钮控制 M1～M3 的启停状态。

②自动操作方式：按下启动按钮，M1～M3 间隔 5 s 自动启动；按下停止按钮，M1～M3 同时停止。

(2) I/O 分配

① 手动、自动控制方式转换按钮：I0.0。

② 手动控制方式：

- 输入：M1 启动→I0.1，M2 启动→I0.2，M3 启动→I0.3，
  M1 停止→I0.4，M2 停止→I0.5，M3 停止→I0.6。
- 输出：M1→Q0.0，M2→Q0.1，M3→Q0.2。

③ 自动控制方式：

- 输入：启动→I0.7，停止→I2.0。
- 输出：M1→Q0.0，M2→Q0.1，M3→Q0.2。

(3) 梯形图

3 台电动机手动/自动控制梯形图如图 3.2.1 所示。

2. 循环指令 FOR 和 NEXT

(1) 循环指令功能

当预置触发信号接通时，反复执行 FOR 和 NEXT 之间的程序，每执行一次，当前计数器 INDX 增 1，当达到终值 FINAL 时，退出循环。

循环开始指令 FOR：用来标记循环体的开始。

循环结束指令 NEXT：用来标记循环体的结束。无操作数。

FOR 和 NEXT 之间的程序段称为循环体。

循环指令的梯形图和语句表如图 3.2.2 所示。

(2) 说　明

在使用时必须给 FOR 指令指定当前循环计数(INDX)、初值(INIT)和终值(FINAL)。

每次使能输入(EN)重新有效时，指令将自动复位各参数。

当初值大于终值时，循环体不被执行。

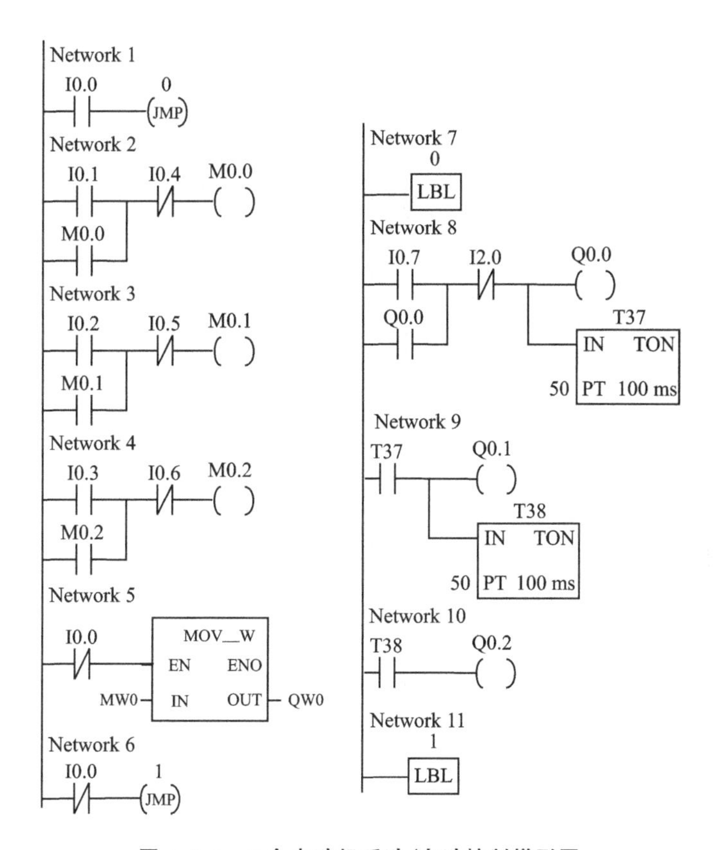

图 3.2.1　3 台电动机手动/自动控制梯形图

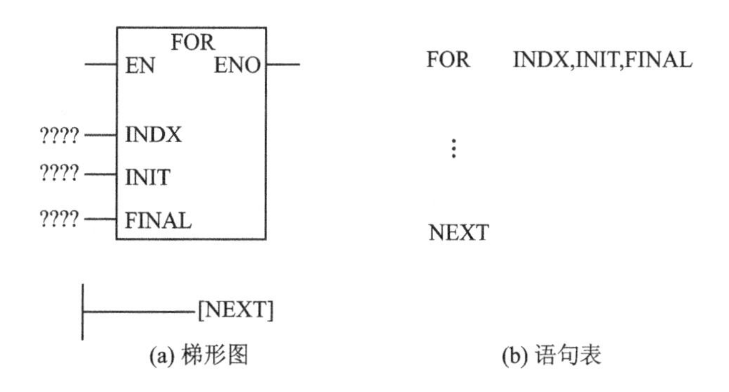

图 3.2.2　循环指令的梯形图和语句表

循环指令的应用举例如图 3.2.3 所示。当 I1.0 接通时,表示为 A 的外层循环执行 100 次;当 I1.1 接通时,表示为 B 的内层循环执行 2 次。

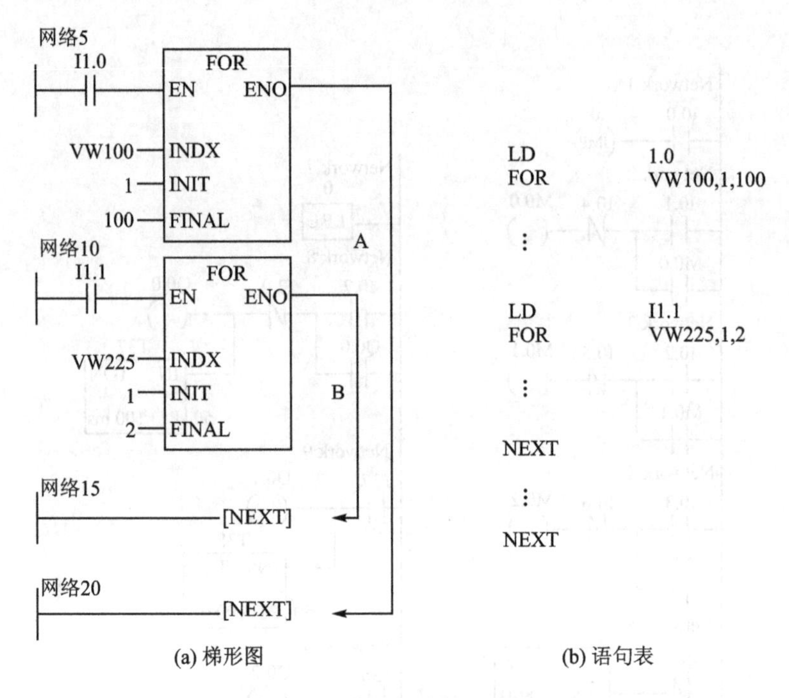

(a) 梯形图 (b) 语句表

图 3.2.3 循环指令的应用举例

3.2.2 子程序和中断程序

1. 子程序

子程序指令如表 3.2.3 所列。

表 3.2.3 子程序指令

指令的表达形式		数据类型及操作数
子程序调用指令：CALL SBR_N SBR_N EN	子程序条件返回指令：CRET —(RET)	N：WORD 常数； CPU 221、CPU 222、CPU 224、CPU 226：0～63

(1) 局部变量表

1) *局部变量与全局变量*

在 SIMATIC 符号表或 IEC 的全局变量表中定义的变量为全局变量。程序中的每个 POU(程序组织单元)均有自己的由 64 字节 L 存储器组成的局部变量表。它们用来定义有使用范围限制的变量，局部变量只在它被创建的 POU 中有效。与之相反，全局符号在各 POU 中均有效，只能在符号表中定义。局部变量有以下优点：

① 在子程序中尽量使用局部变量，不使用绝对地址或全局符号，因为与其他POU几乎没有地址冲突，可以很方便地将子程序移植到其他项目中。

②如果使用临时变量(TEMP)，则同一片物理存储器可以在不同的程序中重复使用。

局部变量还用来在子程序和调用它的程序之间传递输入参数和输出参数。

2) 局部变量的类型

TEMP(临时变量)是暂时保存在局部数据区中的变量。只有在执行该POU时，定义的临时变量才被使用，POU执行完后，不再保存临时变量的数值。主程序和中断程序的局部变量表只有临时变量。子程序的局部变量表中还有下面3种变量：

① IN(输入变量)是由调用它的POU提供的传入子程序的输入参数。如果是直接寻址参数，例如VB10，则指定地址的值被传入子程序；如果是间接寻址参数，例如＊AC1，则用指针指定的地址的值被传入子程序。如果参数是常数(例如DW＃12345)或地址(例如&VB100)，则常数或地址的值被传入子程序。

② OUT(输出变量)是子程序的执行结果，它被返回给调用它的POU。

③ IN OUT(输入/输出变量)的初始值由调用它的POU提供，用同一个地址将子程序的执行结果返回给调用它的POU。

注:常数和地址不能作子程序的输出变量和输入/输出变量。

3) 局部变量的地址分配

在局部变量表中赋值时，只需要指定局部变量的类型(例如TEMP)和数据类型(例如BOOL)，不用指定存储器地址；程序编辑器自动地在局部存储器中为所有局部变量指定存储器位置，起始地址为LB0，1～8个连续的位参数分配一个字节，不足8位也占一个字节。字节、字和双字值在局部存储器中按字节顺序分配。

4) 在局部变量表中增加和删除变量

在编程软件中将局部变量表下面的水平分裂条拉至程序编辑器视窗的顶部(见图3.2.4)，则不再显示局部变量表，但是它仍然存在。将分裂条下拉，将显示局部变量表。

右击局部变量表中的某一行，在弹出的快捷菜单中执行“插入”→“行”命令，在所选择的行的上部插入新的行。执行“插入”→“下一行”命令，在所选择的行的下部插入新的行。

单击局部变量表最左边的地址列，选中某一行，该行的背景色变为深蓝色，按删除键可以删除该行。

(2) 子程序的创建与调用

1) 子程序的创建

用户可以用下列方法创建子程序：执行“编辑”→“插入”→“ 子程序”命令，程序编辑器将自动生成和打开新的子程序。右击指令树中的子程序或中断程序的图标，在弹出的快捷菜单中选择“重新命名”，即可修改它们的名称。

名为“算术运算”的子程序如图3.2.4所示，在该子程序的局部变量表中，定义了

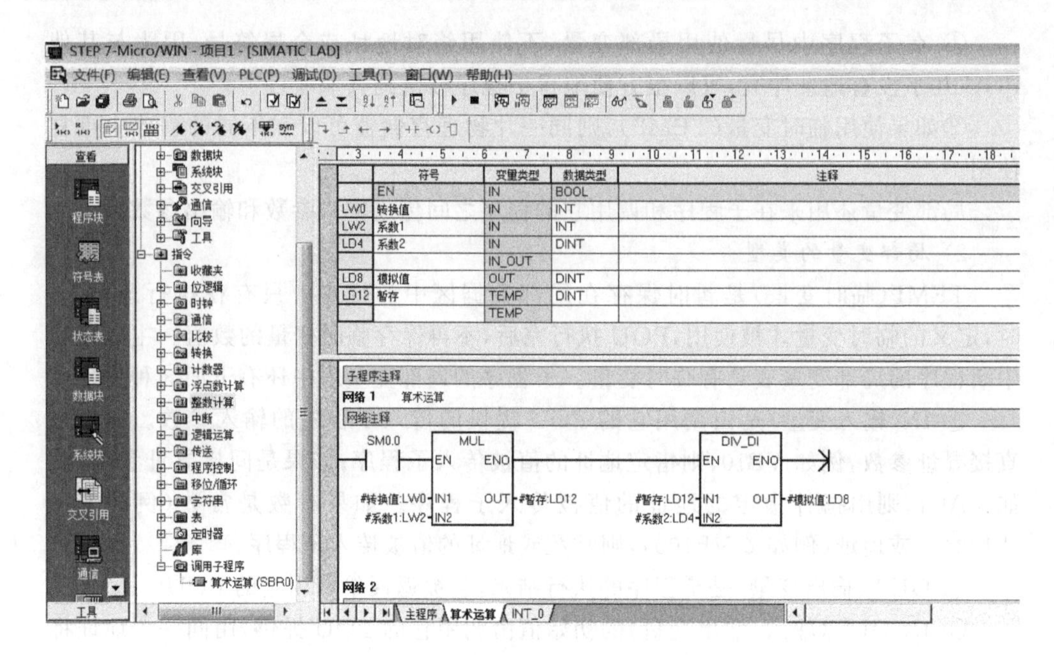

图 3.2.4 局部变量表与算术运算子程序

名为“转换值”、“系数 1”和“系数 2”的输入(IN)变量,名为“模拟值”的输出(OUT)变量,和名为“暂存”的临时(TEMT)变量。局部变量表最左边的一列是编程软件自动分配的每个变量在局部存储器(L)中的地址。

子程序变量名称中的“#”表示局部变量,是编程软件自动添加的。输入局部变量时不用输入“#”。

2) 子程序的调用

用户可以在主程序、其他子程序或中断程序中调用子程序。当满足调用子程序条件时将执行子程序,直至子程序结束,然后返回调用它的程序中该子程序调用指令的下一条指令处。

子程序可以嵌套调用,即在子程序中调用别的子程序,一共可以嵌套 8 层。

创建上述子程序后,STEP 7 - Micro/WIN 在指令树的程序块文件夹和最下面的“调用子程序”文件夹内自动生成刚创建的子程序“算术运算”的图标(见图 3.2.4)。在子程序的局部变量表中为该子程序定义参数后,将生成客户化调用指令块,指令块中自动包含子程序的输入参数和输出参数(见图 3.2.5)。

在梯形图程序中插入子程序调用指令时,首先打开程序编辑器视窗中需要调用子程序的 POU,显示出需要调用子程序的地方。双击打开程序块文件夹或“调用子程序”文件夹,然后按住需要调用的子程序图标,将它拖到程序编辑器中需要的位置,接着释放鼠标,子程序块便被放置在该位置;也可以将矩形光标置于程序编辑器视窗中需要放置该子程序的地方,然后双击指令树中要调用的子程序图标,子程序块将会自动出现在光标所在的位置。

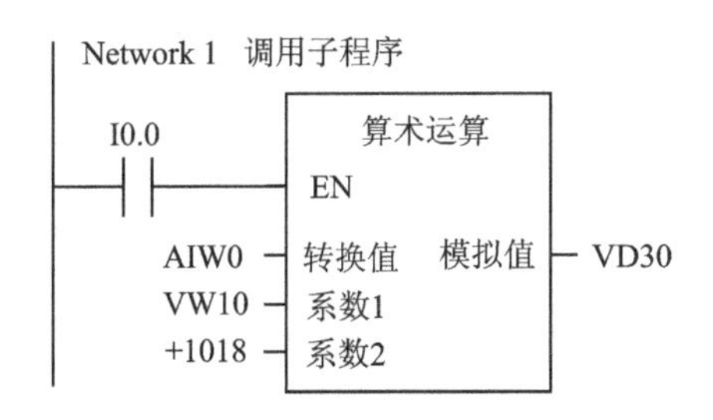

图3.2.5 在主程序中调用子程序

当局部变量作为参数向子程序传递时，在该子程序的局部变量表中指定的数据类型必须与调用它的POU中的数据类型值匹配。例如在上面的例子中，主程序OB1调用子程序“算术运算”，在该子程序的局部变量表中定义了一个名为“系数1”的局部变量作为输入参数。在OB1调用该子程序时，“系数1”被指定为VW10，VW10的数值被传入“系数1”。VW10和“系数1”的数据类型必须匹配(均为16位整数INT)。

当停止调用子程序时，线圈在子程序内的位元件的ON/OFF状态保持不变。如果在停止调用时子程序中的定时器正在定时，那么100 ms定时器将停止定时，当前值保持不变，重新调用时继续定时；但是，1 ms定时器和10 ms定时器将继续定时，到了定时时间时，它们的定时器位将变为1，并且可以在子程序之外起作用。

2. 中断程序

所谓中断，是当控制系统执行正常程序时，系统中出现了某些急需处理的异常情况或特殊请求，这时系统暂时中断现行程序，转去对随机发生的更紧迫事件进行处理(执行中断程序)，当该事件处理完后，系统将自动回到原来被中断的程序继续执行。

(1) 中断的分类

S7-200的34种中断事件可分为三大类，即I/O口中断、通信口中断和时基中断。

① I/O口中断。I/O口中断包括上升沿和下降沿中断、高速计数器中断和脉冲串输出中断。S7-200可以利用I0.0～I0.3都有上升沿和下降沿这一特性产生中断事件。

② 通信口中断。通信口中断包括端口0(port 0)和端口1(port 1)接收和发送中断。PLC的串行通信口可由程序控制，这种模式称为自由口通信模式，在这种模式下通信，接收和发送中断可以简化程序。

③ 时基中断。时基中断包括定时中断及定时器T32/96中断。定时中断可以反复执行。

(2) 中断优先级

S7-200 PLC的中断优先级由高到低依次是通信中断、输入/输出中断、时基中断。每种中断中的不同中断事件也有不同的优先权。部分中断事件及优先级见表3.2.4。

表3.2.4 部分中断事件及优先级

优先级分组	组内优先级	中断事件号	中断事件说明	中断事件类别
通信中断	0	23	通信口0:接收信息完成	通信口
	1	24	通信口1:接收信息完成	
I/O中断	2	0	I0.0上升沿中断	外部输入
	3	2	I0.1上升沿中断	
	6	1	I0.0下降沿中断	
	7	3	I0.1下降沿中断	
定时中断	1	11	定时中断1	定时
	2	21	定时器T32 CT=PT中断	定时器

(3) 中断指令

中断指令有4条,包括开、关中断指令,中断连接和分离指令。中断指令格式见表3.2.5。

1) 开、关中断指令

开中断(ENI)指令全局性允许所有中断事件,关中断(DISI)指令全局性禁止所有中断事件。

2) 中断连接和分离指令

中断连接(ATCH)指令将中断事件(EVNT)与中断程序(INT)相连接,并启用中断事件。

中断分离(DTCH)指令将取消某中断事件(EVNT)与所有中断程序之间的连接,并禁用该中断事件。

表3.2.5 中断指令格式

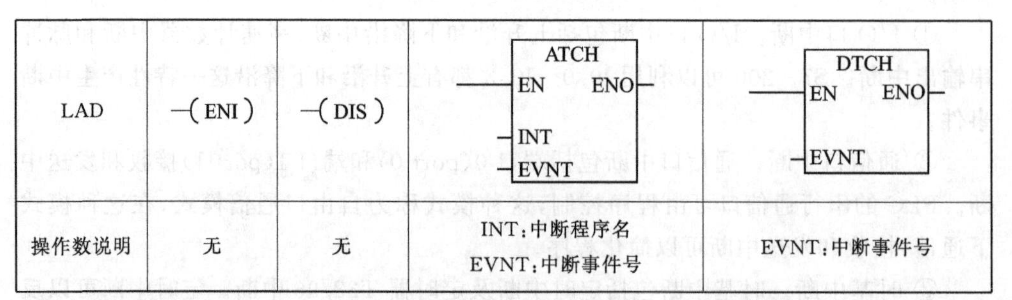

LAD	—(ENI)	—(DIS)	ATCH: EN ENO INT EVNT	DTCH: EN ENO EVNT
操作数说明	无	无	INT:中断程序名 EVNT:中断事件号	EVNT:中断事件号

在中断程序中禁止使用DISI、ENI、HDEF、LSCR和END指令。

例3.3.1 编写由I0.1的上升沿产生的中断程序,要求接通I0.1,在I0.1的上升沿产生时立即把VW0的当前值变为0。

右击指令树中的“程序块”图标，在弹出的快捷菜单中选择“插入”→“中断”命令。

分析：查表3.2.4可知，I0.1上升沿产生的中断事件号为2。所以，在主程序中用ATCH指令将事件号2和中断程序0连接起来，并全局开中断，如图3.2.6所示。

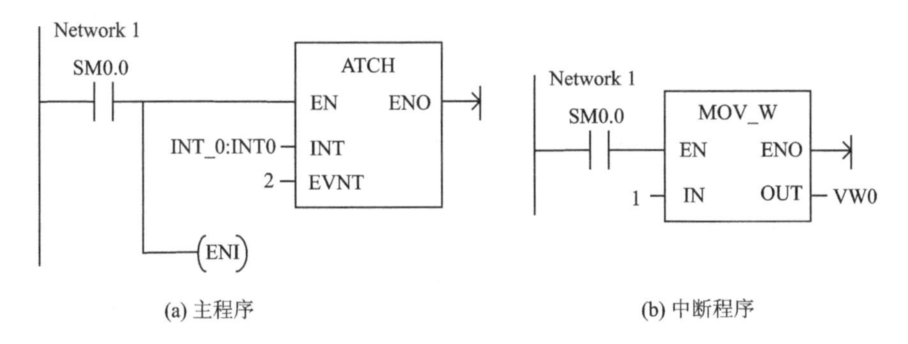

(a) 主程序　　(b) 中断程序

图3.2.6　主程序和中断程序

3.2.3　暂停、结束和看门狗复位指令

1. 结束指令END/MEND

结束指令的功能是结束主程序。只能在主程序中使用，不能在子程序和中断服务程序中使用。

当梯形图结束指令直接连在左侧电源母线时，为无条件结束指令(MEND)；不连在左侧母线时，为条件结束指令(END)。

条件结束指令在使能输入有效时，终止用户程序的执行，返回执行主程序的第一条指令(循环扫描工作方式)。

当执行无条件结束指令时(指令直接连在左侧母线，无使能输入)，立即终止用户程序的执行，返回主程序的第一条指令执行。

STEP 7－Micro/WIN 32编程软件在主程序的结尾自动生成无条件结束(MEND)指令，用户不得输入无条件结束指令，否则编译出错。

2. 暂停指令STOP

暂停指令的功能是使能输入有效时，立即终止程序的执行，CPU工作方式由RUN切换到STOP模式。在中断程序中执行STOP指令，该中断立即终止，并且忽略所有挂起的中断，继续扫描程序的剩余部分，在本次扫描的最后，将CPU由RUN模式切换到STOP模式。

3. 看门狗复位指令WDR

看门狗(Watchdog)又称为监控定时器，它的定时时间为500 ms，每次扫描它都被自动复位，然后又开始定时。若正常工作时扫描周期小于 500 ms，则看门狗不起作用；如果扫描周期超过 500 ms，则 CPU 会自动切换到 STOP 模式，并会产生非致命错误“扫描看门狗超时”。

如果扫描周期可能超过 500 ms，则可以在程序中使用看门狗复位指令 WDR，以扩展允许使用的扫描周期。每次执行 WDR 指令时，看门狗超时时间都会复位为 500 ms。

谨慎使用 WDR 指令，防止过度延迟扫描完成时间；否则，在终止本扫描之前，下列操作过程将被禁止(不予执行)：通信(自由端口方式除外)、I/O 更新(立即 I/O 除外)、强制更新等。

暂停(STOP)、条件结束(END)、看门狗指令应用程序如图 3.2.7 所示，图中的 1 ms 定时器 T32 和 M0.2 组成了一个脉冲发生器。从 I0.4 的上升沿开始，用 M0.2 输出一个宽度等于 T32 预设值的脉冲。在脉冲期间反复执行 JMP 指令，跳转回到指令“LBL1”。上述反复跳转的过程是在一个扫描周期内完成的，因此扫描时间略大于 T32 的预设值。如果 T32 的预设值超过 500 ms，则 I0.4 的上升沿触发的延时使看门狗超时，CPU 从 RUN 模式切换到 STOP 模式。单击 PLC 菜单功能区中的“信息”区域中的 PLC 按钮，打开“PLC 信息”对话框，看到 CPU 的状态为“非致命错误”。单击左边窗口中的 CPU，将在右边窗口中看到当前非致命错误事件为“扫描看门狗超时”。

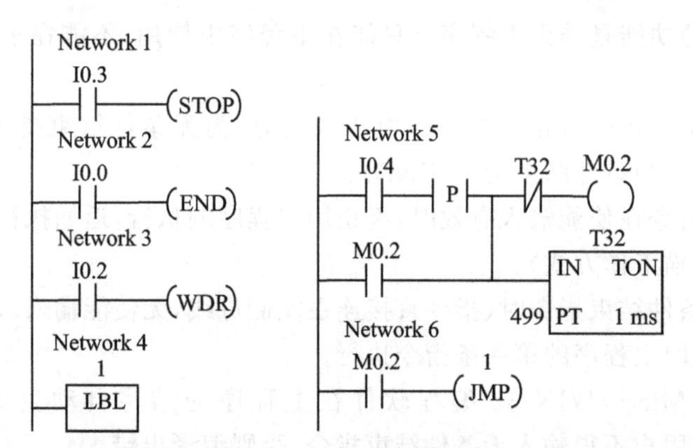

图 3.2.7 暂停、条件结束、看门狗指令应用程序

3.2.4 顺序控制指令

顺序控制指令格式

顺序控制用 3 条指令描述程序的顺序控制步进状态，指令格式见表 3.2.6。

表 3.2.6 顺序控制指令格式

LAD	STL	说明
??.? SCR	LSCR S	步开始指令，为步开始的标志，当该步的状态元件位置1时，执行该步
??.? —(SCRT)	SCRT S	步转移指令，使能有效时，将本顺序步的顺序控制继电器位清零，下一步顺序控制继电器位置1，进入下一步。该指令由转换条件的触点启动，S为下一步的顺序控制状态元件
—(SCRE)	SCRE	步结束指令，为步结束的标志

顺序控制指令的操作对象为状态继电器S，每一个状态继电器S的位都表示功能图中的一步。

从LSCR指令开始到SCRE指令结束的所有指令组成一个顺序控制(SCR)段，对应功能图中的一步。LSCR指令标记一个SCR步的开始，当该步的状态元件置位时，允许该SCR步工作。SCR步必须用SCRE指令结束。

顺序控制指令编程案例请参见本书“4.5.4 顺序控制设计法中顺控指令的编程”的相关内容。

限于篇幅，其他基本指令可查阅S7-200手册。

3.3 PLC的控制要点

3.3.1 PLC机型选择

PLC机型选择的一般原则如下：

① PLC机型选择主要考虑I/O点数。根据控制系统所需要的输入设备(如按钮、限位开关、转换开关等)、输出设备(如接触器、电磁阀、信号指示灯等)以及A/D、D/A转换的个数，确定I/O点数。一般要留有一定裕量(约占10%)，以满足今后生产的发展或工艺的改进。

② PLC一般根据I/O点数的不同，内存容量也会有相应的差别。在选择内存容量时同样应留有一定的裕量，一般是实际运行程序的25%。不应单纯追求大容量，以够用为原则。大多数情况下，满足I/O点数的PLC，内存容量也能满足。

③ 在PLC机型选取上要考虑控制系统与PLC结构、功能的合理性。如果是单机系统控制，I/O点数不多，不涉及PLC之间的通信，但又要求功能较强，要求有处理模拟信号的能力，则可选择整体式机。中、大型PLC一般属于模块式，配置灵活，

易于扩展,但相应成本较高。

④ 一个企业应尽量选取同一类 PLC 机型,因为控制、维修维护方便。

3.3.2 PLC 程序设计的步骤、基本规则

1. 程序设计的基本步骤

① 根据控制要求,确定控制的操作方式(手动、自动、连续、单步等);应完成的动作(动作顺序、动作条件),以及必需的保护和连锁;还要确定所有的控制参数(转步时间、计数长度、模拟量精度等)。

② 根据生产设备现场需要,配置所有的按钮、限位开关、接触器、指示灯等,按照输入/输出分类。每一类型设备按顺序分配输入/输出地址,列出 PLC 的 I/O 地址分配表。

③ 对于较复杂的控制系统,应先绘制出控制流程图,参照流程图进行程序设计。

④ 对程序进行模拟调试、修改直至满足控制要求。调试时可采用分段式调试,并利用计算机或编程器进行监控。

⑤ 程序设计完成后,应进行在线统调。开始时先带上输出设备(如接触器线圈、信号指示灯等),不带负载进行调试。调试正常后,再带上负载运行。全部调试完毕,交付试运行。如果运行正常,则可将程序固化到 EPROM 中,以防程序丢失。

⑥ 随机文件。可编程控制器控制系统交付使用后,应根据调试的最终结果整理出完整的技术文件,并提供给用户。这就是系统随机文件的一部分,主要用于系统的维修和改进。

2. PLC 程序设计的基本规则

① 梯形图按自上而下、从左到右的顺序排列。每个继电器线圈为一逻辑行,又称为一个梯级。每个梯形图由多层逻辑行组成。每一逻辑行起于左母线,经触点、线圈终止于右母线。

② 触点不能放在线圈的右边,如图 3.3.1 所示。

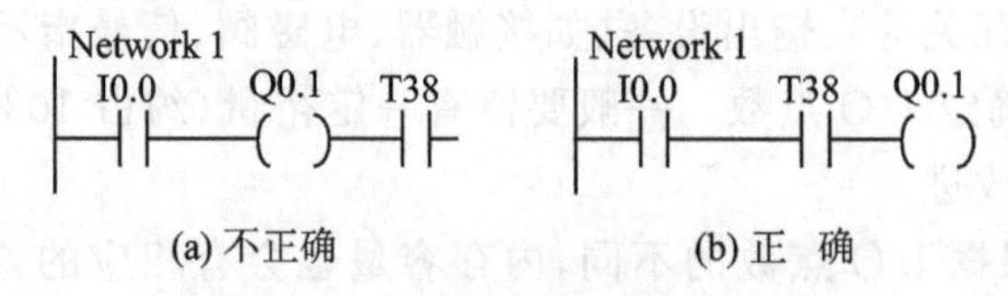

图 3.3.1 触点与线圈的连接规则

③ 线圈不能直接与左母线相接,如果需要,则可通过一个没有使用的常闭触点或特殊继电器 SM0.0 相连接,如图 3.3.2 所示。

④ 输出线圈可以并联不能串联,同一输出线圈在同一程序中应避免重复使用,

如图 3.3.3 所示。

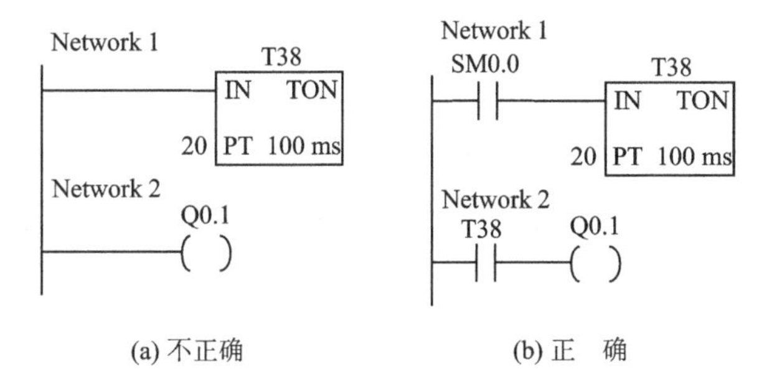

(a) 不正确　(b) 正　确

图 3.3.2　线圈与左母线连接规则

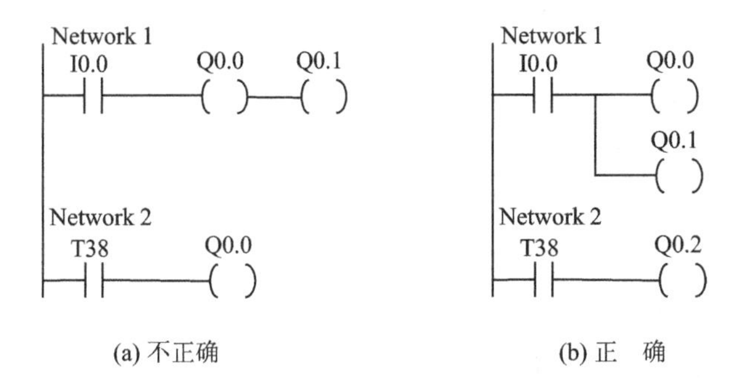

(a) 不正确　(b) 正　确

图 3.3.3　线圈的并联输出

⑤ 梯形图应体现“左重右轻”“上重下轻”。将串联触点较多的支路放在梯形图上方，将并联触点较多的支路放在梯形图左边，如图 3.3.4 所示，可减少指令条数。

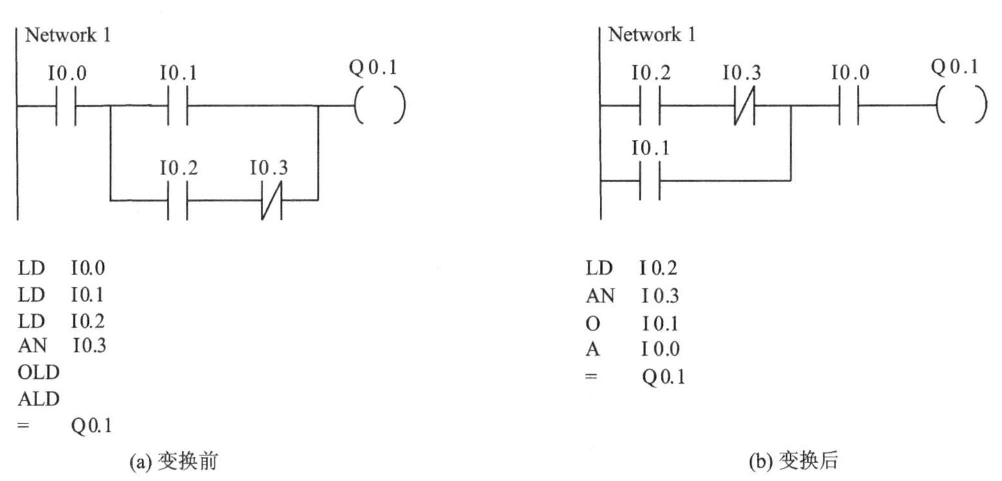

(a) 变换前　(b) 变换后

图 3.3.4　梯形图的等效变换

⑥ 尽量避免出现分支点梯形图。

如图 3.3.5 所示，将定时器与输出继电器并联的上下位置互换，可减少指令条数。

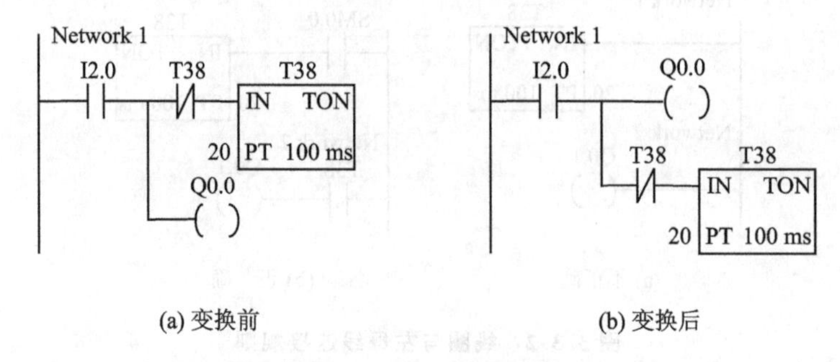

(a) 变换前　　(b) 变换后

图 3.3.5　梯形图的等效变换

3.3.3　节省 I/O 点数的方法

在 PLC 控制系统的实际应用中，经常遇到输入点或输出点数量不够用的问题，最简单的解决方法就是增加硬件配置，这样既提高了成本，又使安装体积增大。因此，我们在设计时应注意节省输入/输出点数。

1. 减少所需输入点数的方法

(1) 分组输入

很多设备都有自动控制和手动控制两种状态，自动程序和手动程序不会同时执行，把自动和手动信号叠加起来，按不同控制状态分组输入到 PLC，可以节省输入点数。

分组输入电路如图 3.3.6 所示。I0.0 用来输入手动/自动程序，供自动和手动切换用。SB3 和 SB1 按钮虽然都使用 I0.1 输入端，但实际代表的逻辑意义不同。图 3.3.6 中的二极管是用来切断寄生信号的，避免产生错误信号。很显然，此输入端可分别反映两个输入信号的状态，节省了输入点数。

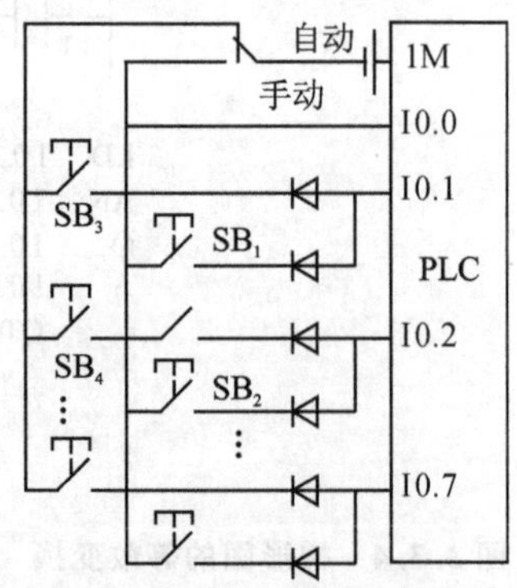

图 3.3.6　分组输入电路

(2) 触点合并式输入

修改外部电路,将某些具有相同功能的输入触点串联或并联后再输入 PLC,这些信号就只占用一个输入点了。串联时,几个开关同时闭合有效;并联时,其中任何一个触点闭合都有效。例如,一般设备控制时都有很多保护开关,任何一个开关动作都要设备停止运行,这样在设计时就可以将这些开关串联在一起,用一个输入点。对同一台设备的多点启动,一般将多点的控制按钮并联在一起,用一点输入,如图 3.3.7 所示。

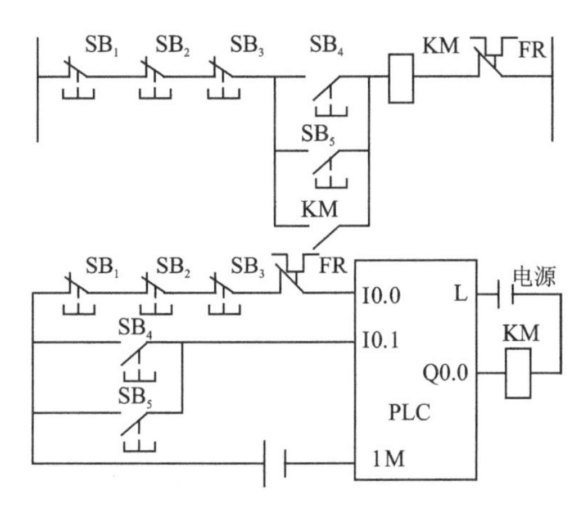

图 3.3.7　触点合并式输入

(3) 利用功能指令减少输入点数

利用转移指令,在一个输入端上接一开关,作为自动、手动工作方式转换开关,可将自动和手动操作加以区别。利用计数器计数,或利用移位寄存器移位,可以利用交替输出指令实现单按钮的启动和停止。其他还可以用矩阵式输入等方法减少输入点数。

2. 减少所需输出点数的方法

① 通断状态完全相同的负载并联后,可以共用 PLC 的一个输出点,即一个输出点带多个负载,如果多个负载的总电流超出输出点的容量,则可以再用一个中间继电器控制其他负载。

② 在采用信号灯做负载时,采用数码管做指示灯可以减少输出点数。例如,电梯的楼层指示,如果使用信号灯,则一层就要一个输出点,楼层越高占用输出点就越多;现在很多电梯使用数字显示器来显示楼层就可以节省输出点,常用的是 BCD 码输出,9 层以下仅用 4 个输出点,10～19 层仅用 5 个输出点。

还有一些数字显示的指令,也可以减少输出点的数量。

3.3.4 故障排除

PLC 是一种可靠性、稳定性极高的控制器，只要按照其技术规范安装和使用，出现故障的概率就会极低。即使出现故障，也可以按表 3.3.1 所列步骤进行检查、处理。特别是检查由于外部设备故障造成的损坏，一定要查清故障原因，待故障排除以后再试运行。

表 3.3.1 PLC 硬件故障诊断表

问 题	故障原因	解决方法
输出不工作	控制的设备产生了损坏	当接到感性负数时（例如电机或继电器），需要接入一个抑制电路
	程序错误	修改程序
	接线松动或不正确	检查接线，如果不正确，要改正
	输出过载	检查输出的负载功率
	输出被强制	检查 CPU 是否有被强制的 I/O
S7－200 上 SF（系统故障）灯亮（红）	用户程序错误（错误代码 0003、0011、0012、0014）	对于编程错误，检查 FOR、NEXT、JMP、LBL 和比较指令的用法
	电气干扰（错误代码 0001～0009）	控制面板良好接地，高电压与低电压应分开走线，避免并行引线
	元件损坏（错误代码 0001～0010）	把 24 V DC 传感器电源的 M 端子接到地
LED 灯全部不亮	熔丝烧断	把电源连接到系统，检查过电压尖峰的幅值和持续时间。根据检查结果，给系统加合适的抑制设备
	24 V 供电线接反	重新接入
	不正确的供电电压	接入正确供电电压
电气干扰问题	不合适的接地	正确接地
	在控制柜内交叉配线	把 24 V DC 传感器电源的 M 端子接到地。确保控制面板良好接地，高电压与低电压不并行引线
	对快速信号配置了输入滤波器	增加系统数据块中输入滤波器的延迟时间
当连接一个外部设备时通信网络损坏	如果所有的非隔离设备（例如 PLC、计算机或其他设备）连到一个网络，而该网络没有共同的参考点，则通信电缆提供了一个不期望的电流通路，这些不期望的电流会造成通信错误或损坏电路	购买隔离型 PC/PPI 电缆。当连接没有共同电气参考点的机器时，购买隔离型 RS－485 中继器

习　题

3.1　S7－200可编程控制器提供了哪几种类型的定时器？

3.2　试设计一个照明灯的控制程序。当按下接在I0.0上的按钮时，接在Q0.0上的照明灯可发光30 s 。如果在这段时间内又有人按下按钮，则时间间隔从头开始。这样可确保在最后一次按完按钮后，灯光可维持30 s的照明。

3.3　电动机正反转控制系统设计练习：设计一电动机正反转控制程序，控制要求如下：

(1) 按下“启动”按钮，电动机正转5 s，然后停2 s，再反转5 s，接着又停止2 s，如此循环3个周期后自动停止。

(2) 在任何时候按下“急停”按钮，电动机都立即停止工作。

3.4　将【项目3.3】 中的3台电动机具有手动/自动功能的跳转指令控制程序改为用子程序控制。提示：在指令树程序块处右击插入子程序SBR_1。主程序中将SBR_0拖到网络1，将SBR_1拖到网络2，然后切换到SBR_0，编写手动程序；切换到SBR_1，编写自动程序。题3.4图如题图3.1所示。

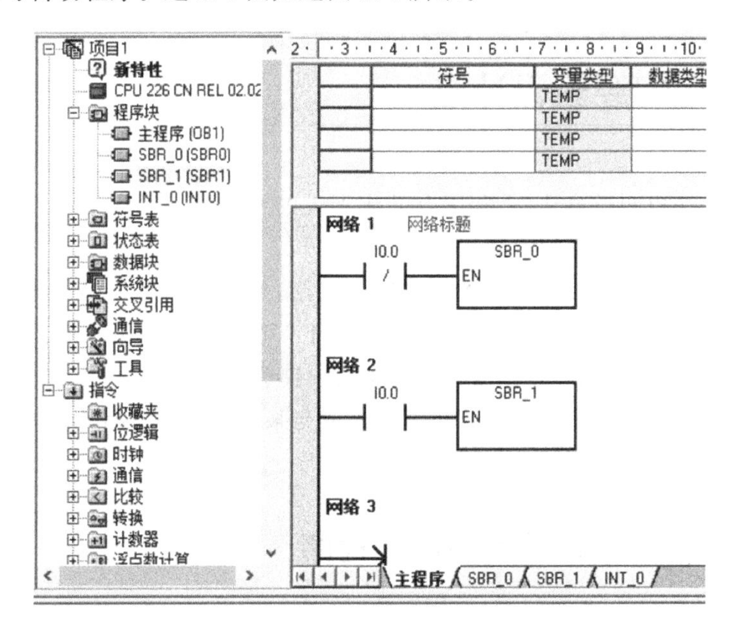

题图3.1　题3.4图

3.5　可编程控制器控制系统设计分为哪几步？

3.6　可编程控制器的选型应考虑哪些因素？

第4章 PLC的程序设计方法

PLC的程序设计是指用户编写程序的设计过程,即以指令为基础,结合被控对象工艺过程的控制要求和现场信号,对照PLC软继电器编号,画出梯形图,然后用编程语言进行编程。由于可编程控制器的控制功能以程序的形式体现,所以程序设计是一个很重要的环节。

一般应用程序设计可分为经验设计法、继电器图替换法、时序图设计法、逻辑设计法、顺序控制设计法等。

4.1 PLC的经验设计法

经验设计法也叫试凑法,是利用自己或别人的经验进行程序设计。这种方法是梯形图设计中最常用的编程方法。

经验设计法需要设计者掌握大量的典型电路,如第3章中介绍过的典型控制环节和基本控制电路(延时环节、脉冲环节、互锁环节等)。将实际控制问题分解成典型控制电路,然后用典型电路或修改的典型电路拼凑梯形图。

经验设计方法一般只适用于比较简单的或与某些典型系统相类似的控制系统的设计。下面介绍一些常用的基本环节梯形图程序。

4.1.1 常用的基本环节梯形图程序

1. 启动、保持、停止控制

(1) 自锁触点的启动、保持和停止控制

自锁触点的启动、保持和停止控制的梯形图如图4.1.1所示,其中,I0.0为启动控制触点，I0.1 为关断控制触点，触点 Q0.0 构成自锁环节。依靠继电器自身常开触点使其线圈保持通电的作用称为“自锁”，起自锁作用的触点称为自锁触点。自锁触点与启动按钮一般是并联的。

说明：这里的 I0.0 是指不带自锁的点动按钮开关，但由于是梯形图的设计，所以使 I0.0 起到了带锁的功能。

(2) SET/RST(置复位)指令的启动、保持和停止控制

SET/RST(置复位)指令的启动、保持和停止控制如图 4.1.2 所示。

(3) RS 指令的启动、保持和停止控制

RS 指令的启动、保持和停止控制如图 4.1.3 所示。

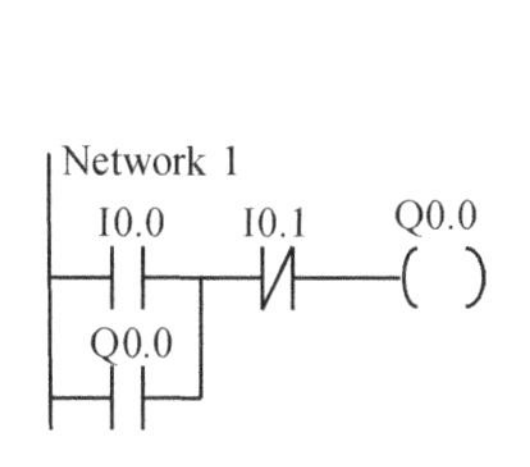

图 4.1.1　自锁触点的启动、保持和停止控制

Network 1
I0.0　Q0.0
S
1
Network 2
I0.1　Q0.0
R
1

图 4.1.2　SET/RST(置复位)指令的启动、保持和停止控制

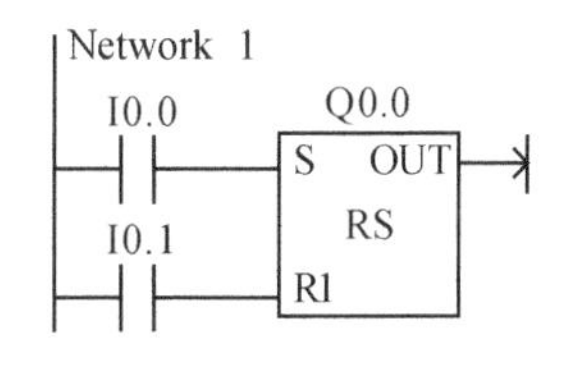

图 4.1.3　RS 指令的启动、保持和停止控制

(4) 单按钮控制的启动、保持、停止控制

工程上常常使用一个按钮控制一个输出设备的启动和停止。当第一次按下按钮时启动，第二次按下按钮时关断。这样，不仅使控制台上减少了按钮数量，也节省了 PLC 的输入触点。单按钮控制的启动、保持、停止控制梯形图如图 4.1.4 所示。

计数和比较指令的单按钮控制如图 4.1.4(a)所示，当按钮第一次按下时(I0.0 接通)，Q0.0 接通；当按钮抬起时(I0.0 断开)，C1 经过值为 1，Q0.0 仍然导通。当按钮第二次按下时，C1 复位，Q0.0 关断；当按钮再次抬起时，Q0.0 保持关断。当按钮第三次按下时，重复。这样用一个按钮就实现了对输出的控制。

取反主程序加子程序的单按钮控制如图 4.1.4(b)所示，注意，子程序设置变量类型为 IN_OUT。I0.0 每接通一次，Q0.0 的状态就发生一次改变，实现了对 Q0.0 的通、断控制。

2. 互锁控制

所谓“互锁”，是指当一个继电器工作时，另一个继电器不能工作，避免短路。方法是用互锁继电器的常闭触点分别串联到其他互锁的继电器线圈控制线路中。

在图 4.1.5 中，输出继电器 Q0.0、Q0.1 不能同时接通，只要一个接通另一个就不能再启动。只有按下停止按钮 I0.2(断开)后，才能再启动。互锁控制适用于电动机的正反转。

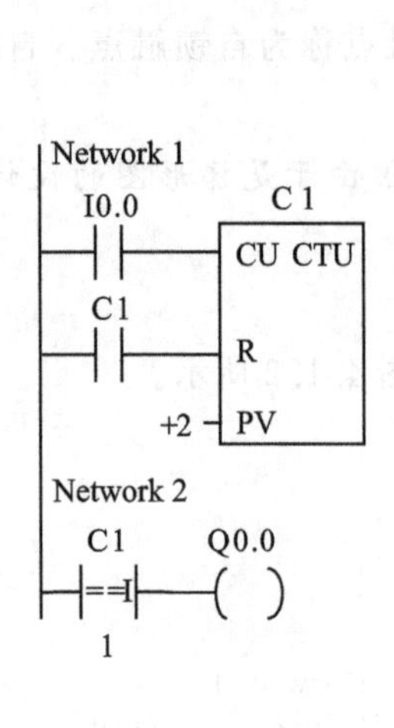

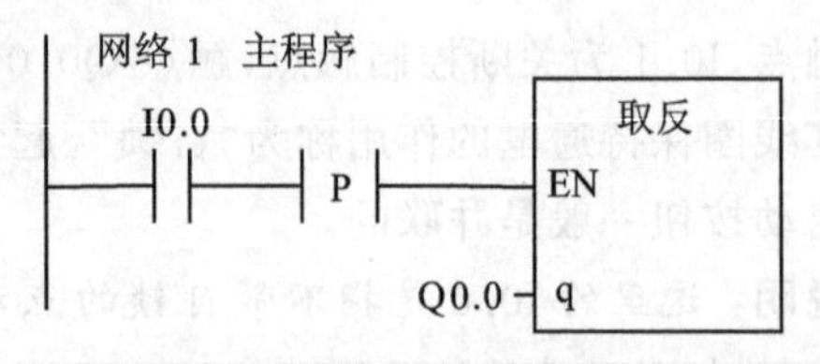

	符 号	变量类型	数据类型
	EN	IN	BOOL
		IN	
L0.0	q	IN_OUT	BOOL

网络 1 取反子程序

#q:L0.0 #q:L0.0

(a) 计数和比较指令的单按钮控制

(b) 取反主程序加子程序的单按钮控制

图 4.1.4 单按钮控制的启动、保持、停止控制梯形图

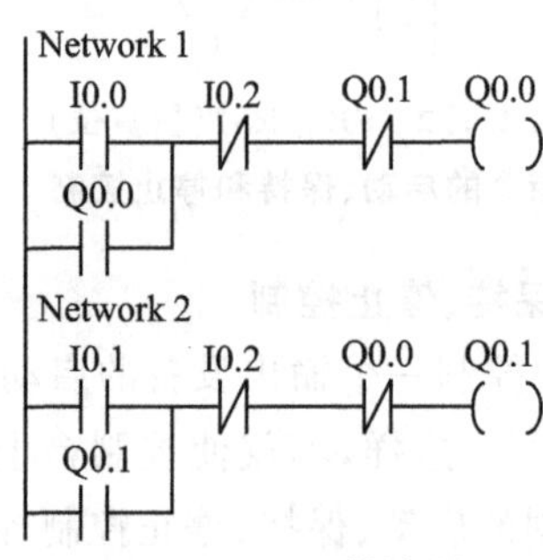

图 4.1.5 互锁控制

3. 集中控制与分散控制程序

在多台电动机连接的自动生产线上，有总操作台的集中控制和单操作台的分散控制的联锁。集中控制与分散控制程序如图 4.1.6 所示，图中 I0.0 为选择开关，其触点为集中控制与分散控制的联锁触点。I0.1 为总启动，I0.2 为总停止，I0.3 为启动 1，I0.4 为停止 1，I0.5 为启动 2，I0.6 为停止 2。当 I0.0 接通时，为单机分散启动控制；当 I0.0 不接通时，为集中启动控制，在这两种情况下，单机和总操作台都可发出停止命令。

4. 二分频控制

二分频控制梯形图如图 4.1.7 所示，二分频时序图如图 4.1.8 所示。程序工作过程如下：当 Q0.0 输出低电平时，I0.0 脉冲上升沿到来，M0.0 接通一个扫描周期的时间，此时 Q0.0 通电，其常开触点闭合；一个扫描周期后，M0.0 失电，其常开、常闭触点恢复，而此时 Q0.0 常开触点接通，故 Q0.0 自锁继续接通；当下一个脉冲上升沿到来时，M0.0 瞬时接通，其常开触点闭合，常闭触点断开，Q0.0 失电，输出低电平。

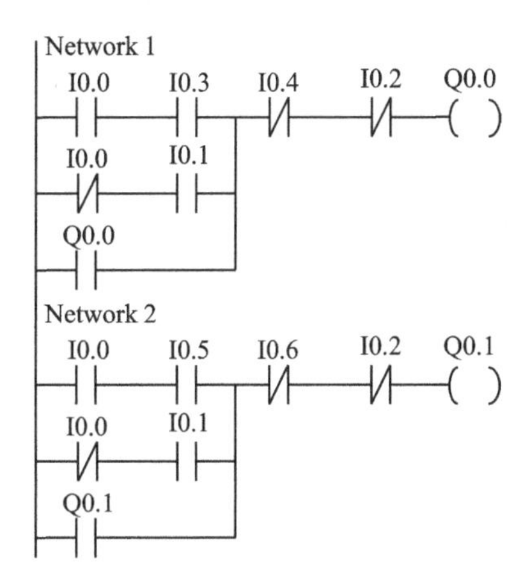

图 4.1.6　集中控制与分散控制程序

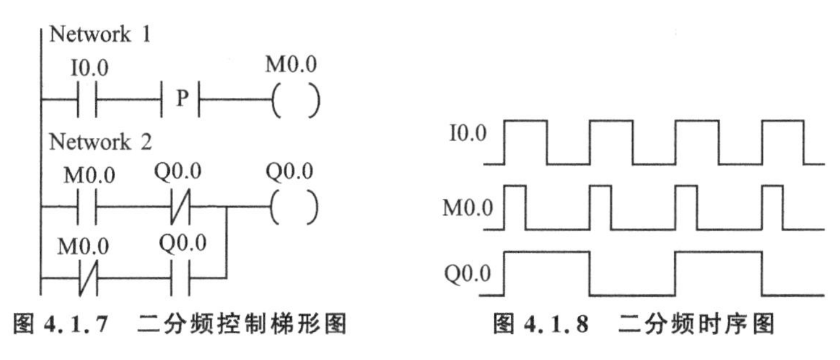

图 4.1.7　二分频控制梯形图　　**图 4.1.8　二分频时序图**

5. 定时/计数器范围的扩展

PLC 中定时时间或计数的长度都是有限的。若想获得长时间定时，或大范围计数，可以使用以下方法：

(1) 多个计数器组合电路

如图 4.1.9 所示用两个计数器完成 1 小时定时。其中，以 SM0.5 为 1 s 时钟脉冲继电器作为计数的脉冲源，I0.0 为控制触点。当常闭触点 I0.0 断开时，解除对计数器的复位控制，计数器开始计数。当计数器 C0 计数 60 个脉冲(60 s)时，经常开触点 C0 向计数器 C1 发送一个计数脉冲，同时使 C0 计数器复位。C1 对 C0 每 60 s 产生的脉冲进行计数，计数 60 个为 1 h(60 s×60＝3 600 s)。注意，计数器 C0 是利用自己的常开触点使自己复位的。

(2) 定时器和计数器组合电路

图 4.1.10 所示为定时器和计数器组成的长延时梯形图。当控制触点 I0.0 接通时，定时器 T37 依靠自复位产生周期为 10 s 的脉冲序列，作为计数器的计数脉冲。当计数器 C0 计满 200 个脉冲后，其常开触点 C0 闭合，使 Q0.0 接通。从 I0.0 接通到触点 C0 闭合，定时时间为 10 s×200＝2 000 s。

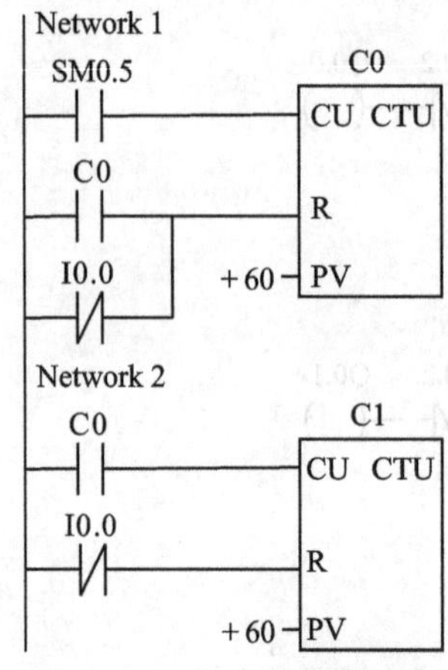

图 4.1.9 两个计数器组合

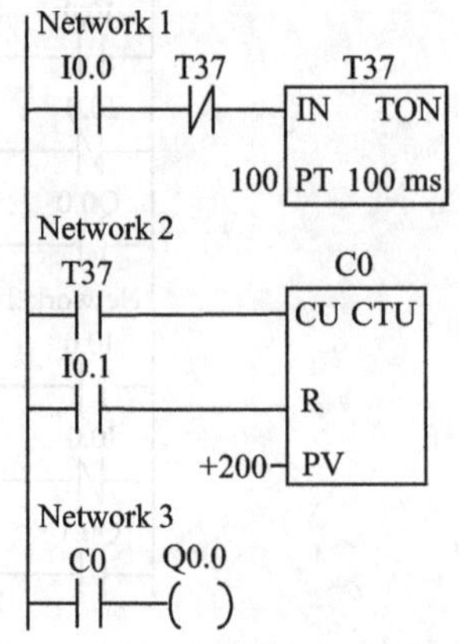

图 4.1.10 定时器和计数器组合

6. 带瞬动触点的定时器控制

对于需要在定时器接通时就动作的瞬动触点，可以在定时器线圈两端并联一个辅助继电器线圈，利用其触点作瞬动触点，如图 4.1.11 所示。

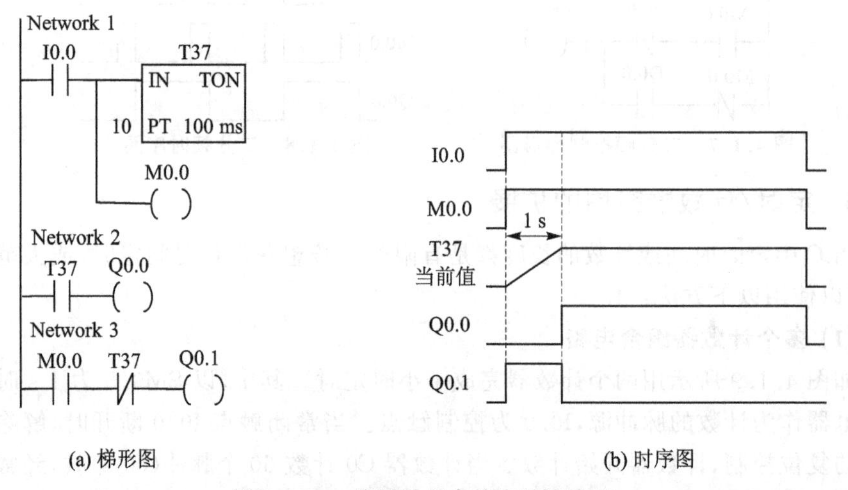

图 4.1.11 带瞬动触点的定时器控制

4.1.2 梯形图经验设计法实例

【项目 4.1】 三相异步电动机正反转 PLC 控制

图 4.1.12 所示是三相异步电动机正反转控制的继电器控制电路图。当继电器控制改用 PLC 控制时，主电路接线不变，仅将控制线路换为 PLC 控制接线。

图 4.1.13 和图 4.1.14 所示是 PLC 控制系统的外部接线图和梯形图，其中，KM1 和 KM2 分别是控制正、反转的交流接触器。

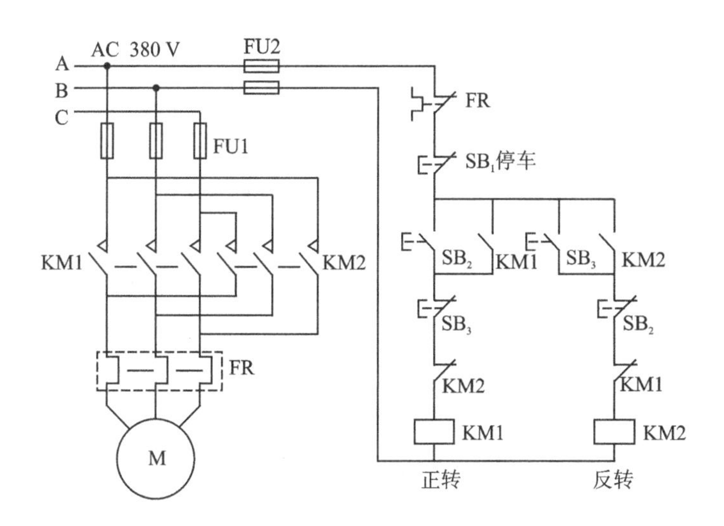

图 4.1.12　三相异步电动机正反转控制的继电器控制电路图

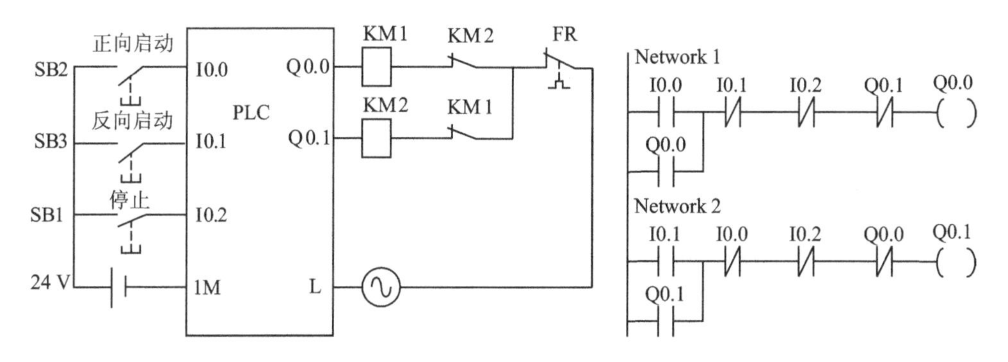

图 4.1.13　正反转的 PLC 外部接线图　　**图 4.1.14　异步电动机正反转控制梯形图**

在图 4.1.14 中，用两个启动、保持、停止电路分别来控制电动机的正转和反转。按下正转启动按钮 SB2，I0.0 变为 ON，其常开触点接通，Q0.0 的线圈"得电"并自保持，使 KM1 线圈通电，电动机开始正转。按下停止按钮 SB1，I0.2 变为 ON，其常闭触点断开，使 Q0.0 线圈"失电"，电动机停止运行。

在图 4.1.14 中，将 Q0.0 和 Q0.1 的常闭触点分别与对方的线圈串联，可以保证它们不能同时为 ON，因此 KM1 和 KM2 的线圈不会同时通电，这种安全措施在继电器电路中称为"电气互锁"。在图 4.1.14 中还设置了"按钮连锁"，即将反转启动按钮 I0.1 的常闭触点与控制正转的 Q0.0 线圈串联，将正转启动按钮 I0.0 的常闭触点与控制反转的 Q0.1 线圈串联。这样既方便了操作又保证了 Q0.0 和 Q0.1 不会同时接通。

注意：虽然在梯形图中已经有了软继电器的互锁触点，但在外部硬件输出电路中还必须使用KM1、KM2的常闭触点进行互锁。因为PLC内部软继电器互锁只相差一个扫描周期，而外部硬件接触器触点的断开时间往往大于一个扫描周期，来不及响应。例如，虽然Q0.0断开，但KM1的触点可能还未断开，在没有外部硬件互锁的情况下，KM2的触点就可能接通，引起主电路短路。因此，必须采用软硬件双重互锁。

采用了双重互锁，还可避免因接触器KM1和KM2的主触点熔焊引起的电动机主电路短路。

【项目4.2】 三个灯顺序控制

(1) 控制要求

当I0.0接通后，灯Q0.0先亮，经过3 s，灯Q0.1亮，同时灯Q0.0熄灭；再经过3 s，灯Q0.2亮，同时灯Q0.1熄灭；又经过3 s，灯Q0.0亮，同时灯Q0.2熄灭。如此循环往复，直至总停开关I0.1断开，循环结束。工作时序图如图4.1.15所示。

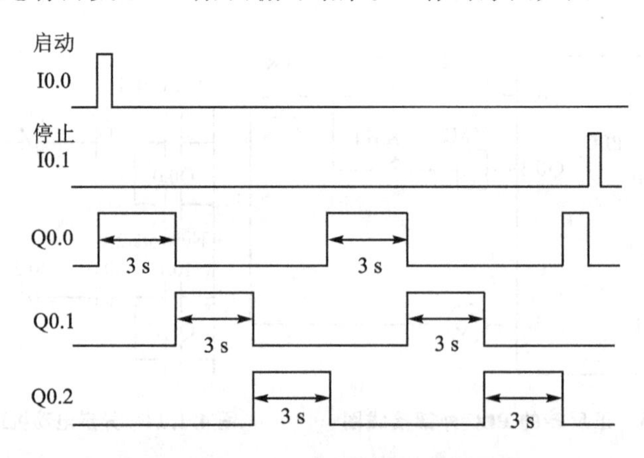

图4.1.15 三个灯顺序控制时序图

(2) I/O分配

输入：启动按钮→I0.0，停止按钮→I0.1。

输出：灯1→Q0.0，灯2→Q0.1，灯3→Q0.2。

(3) 梯形图设计

符合要求的梯形图如图4.1.16所示。

说明：符合本要求的梯形图设计方式有多种。这里思路是用经验设计法，主要用到了联锁式顺控控制典型电路和定时器通电延时电路原则，将前一个动作的动合触点串联在后一个动作的启动电路中，同时将代表后一个动作的动断触点串联在前一个动作的关断电路中。这样，只有前一个动作发生后，才允许后一个动作发生；而后一个动作发生后，就使前一个动作停止。

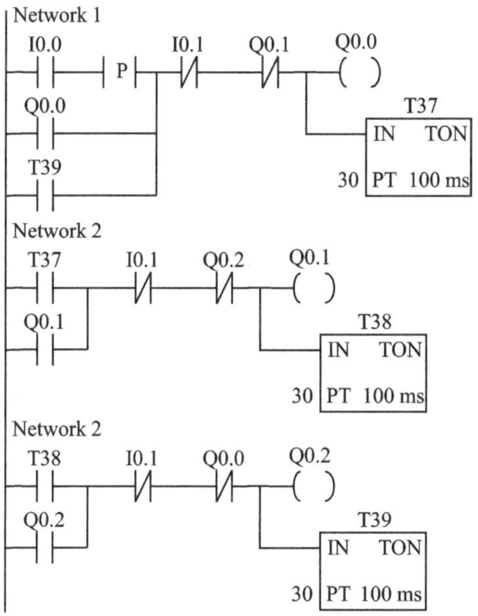

图 4.1.16　三个灯顺序控制梯形图

4.2　继电器电路图替换法

在分析 PLC 控制系统的功能时,可以将它想象成一个继电器控制系统中的控制箱,其外部接线图描述了这个控制箱的外部接线,梯形图是这个控制箱的内部“线路图”。

4.2.1　将继电器图替换为梯形图的步骤和注意事项

1. 将继电器图替换为梯形图的步骤

① 改画传统继电器-接触器控制电路图。

将传统继电器-接触器控制电路分解为主电路和控制电路,然后将控制电路图逆时针旋转 90°,再翻转 180°,重新画出该电路图,并把电气元件的代号逐一标注在对应图形符号的下方。

② PLC 编程元件配置,画出 PLC 的 I/O 接线图。

PLC 编程元件配置包括 PLC 的输入继电器和输出继电器配置,简称 PLC 的 I/O 配置;其他继电器(辅助存储器 M、定时器 T、计数器 C 等)配置。继电器控制电路中的按钮、控制开关、限位开关、接近开关和各种传感器信号等的触点接在 PLC 的输入端子上，并依次分配给 PLC 的输入继电器；交流接触器、电磁阀、蜂鸣器和指示灯等执行机构接在 PLC 的输出端子上，并依次分配给 PLC 的输出继电器。继电器电路的中间继电器依次分配给 PLC 的辅助继电器 M。时间继电器依次分配给 PLC 的定时器 T。

分配的结果要以 PLC 存储器分配表形式给出。最后，根据 PLC 的输入/输出存储器的配置画出 PLC 的 I/O 接线图。

③ 在改画的继电器控制电路图上，根据表 4.2.1 进行文字符号和图形符号的替换。

表 4.2.1 图形符号和文字符号对照

梯形图符号		继电器-接触器控制电路符号	
图形符号对照			
各种动合触点	─┤├─	各种动合触点	
各种动断触点	─┤/├─	各种动断触点	
线圈	( )	线圈	
定时器线圈	□	时间继电器	
文字符号对照			
输入继电器	I	各种开关触点	SA、SB、SQ
输出继电器	Q	接触器	KM
辅助继电器	M	中间继电器	KA
定时器	T	时间继电器	KT
计数器	C	无	无

用梯形图的文字符号替代相对应的继电器控制电路图中的电气元件的文字符号，用梯形图的图形符号替代相对应的继电器控制电路图中的电气元件的图形符号，这样，就将传统继电器电路图转换成对应的梯形图。

④ 根据梯形图编程规则进一步优化梯形图。

2. 转换的注意事项

(1) 热继电器触点的处理

有的热继电器需要手动复位，即热继电器动作后要按一个它自带的复位按钮，其触点才会恢复原状，即动合触点断开，动断触点闭合。这种热继电器的动断触点可以接在 PLC 的输出回路，与接触器的线圈串联，如图 4.2.1 所示，这种方案可以节约

PLC 的一个输入点。当然,过载时接触器失电,电动机停转,但 PLC 的输出依然存在,因为 PLC 没有得到过载的信号。

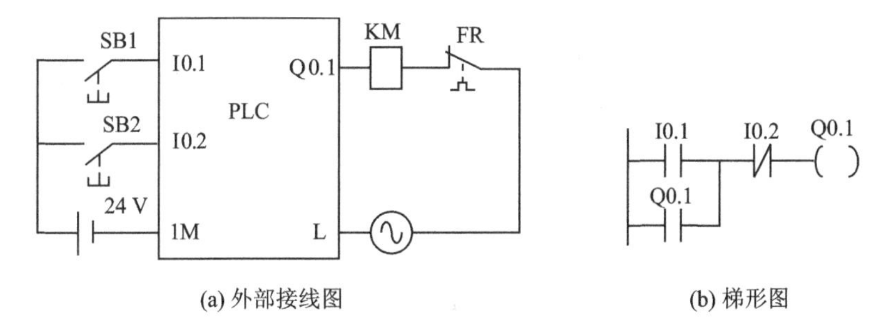

(a) 外部接线图　　(b) 梯形图

图 4.2.1　热继电器过载动断触点在输出回路与接触器的线圈串联

有的热继电器有自动复位功能,如果这种热继电器的动断触点仍然接在 PLC 的输出回路,则热继电器动作后电动机停转,串接在主回路中的热继电器的热元件冷却,热继电器的动断触点自动闭合,电动机自动启动,可能会造成设备和人身事故。因此,有自动复位功能的热继电器的动断触点不能接在 PLC 的输出回路,必须将它的触点接在 PLC 的输入端,其动断触点提供的过载信号必须通过输入电路提供给 PLC,在 PLC 的 I/O 接线图中接 FR 的动断触点,梯形图中相应输入继电器应使用动合触点,如图 4.2.2 所示。

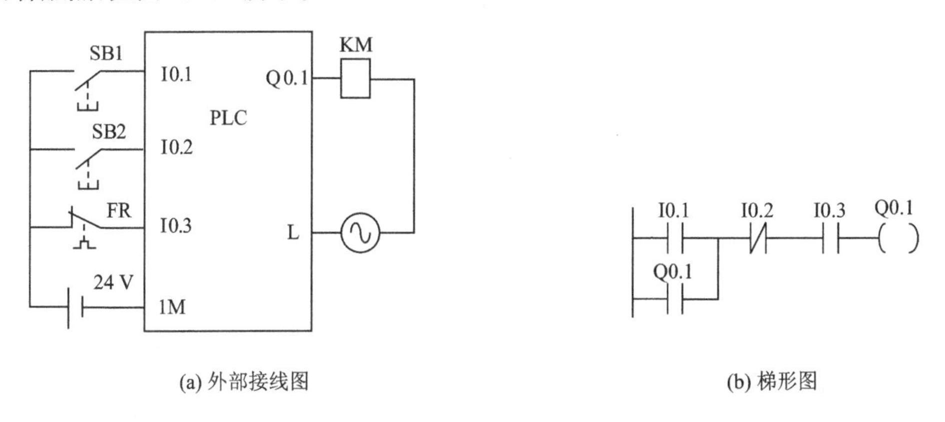

(a) 外部接线图　　(b) 梯形图

图 4.2.2　热继电器过载动断触点接在输入电路上

(2) 动断触点提供的输入信号的处理

这里以图 4.2.3 所示的电动机长动控制的 PLC 等效电路图为例进行说明。图 4.2.3(a)所示是控制电动机的继电器电路图,SB1 和 SB2 分别是启动按钮和停止按钮,如果将它们的动合触点接到 PLC 的输入端,则梯形图中的触点类型与继电器电路的触点类型完全一致。如果接入 PLC 的是 SB2 的动断触点,按下断开图 4.2.3(b)中的 SB2,则 I0.1 的动合触点接通。显然,在梯形图中 I0.1 的动合触点应与 Q0.0 的线圈串联,如图 4.2.3(c)所示,但是,这时在梯形图中所用的 I0.1 的触点类型与

PLC 外接 SB2 的动合触点刚好相反，与继电器电路图中的习惯是相反的。所以，建议采用动合触点作为 PLC 的输入信号。

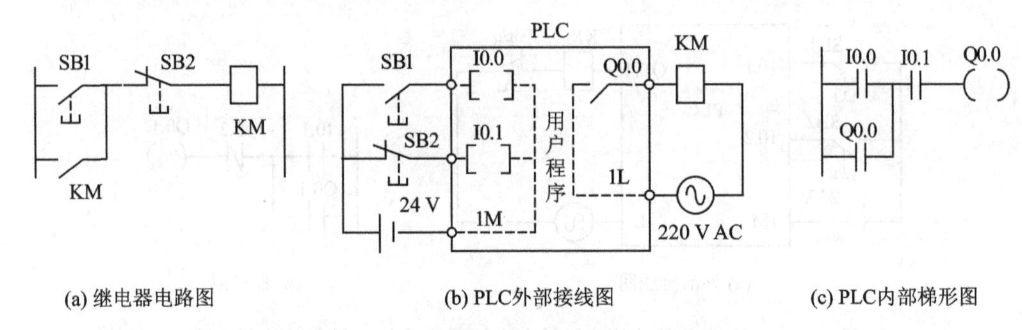

图 4.2.3 电动机长动控制的 PLC 等效电路图

由对图 4.2.3 的分析可知，可将输入继电器 I 的 PLC 内部输入电路等效为一个转换线圈。梯形图中输出继电器 Q0.0 对外部负载 KM 线圈的作用，是通过 PLC 内部真实触点 Q0.0 转换的。为满足对应继电器电路，按钮的 PLC 输入外接按钮和梯形图触点的相互关系如图 4.2.4 所示。

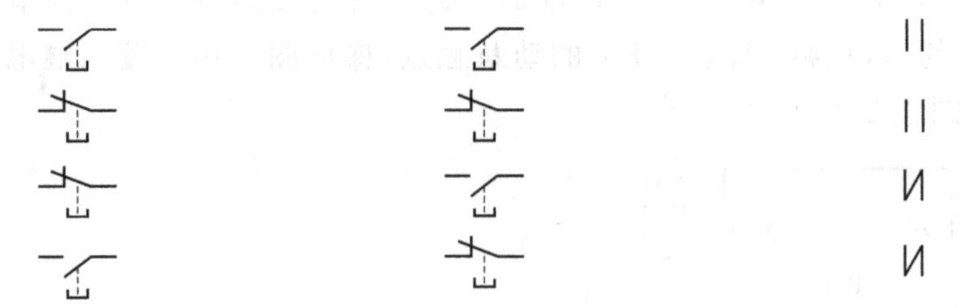

(a) 原继电器电路所接按钮
(b) 转换后的PLC外部所接按钮
(c) 按钮在梯形图中对应触点

图 4.2.4 PLC 外接按钮和梯形图触点的相互关系

(3) 时间继电器的转换

用相应的接通延时定时器 TON 和断开延时定时器 TOFF 替换。若时间继电器有瞬动触点，则可以在梯形图的定时器线圈的两端并联辅助继电器 M，这个辅助继电器的触点可以当作时间继电器的瞬动触点使用。

4.2.2 替换设计法的程序设计示例

【项目 4.3】 三相异步电动机 Y-△减压启动 PLC 控制

(1) 控制要求

三相异步电动机Y-△减压启动的继电器-接触器控制电路如图 4.2.5 所示。

(2) 编程元件配置及 PLC 的 I/O 接线

① PLC 的 I/O 配置：由控制要求可知，输入信号共有 3 个，分别是 SB1、SB2、

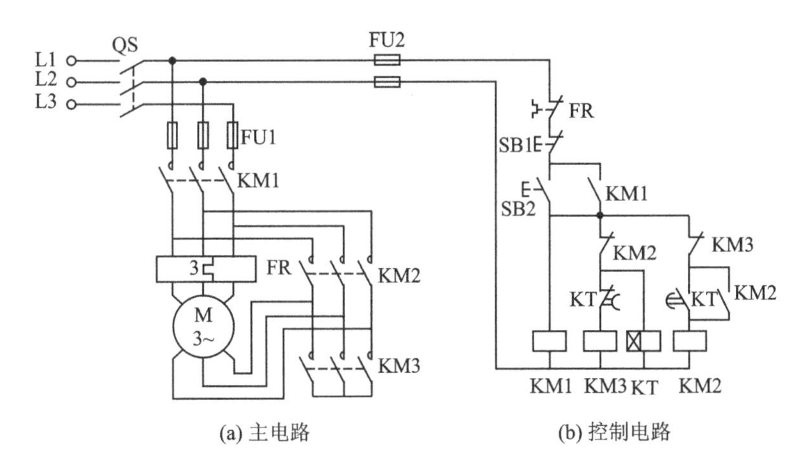

(a) 主电路 (b) 控制电路

图 4.2.5 三相异步电动机 Y-△减压启动的继电器-接触器控制电路

FR;输出信号也共有 3 个,分别用于控制 KM1、KM2、KM3 的线圈。PLC 的 I/O 配置见表 4.2.2。

表 4.2.2 输入/输出设备及 PLC 的 I/O 配置

输入设备		输入继电器	输出设备		输出继电器
名 称	代 号		名 称	代 号	
启动按钮	SB2	I0.0	主接触器	KM1	Q0.0
停止按钮	SB1	I0.1	三角形接触器	KM2	Q0.1
热继电器	FR	I0.2	星形接触器	KM3	Q0.2

② 控制 Y-△转换时间的定时器 T37 和三角形接触器延时接通的定时器 T38。

③ 根据 PLC 的 I/O 配置可设计出 PLC 的 I/O 接线图,如图 4.2.6 所示。

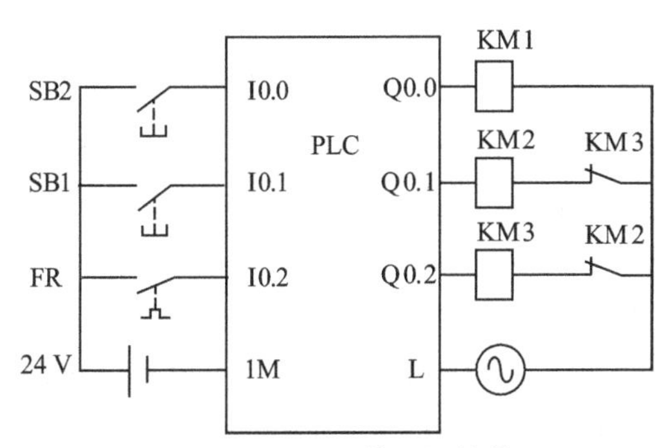

图 4.2.6 PLC 的 I/O 接线

(3) 梯形图

① 将图 4.2.5(b)所示控制电路逆时针旋转 90°,再水平翻转 180°,如图 4.2.7 所示。

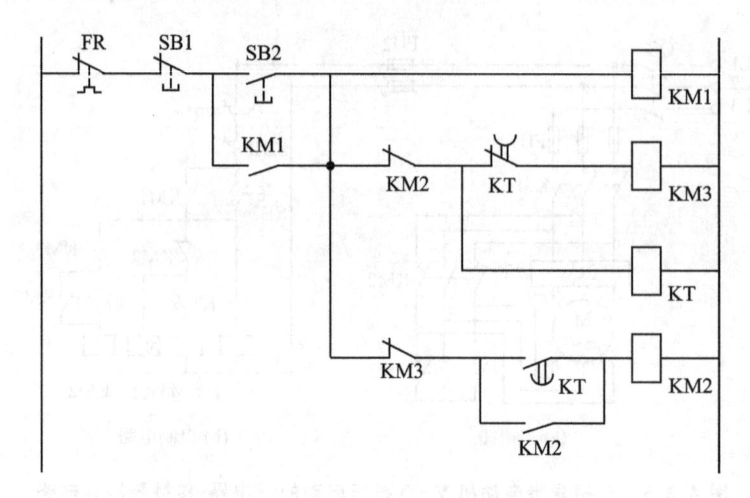

图 4.2.7 根据图 4.2.5(b)改画的控制电路

② 对图 4.2.7 所示电路进行图形符号和文字符号替换，如图 4.2.8 所示。

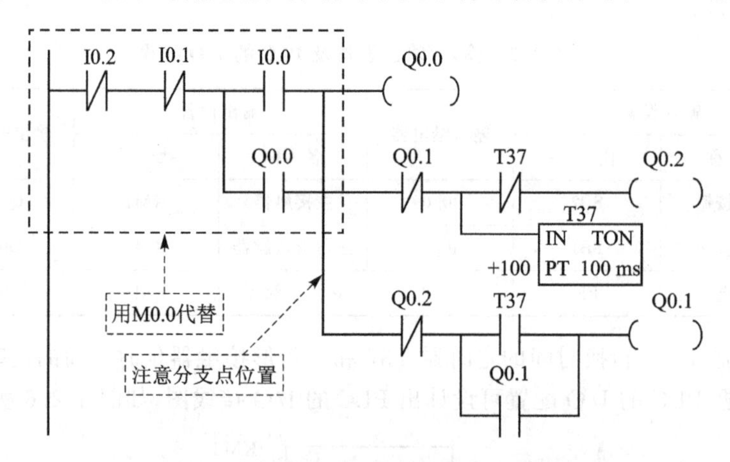

图 4.2.8 对图 4.2.7 所示电路进行图形符号和文字符号替换

③ 将图 4.2.8 中的 Q0.2 和 T37 线圈交换位置，避免循环扫描滞后。得到用块与指令和堆栈指令实现的 Y-△减压启动梯形图，如图 4.2.9 所示。

④ 图 4.2.8 所示电路有两点不足：

- 不完全符合梯形图编程规则。按照梯形图语言中的语法规定简化和修改梯形图。为了简化电路，当多个线圈都受某一串并联电路控制时，可在梯形图中设置受电路控制的存储器的位，如 M0.0，如图 4.2.8 所示。
- 设置定时器 T38 是为了在完成星形连接启动后，再经过 0.5 s 的延时才以三角形连接正常运行。这是为了更加安全，防止接触器 KM3 尚未完全释放时 KM2 就吸合，而造成电源短路事故。

改进后的梯形图如图 4.2.10 所示。

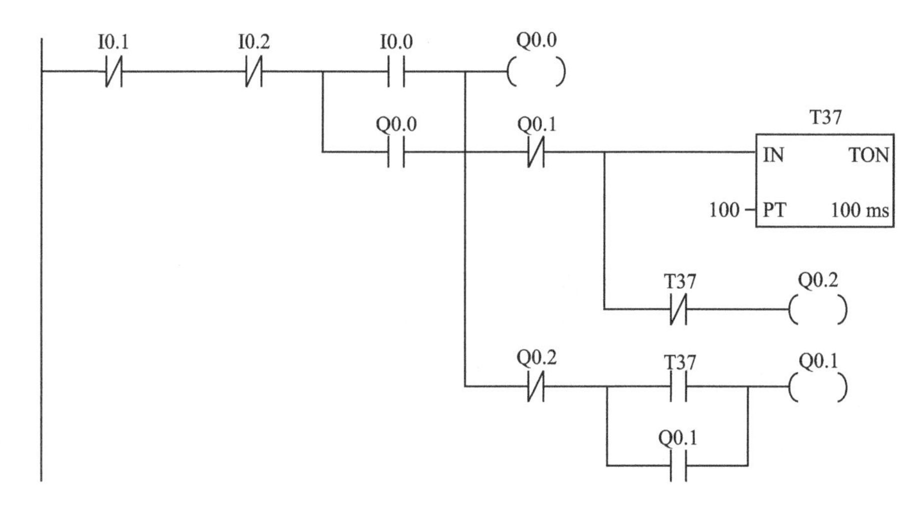

图 4.2.9　块与指令和堆栈指令实现的 Y-△减压启动梯形图

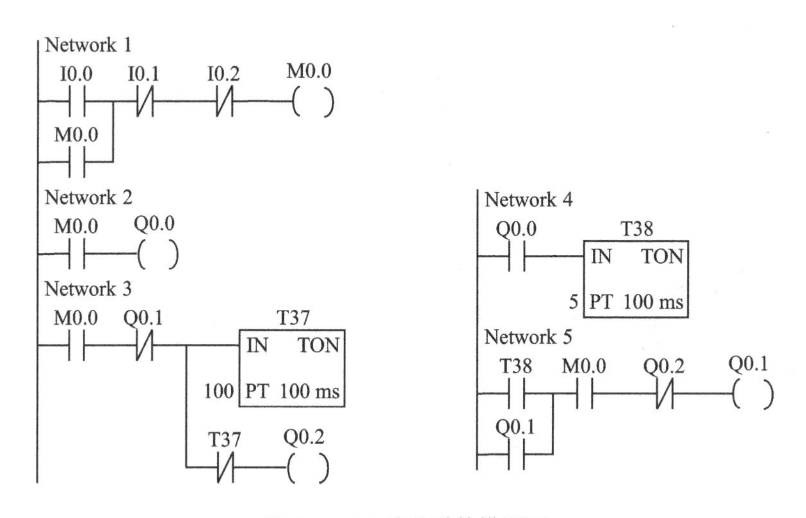

图 4.2.10　改进后的梯形图

4.3　时序图设计法

4.3.1　时序图设计法的一般步骤

如果 PLC 各输出信号的状态变化有一定的时间顺序，则可用时序图设计法设计程序。画出各输出信号的时序图后，容易理解各状态转换的条件，建立清晰的设计思路。

时序图设计法适用于定时或计数的程序，对于按时间先后顺序动作的时序控制系统设计尤为方便。当系统复杂时,可将其动作分解,其局部也可使用这种方法。

时序图设计法的一般步骤:

① 分析控制要求。

② 对 PLC 进行 PLC 的 I/O 配置。

③ 画时序图。根据控制要求画出输入/输出信号的时序图,把一个周期的时序图划分成若干个时间区间。确定时间区域,找出时间变化的临界点。

④ 根据时间区段的个数,确定定时器数量。

⑤ 确定动作关系,列出各输出变量的逻辑表达式。

⑥ 画梯形图。依据各个定时逻辑和输出逻辑的表达式绘制梯形图。

4.3.2 时序图设计法的程序设计示例

【项目 4.4】 彩灯控制电路

(1) 控制要求

其彩灯电路共有 A、B、C、D 四组,彩灯控制的要求:

① B、C、D 暗,A 组亮 2 s。

② A、C、D 暗,B 组亮 2 s。

③ A、B、D 暗,C 组亮 2 s。

④ A、B、C 暗,D 组亮 2 s。

⑤ B、D 两组暗,A、C 两组同时亮 1 s。

⑥ A、C 两组暗,B、D 两组同时亮 1 s。

然后,按①~⑥反复循环。要求用一个输入开关控制,开关闭合彩灯电路工作,开关断开彩灯电路停止工作。

由上述彩灯电路的控制要求可见,A、B、C、D 四组彩灯按时间先后顺序依次点亮,是典型的时序控制系统,最适合使用时序图设计法。

(2) 编程元件配置及 PLC 的 I/O 接线

① PLC 的 I/O 配置见表 4.3.1。

表 4.3.1 PLC 的 I/O 分配

输入设备		PLC 输入继电器	输出设备		PLC 输出继电器
代 号	名 称		代 号	名 称	
SA	输入开关	I0.0	HL1	A 组彩灯	Q0.1
			HL2	B 组彩灯	Q0.2
			HL3	C 组彩灯	Q0.3
			HL4	D 组彩灯	Q0.4

② 设置控制 A、B、C、D 四组彩灯亮灭的定时器 T37～T42。

③ 根据 PLC 的 I/O 配置，可得图 4.3.1 所示的 PLC 外部接线图。

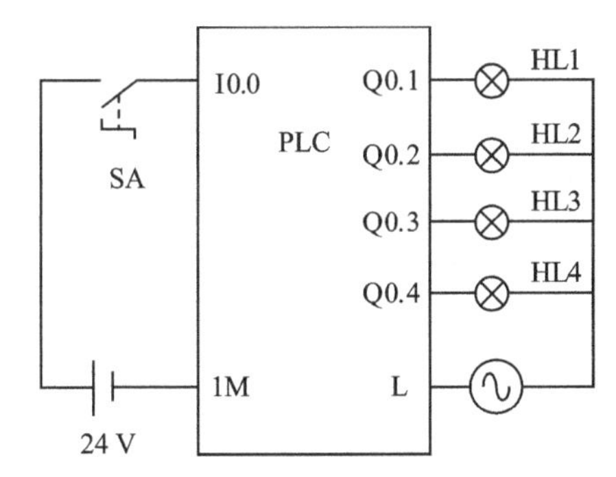

图 4.3.1　彩灯电路控制 PLC 外部接线图

(3) 画时序图

按照时间的先后顺序关系，画出各信号在一个循环中的时序图，分析时序图中有几个时间段需要控制，决定使用几个定时器，并对应时间段画出定时器的时序图。该例中 4 组彩灯 HL1、HL2、HL3 、HL4 的时序图如图 4.3.2 所示，由图可见，4 组彩灯工作一个循环由 6 个时间段构成，可用 6 个定时器 T37～T42 加以控制。当工作开关 SA 接通后，T37 得电，延时 2 s 后 T38 得电，再延时 2 s 后 T39 得电……依次类推。最后 T42 得电后，将所有定时器线圈都断开，从而又开始新的一个循环。

以上分析过程也可用表格表示，如表 4.3.2 所列。

表 4.3.2　彩灯工作时段表格形式

T / Q	T37(时段 1)	T38(时段 2)	T39(时段 3)	T40(时段 4)	T41(时段 5)	T42(时段 6)
Q0.1 灯 A	亮				亮	
Q0.2 灯 B		亮				亮
Q0.3 灯 C			亮		亮	
Q0.4 灯 D				亮		亮

(4) 列出逻辑表达式

A 组彩灯 HL1 在时间段 1、5 亮；

B 组彩灯 HL2 在时间段 2、6 亮；

C 组彩灯 HL3 在时间段 3、5 亮；

D 组彩灯 HL4 在时间段 4、6 亮。

通过对每时段各组灯的得电、失电条件可知：

对于时段 1，由转换开关 SA 闭合→使输入继电器 I0.0 得电→触点◎I0.0 闭合→Q0.1 得电→HL1 亮。通过控制时段 1 的定时器 T37 的触点 # T37 断开，使 Q0.1 失电，从而使 HL1 熄灭。对于时间段 2～6，利用控制前一时间段定时器的动

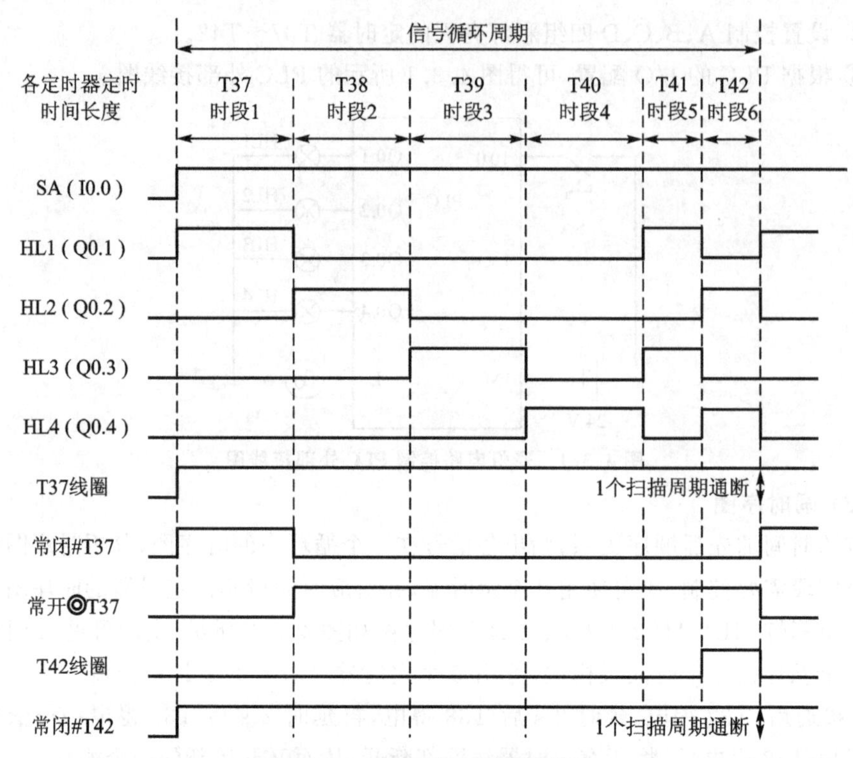

图 4.3.2 彩灯电路工作时序图

合触点，使该时间段的灯点亮，由控制该时间段定时器的动断触点，使该时间段的灯熄灭。由此可得逻辑表达式：

Q0.1(HL1)＝◎I0.0·＃T37＋◎T40·＃T41

Q0.2(HL2)＝◎T37·＃T38＋◎T41·＃T42

Q0.3(HL3)＝◎T38·＃T39＋◎T40·＃T41

Q0.4(HL4)＝◎T39·＃T40＋◎T41·＃T42

(5) 设计梯形图程序

根据上面的逻辑表达式及定时器 T37～T42 的依次得电过程，设计出彩灯电路的梯形图，如图 4.3.3 所示，图中把 T42 的动断触点串在 T37 线圈中，目的是使定时器 T37～T42 能周期地进行工作。定时器 T42[6]计时到，＃T42[1]断开→T37 失电→接着 T38～T42 相继失电，一个工作周期结束。由于 T42[6]失电→T42[1]复位闭合→T37[1]得电→使 T38～T42 相继得电，开始下一个工作周期。可见，最后一个定时器的常闭触点置于第一个定时器线圈前面。各定时器线圈一般采用并联方式，前一个定时器常开触点放在后一个定时器线圈前。

T37～T42 在每个时段开始时依次得电，开始计时，计时时间到，即该时段结束，其动合触点闭合、动断触点断开。因此，可以用相邻前一时段定时器的动合触点(此时已闭合)来点亮下一时段的灯，用本时段定时器的动断触点使该时段的灯熄灭。

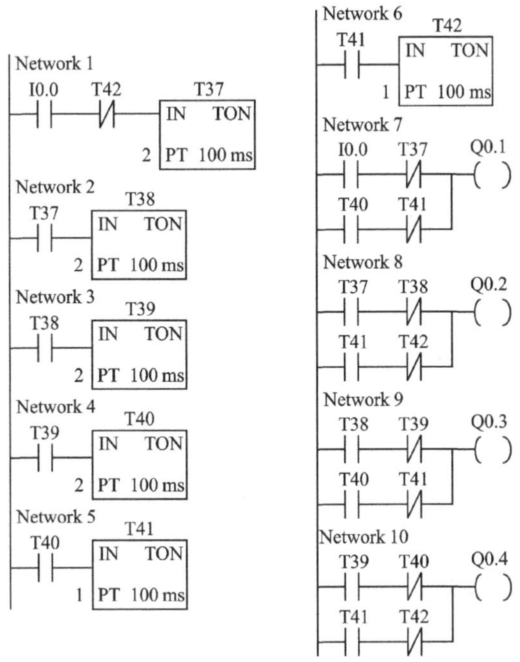

图 4.3.3　彩灯电路 PLC 控制梯形图

(6) 电路工作过程

电路工作过程如下：

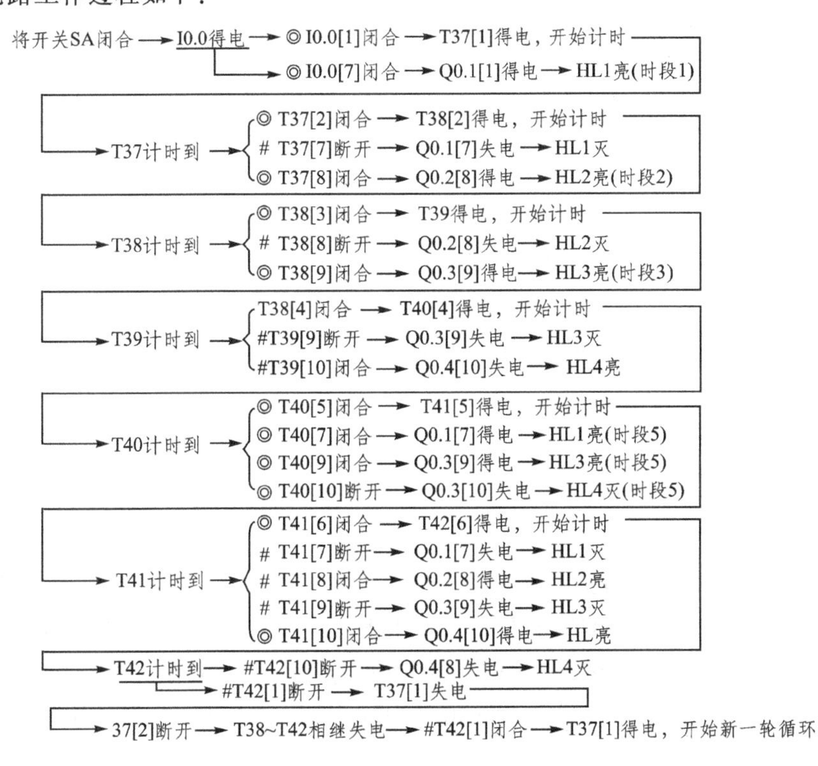

【项目 4.5】 三组彩灯循环控制

(1) 控制要求

PLC 控制三组彩灯相隔 5 s 依次点亮，各点亮 10 s 后熄灭，循环往复。三组彩灯循环一周的运行时序图如图 4.3.4 所示。

(2) 编程元件配置及 PLC 的 I/O 接线

① PLC 的 I/O 的分配：输入电源开关 SA→I0.1；输出指示灯 HL1～HL3→Q0.1～Q0.3。

② 根据存储器分配可得 PLC 的 I/O 接线如图 4.3.5 所示。

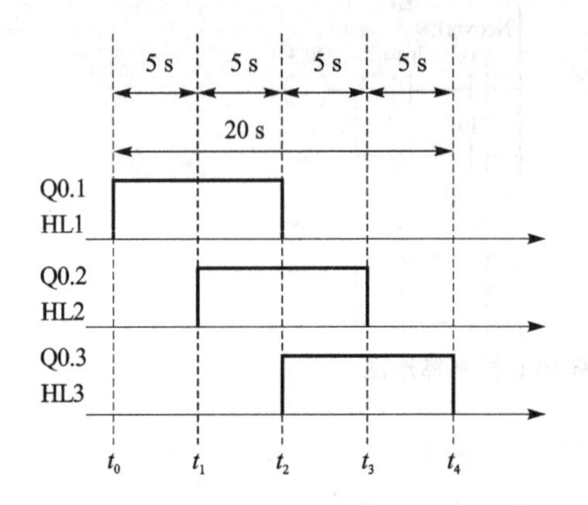

图 4.3.4 三组彩灯循环工作时序图

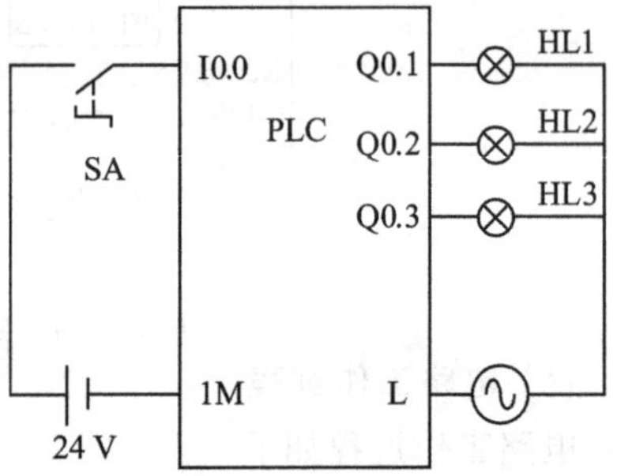

图 4.3.5 PLC 的 I/O 接线图

③ 另外，还需要设置产生 5 s 时钟脉冲的发生器定时器 T37 和辅助继电器 M2.1。

(3) 设计梯形图

① 由图 4.3.4 所示的三组彩灯一周的运行时序图可见，t_0(0 s)、t_1(5 s)、t_2(10 s)，t_3(15 s)、t_4(20 s)为三组彩灯运行周期中亮灭状态变化的时间点。由于时间点都是 5 s 的倍数，因此要用定时器设计 5 s 一个的时钟脉冲的发生器，由 M2.1 提供 5 s 时钟脉冲。

② 通过计数器 C1～C4 对 5 s 时钟脉冲的计数，产生时间点 t_1(5 s)、t_2(10 s)、t_3(15 s)、t_4(20 s)的控制信号，由 C1～C4 分别提供 t_1(5 s)、t_2(10 s)，t_3(15 s)、t_4(20 s)的控制信号。

③ 用形成时钟点的计数器控制输出电路 Q0.1～Q0.3。由图 4.3.4 可知，由于 Q0.1 在 t_0(0 s)～t_2(10 s)期间得电，因此电源接通后，Q0.1 得电，＃C2 使其失电；由于 Q0.2 在 t_1(5 s)～t_3(15 s)期间得电，因此由◎C1 使其得电，＃C3 使其失电；由于 Q0.3 在 t_2(10 s)～t_4(20 s)期间得电，因此由◎C2 使其得电，＃C4 使其失电。

④ 为了实现彩灯的循环工作，需要在彩灯的每一次开始及工作后的每一个 20 s 末，将所有计数器清零。这里设计了 M1.1 和 M1.2，用 M1.2 作为 C1～C4 的清零信号。

综上所述，可得出如图 4.3.6 所示的三组彩灯循环控制梯形图。

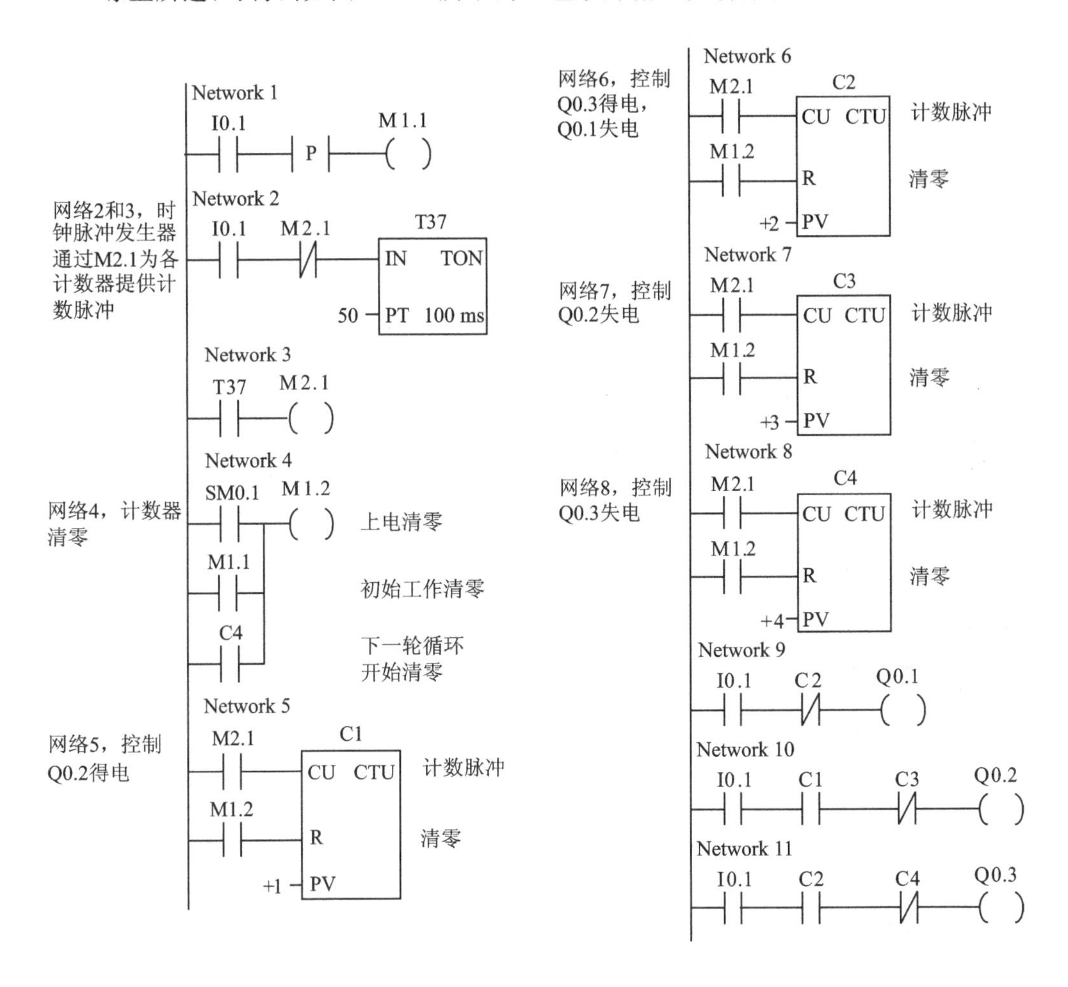

图 4.3.6　三组彩灯循环控制梯形图

【项目 4.6】　交通灯控制

(1) 控制要求

本系统要求实现的功能是：当启动开关接通时，交通灯系统开始工作，红、绿、黄灯按一定时序轮流发亮。先南北红灯亮，东西绿灯亮。南北红灯亮维持 8 s，在南北红灯亮的同时，东西绿灯也亮，并维持 4 s，到 4 s 时，东西绿灯闪亮，闪亮周期为 1 s(亮 0.5 s，灭 0.5 s)。绿灯闪亮 2 s 后熄灭，东西黄灯亮，并维持 2 s，到 2 s

时,东西黄灯熄灭,红灯亮,同时南北红灯熄灭,绿灯亮。东西红灯亮维持 8 s,南北绿灯亮维持 4 s,到 4 s 时,南北绿灯闪亮 2 s 后熄灭,南北黄灯亮,并维持 2 s,到 2 s 时,南北黄灯熄灭,红灯亮,同时东西绿灯亮,开始第二周期的动作。此后,周而复始地循环。

交通红绿灯运行时序图如图 4.3.7 所示。

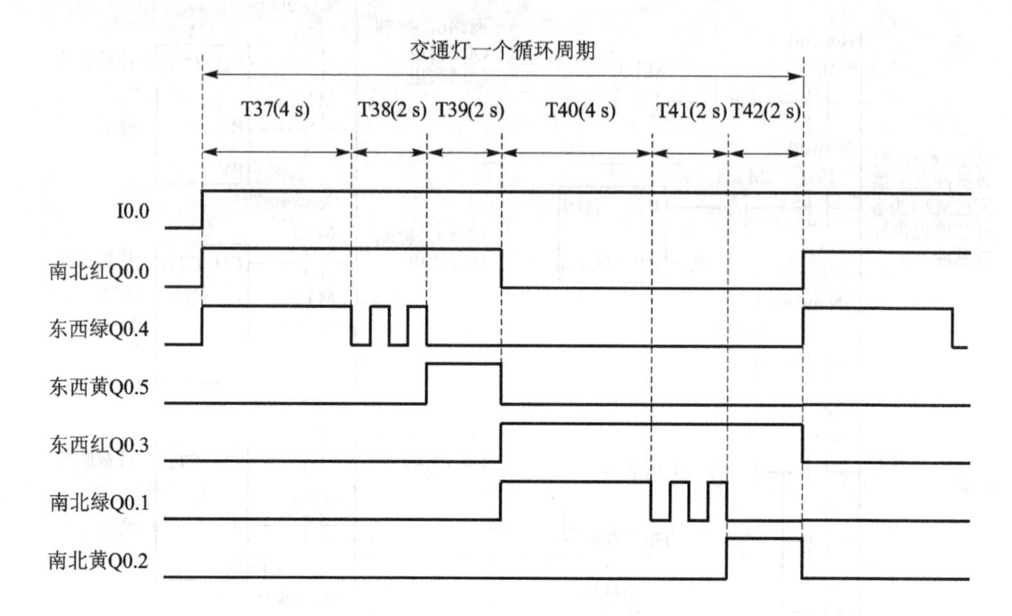

图 4.3.7 交通红绿灯运行时序图

(2) 输入/输出分配

输入:启动按钮 I0.0。

输出:南北红 Q0.0,南北绿 Q0.1,南北黄 Q0.2,东西红 Q0.3,东西绿 Q0.4,东西黄 Q0.5。

(3) 梯形图设计

根据功能要求设计梯形图,如图 4.3.8 所示。

当 I0.0 接通时,T42 的常闭触点初始状态为闭合,定时器 T37～T42 串联,分别定时 4 s、2 s、2 s、4 s、2 s、2 s,分别对应东西绿灯持续亮的时间、闪动时间、东西黄灯亮的时间、南北绿灯持续亮的时间、闪动时间、南北黄灯亮的时间。其中,绿灯有两种亮的状态,按时序图设计法就用两条支路并联,即将持续亮的环节与闪动的环节并联,输出 Q0.1 和 Q0.4,并在闪动环节中加入 SM0.5。

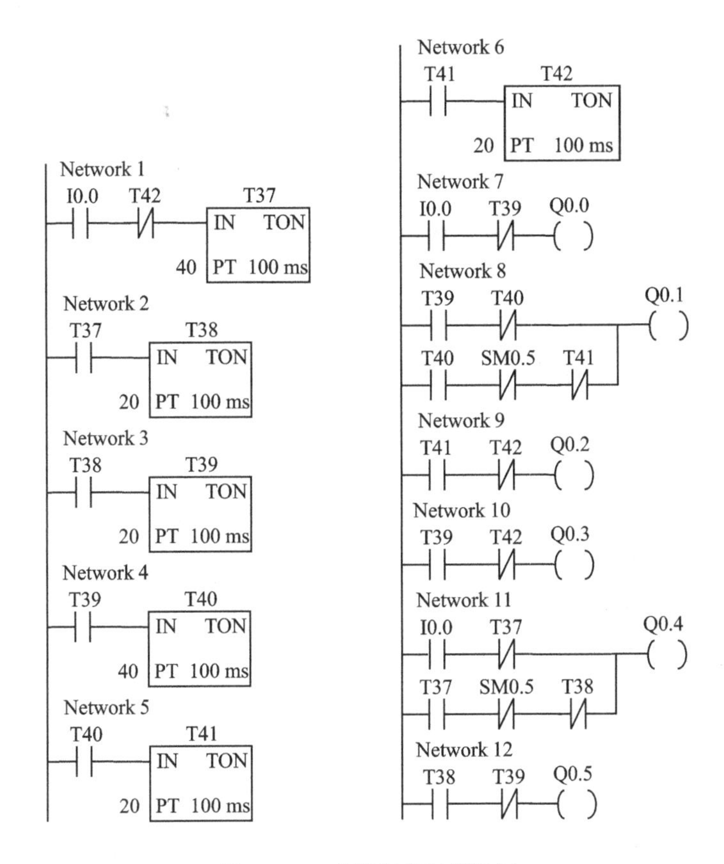

图 4.3.8　交通灯控制梯形图

4.4　PLC 的逻辑设计法

4.4.1　逻辑设计法的一般步骤

逻辑设计法是以各种物理量的逻辑关系出发的设计方法。其适用于单一顺序问题的程序设计，如果是包含了大量的选择序列、并行序列以及与时间相关的复杂系统，那么采用该设计法就显得很困难了。

1. 逻辑表达式

可编程序控制器的大部分等效控制电路都可以看成是逻辑控制电路，可利用逻辑表达式来分析和确定编程顺序。

一般情况下，动合触点和线圈对应的逻辑变量，用动合触点和线圈所属电器的文字符号表示。动断触点对应的逻辑变量也用动断触点所属电器的文字符号表示，但其文字符号加上画线。

当代表触点的逻辑变量的值为1时，表示线圈得电、动合触点闭合、动断触点断开；当代表触点的逻辑变量的值为0时，表示线圈失电、动合触点断开、动断触点闭合。

基本逻辑函数和运算式与梯形图的对应关系见表4.4.1。由表4.4.1可见，当一个逻辑函数用逻辑变量的基本运算式表达出来后，实现这个逻辑函数的梯形图也就确定了。当这种方法使用熟练后，甚至可直接由逻辑函数表达式写出对应的程序。

表4.4.1 函数和运算式与梯形图对照表

函数和运算式	梯形图
逻辑与 $F_{Q0.1}(I0.0, I0.1)=I0.0 \cdot I0.1$	I0.0 I0.1 Q0.1
逻辑或 $F_{Q0.1}(I0.0, I0.1)=I0.0+I0.1$	I0.0 Q0.1 I0.1
逻辑或 $F_{Q0.1}(I0.1)=\overline{I0.1}$	I0.1 Q0.1
与/或运算式 $F_{Q0.1}=I0.0 \cdot I0.1+I0.2 \cdot I0.3$	I0.0 I0.1 Q0.1 I0.2 I0.3
或/与运算式 $F_{Q0.1}=(I0.0+I0.1) \cdot (I0.2+I0.3)$	I0.0 I0.2 Q0.1 I0.1 I0.3

这里，逻辑变量只需有“逻辑加”和“逻辑乘”两种运算。“逻辑加”用来表示“触点并联”，“逻辑乘”用来表示“触点串联”。

2. 用逻辑设计法设计PLC应用程序的一般步骤

① 明确控制任务和控制要求。通过分析工艺过程，根据生产过程中各工步之间的各个检测元件（如行程开关、传感器等）状态的变化，列出检测元件的状态表，确定所需的中间记忆元件。

② 详细绘制电控系统的状态转换表。通常它由输出信号状态表、输入信号状态表、状态主令表和中间记忆装置状态表4部分组成。

③ 有了状态转换表，便可进行电控系统的逻辑设计，包括列写中间记忆元件的逻辑函数式，列写执行元件(输出端点)的逻辑函数式。再列出各执行元件的工序表，然后写出检测元件、中间记忆元件和执行元件的逻辑表达式，最后转换成梯形图。

④ 逻辑设计结果转化为 PLC 程序。

⑤ 程序的完善和补充，包括手动与自动工作方式的选择、保护措施等。

4.4.2　逻辑设计法的程序设计示例

【项目 4.7】　通风机工作情况显示控制

(1) 控制要求

某系统中有 4 台通风机，要求在以下 4 种运行状态下发出不同的显示信号：

① 3 台及 3 台以上开机时，绿灯常亮；

② 两台开机时，绿灯以 1 Hz 的频率闪烁；

③ 一台开机时，红灯以 1 Hz 的频率闪烁；

④ 全部停机时，红灯常亮。

(2) PLC 的 I/O 配置及 PLC 的 I/O 接线

PLC 的 I/O 配置输入：4 个通风机的运转检测信号 S1～S4。

输出：红灯 HL1，绿灯 HL2。

PLC 的 I/O 接线见图 4.4.1。

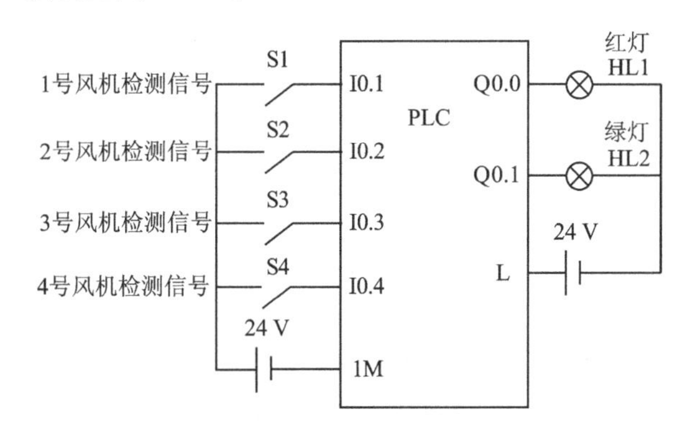

图 4.4.1　PLC 的 I/O 接线

(3) 列状态表，设计梯形图

为了明确起见，将系统的工作状态以列表的形式表示出来。在该例中，系统的各种运行状态与对应的显示状态是唯一的，因此可以将几种状态运行情况分开列表。

设灯亮为 1、灭为 0，通风机开机为 1、停为 0，以下同。

1)红灯常亮的程序设计

当 4 台通风机都不开机时红灯常亮，其状态如表 4.4.2 所列。

表 4.4.2 4台通风机都不开机时红灯常亮的状态表

编程元件	I0.1	I0.2	I0.3	I0.4	Q0.0(HL1)
状 态	0	0	0	0	1

由状态表可得 Q0.0(HL1)的逻辑函数为

Q0.0(HL1)=#I0.1·#I0.2·#I0.3·#I0.4

由逻辑函数 Q0.0(HL1)可得如图 4.4.2 所示的梯形图。

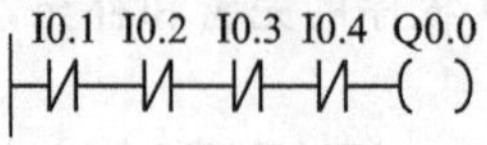

图 4.4.2 红灯梯形图——红灯亮

2) 绿灯常亮的程序设计

能引起绿灯常亮的情况有 5 种，其状态如表 4.4.3 所列。

表 4.4.3 引起绿灯常亮的状态表

编程元件	I0.1	I0.2	I0.3	I0.4	Q0.1(HL2)
状 态	0	1	1	1	1
	1	0	1	1	1
	1	1	0	1	1
	1	1	1	0	1
	1	1	1	1	1

由表 4.4.3 可得 Q0.1(HL2)的逻辑函数为

Q0.1(HL2) =#I0.1·◎I0.2·◎I0.3·◎I0.4+
◎I0.1·#I0.2·◎I0.3·◎I0.4+
◎I0.1·◎I0.2·#I0.3·◎I0.4+
◎I0.1·◎I0.2·◎I0.3·#I0.4+
◎I0.1·◎I0.2·◎I0.3·◎I0.4

经化简得

Q0.1(HL2)=◎I0.1·◎I0.2·(◎I0.3+◎I0.4)+
◎I0.3·◎I0.4·(◎I0.1+◎I0.2)

根据逻辑函数 Q0.1(HL2)可得如图 4.4.3 所示的梯形图。

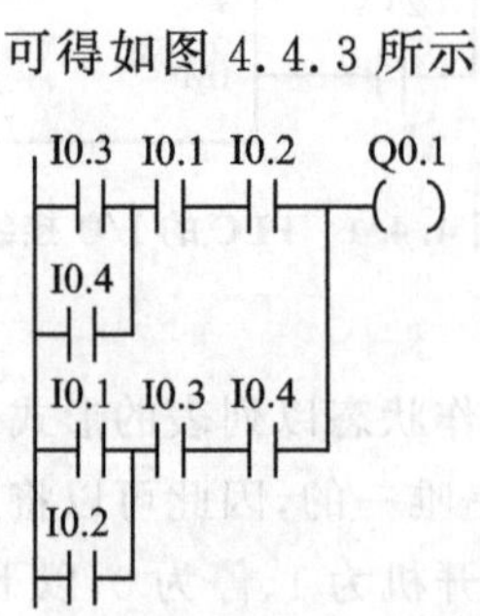

图 4.4.3 绿灯梯形图——绿灯常亮

3）红灯闪烁的程序设计

当红灯闪烁时，其状态如表4.4.4所列。

表4.4.4 红灯闪烁的状态表

编程元件	I0.1	I0.2	I0.3	I0.4	Q0.0(HL1)
状　态	0	0	0	1	1
	0	0	1	0	1
	0	1	0	0	1
	1	0	0	0	1

由表4.4.4得Q0.0(HL1)的逻辑函数为

Q0.0(HL1) ＝＃I0.1·＃I0.2·＃I0.3·◎I0.4＋
＃I0.1·＃I0.2·◎I0.3·＃I0.4＋
＃I0.1·◎I0.2·＃I0.3·＃I0.4＋
◎I0.1·＃I0.2·＃I0.3·＃I0.4

经化简得

Q0.0(HL1) ＝＃I0.1·＃I0.2·(＃I0.3·◎I0.4＋◎I0.3·＃I0.4)＋
＃I0.3·＃I0.4·(＃I0.1·◎I0.2＋◎I0.1·＃I0.2)

根据逻辑函数Q0.0(HL1)可得如图4.4.4所示的梯形图，图中SM0.5能产生1 s即1 Hz的脉冲信号，以使红灯闪烁。

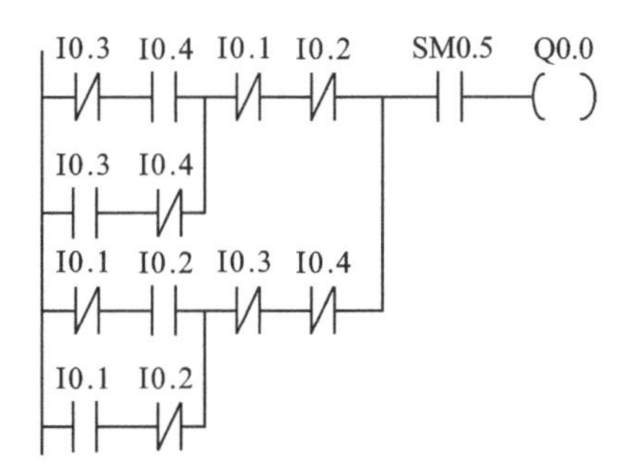

图4.4.4 红灯梯形图——红灯闪烁

4）绿灯闪烁的程序设计

当绿灯闪烁时，其状态如表4.4.5所列。

由表4.4.5可得Q0.1(HL2)的逻辑函数为

Q0.1(HL2) ＝＃I0.1·＃I0.2·◎I0.3·◎I0.4＋
＃I0.1·◎I0.2·＃I0.3·◎I0.4＋

#I0.1·◎I0.2·◎I0.3·#I0.4+
◎I0.1·#I0.2·#I0.3·◎I0.4+
◎I0.1·#I0.2·◎I0.3·#I0.4+
◎I0.1·◎I0.2·#I0.3·#I0.4

经化简得

Q0.1(HL2)=#I0.1·◎I0.2(#I0.3·◎I0.4+◎I0.3·#I0.4)+
◎I0.1·#I0.2(#I0.3·◎I0.4+◎I0.3·#I0.4)+
#I0.1·#I0.2·◎I0.3·◎I0.4+◎I0.1·◎I0.2·#I0.3·#I0.4
=(#I0.1·◎I0.2+◎I0.1·#I0.2)(#I0.3·◎I0.4+◎I0.3·#I0.4)+
#I0.1·#I0.2·◎I0.3·◎I0.4+◎I0.1·◎I0.2·#I0.3·#I0.4

表 4.4.5 绿灯闪烁的状态表

编程元件	I0.1	I0.2	I0.3	I0.4	Q0.0(HL2)
状 态	0	0	1	1	1
	0	1	0	1	1
	0	1	1	0	1
	1	0	0	1	1
	1	0	1	0	1
	1	1	0	0	1

根据逻辑表达式 Q0.1(HL2)可得如图 4.4.5 所示的梯形图。

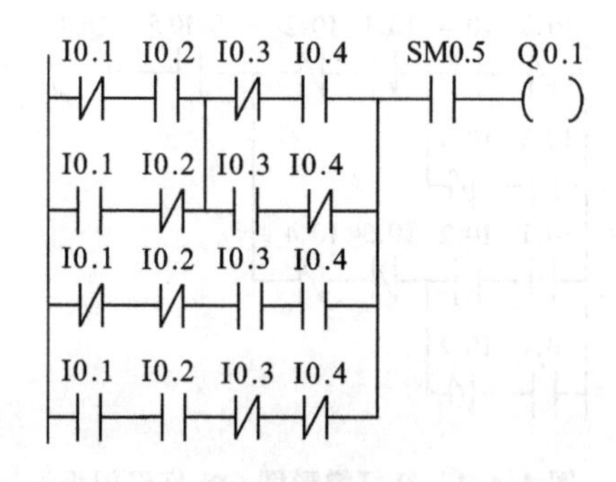

图 4.4.5 绿灯梯形图——绿灯闪烁

5) 总梯形图

将图 4.4.2～图 4.4.5 综合在一起,可设计出总梯形图,如图 4.4.6 所示。

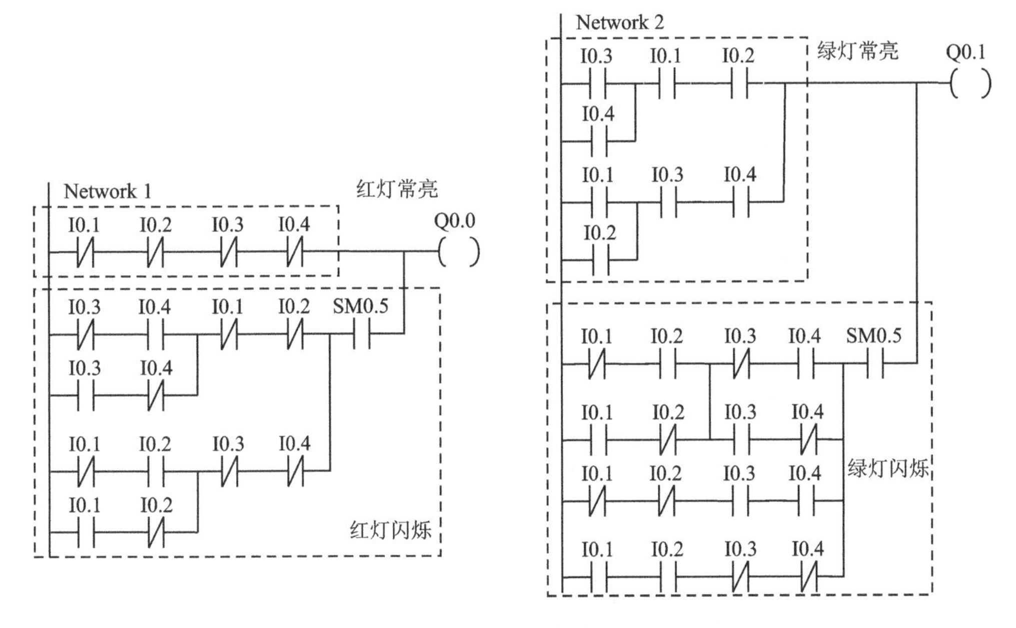

图 4.4.6　通风机工作情况显示梯形图

4.5　PLC 的顺序控制设计法

顺序控制就是按照生产工艺预先规定的顺序，在各个输入信号的作用下，根据内部状态和时间的顺序，在生产过程中各个执行机构自动地、有序地进行工作。使用顺序控制设计法时首先要根据系统的工艺过程，画出顺序功能图，然后根据顺序功能图，选择使用启动—保持—停止电路法、置复位指令法或者顺控指令法将其转化为梯形图。

4.5.1　顺序控制设计法中顺序功能图的绘制

1. 顺序功能图的组成要素

顺序功能图主要由步、有向连线、转换、转换条件和动作(或命令)等要素组成。

(1) 步

顺序功能图主要用来描述系统的功能，将系统的一个工作周期根据输出量的不同划分为各个顺序相连的阶段(步)，可以用顺控继电器 S 或内部继电器 M 表示，写在矩形方框内。方框中可以用数字表示该步的编号，如图 4.5.1 所示。

在任何一步内，各输出量的 ON/OFF 状态不变，但是相邻两步输出量的状态是

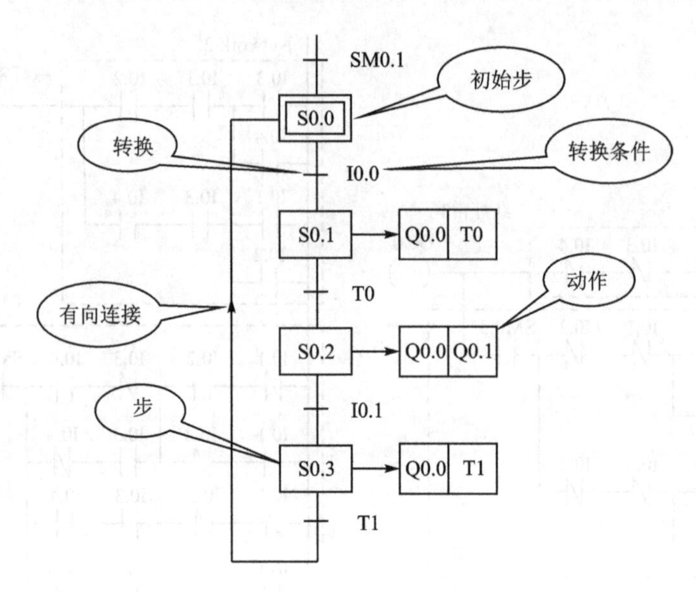

图 4.5.1 顺序功能图

不同的。任何系统都有等待启动命令的相对静止状态，与此状态对应的步称为初始步，用双线方框表示。当系统处于某一步所在的阶段时，该步称为“活动步”，其前一步称为“前级步”，后一步称为“后续步”，其他各步称为“不活动步”。

(2) 动 作

系统处于某一步可以有几个动作，也可以没有动作，这些动作之间无顺序关系。用矩形框将“动作”与表示步的矩形框相连。

当步处于活动状态时，相应的动作被执行。但是，应注明动作是保持型的还是非保持型的。保持型的动作是指该步活动时执行该动作，该步变为不活动时继续执行该动作。非保持型动作是指该步活动时执行该动作，该步变为不活动时停止执行该动作。

(3) 有向连接、转换、步的连接

步与步之间用有向连线连接，并且用转换将步分隔开。步的活动状态进展按有向连线规定的路线进行。有向连线上无箭头标注时，其进展方向是从上到下、从左到右。如果进展方向不是上述方向，则应在有向连线上用箭头注明方向。

步的活动状态进展由转换完成。转换用与有向连线垂直的短画线来表示，步与步之间不允许直接相连，必须用转换隔开，而转换与转换之间也同样不能直接相连，必须用步隔开。

转换条件是与转换相关的逻辑命题。转换条件可以用文字语言、布尔代数表达式或图形符号等标注在表示转换的短画线旁边。

转换条件 I 和 $\bar{I}$ 分别表示当二进制逻辑信号 I 为“1”和“0”状态时条件成立；转换条件 I↓ 和 I↑ 分别表示当 I 从“1”(接通)到“0”(断开)和从“0”到“1”状态时条件成立。

一般来说，进入 RUN 工作方式时，所有步均处于 OFF 状态，可用启动按钮等作为转换条件。将初始步预置为活动步，启动程序，否则顺序功能图由于没有活动步，程序将无法工作。大多数情况下，尽量选择用初始化脉冲 SM0.1 作为转换条件，将初始步预置为活动步。

在初送电时使用 SM0.1 驱动初始步进过程的原因如下：

初始步进过程是为了使步进程序更好地被利用而定义的。一般把第一个步进过程叫作初始步进过程，剩下的叫作运行步进过程。直接用外部输入继电器 I 作启动条件，启动第一个步进过程，会大大制约步进程序的功能，如图 4.5.2 所示。

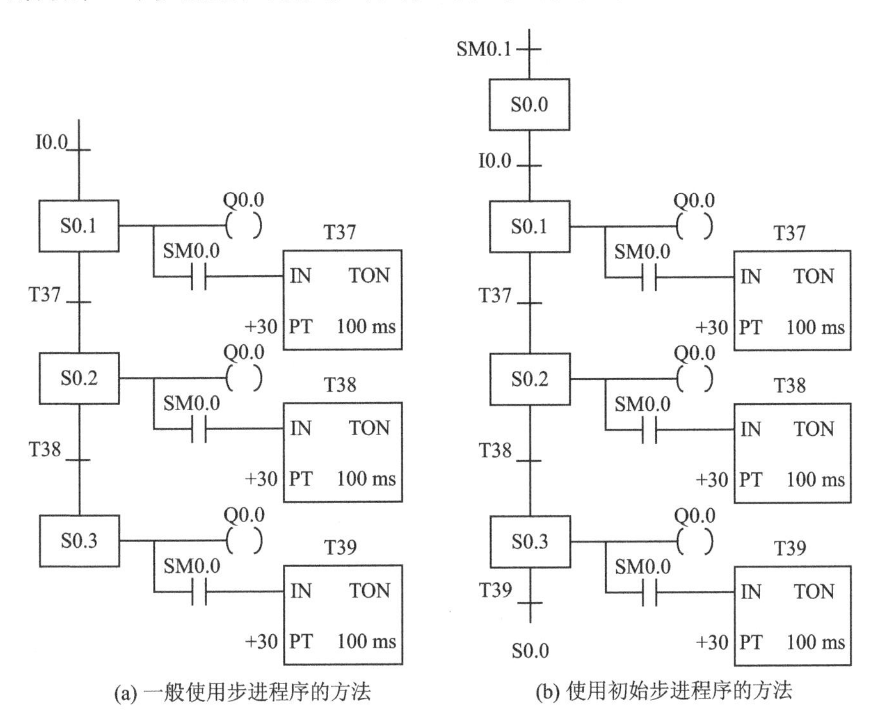

(a) 一般使用步进程序的方法　(b) 使用初始步进程序的方法

图 4.5.2　使用初始步进过程的好处

在图 4.5.2 中，图 4.5.2(a)所示为一般使用步进程序的方法，即直接用启动控制按钮 I0.0 驱动首个步进过程 S0.1，然后程序就根据要求运行下去，当最后的步进过程 S0.3 完成后就自行清除，不再回到步进过程 S0.1 中。这样做是可以的，但存在的问题是，在启动后，当步进过程在运行过程中因失误又一次按下启动按钮 I0.0 时，首个步进过程 S0.1 又被驱动，这样步进程序就乱了。而图 4.5.2(b)中使用了 SM0.1 在初送电时驱动首个步进过程 S0.0(初始步进过程)，启动控制按钮 I0.0 作为转移到步进过程 S0.1(运行步进过程)的条件，当最后的步进过程 S0.3 完成时就回到初始步进过程 S0.0 等待下次的启动。显然，即使多次按下启动按钮 I0.0，也不会使程序出错，因为必须要运行停止后才能再次启动。在以后学习单周期运行和连续运行时，就更能体现出使用 SM0.1 作初送电时驱动初始步进过程的好处。

初始步进过程的作用是对步进程序进行初始化处理，但也可以利用初始步进过程执行任务，如对计数器复位、设置设备待机条件（原点条件）以及原点指示等。可见，程序运行到初始步进过程后就会停止进入待机状态。

2. 顺序功能图中转换实现的基本规则

步与步之间实现转换应同时具备以下两个条件：

① 前级步必须是活动步；

② 对应的转换条件成立。

当同时具备以上两个条件时，才能实现步的转换。

3. 顺序功能图的基本结构

根据步与步之间转换情况的不同，顺序功能图有以下几种基本结构形式：

(1) 单序列结构

单序列由一系列相继激活的步组成，每一步后仅有一个活动步，每一个转换后也只能有一个步，如图 4.5.3 所示。

(2) 选择序列结构

选择序列是指在某一活动步后，根据不同转换条件激活不同的步，如图 4.5.4 所示。选择序列的开始称为分支，转换条件应放在水平线的下方。选择序列的结束称为合并，转换条件应放在水平连线的上方。当某一分支的最后一步为活动步且满足转换条件时，均可合并。

(3) 并行序列结构

如果在某一活动步后，根据同一转换条件能够同时激活几步，这种序列称为并行序列，如图 4.5.5 所示。并行序列的开始称为分支，为了强调转换的同步实现，水平线采用双线表示，水平双线上只允许有一个转换条件。并行序列的结束称为合并。

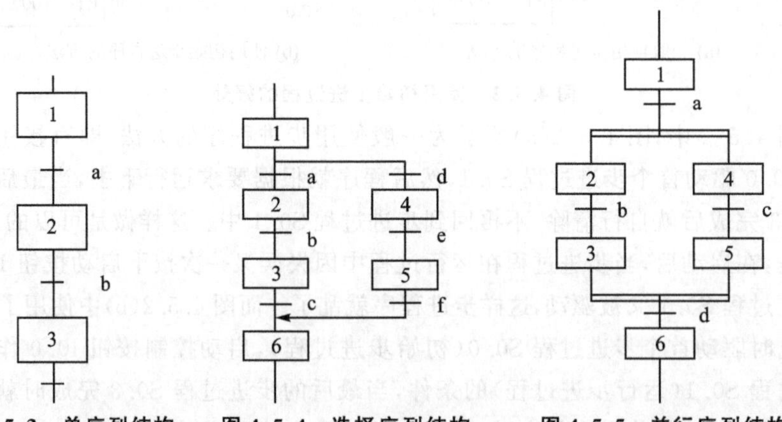

图 4.5.3 单序列结构　图 4.5.4 选择序列结构　图 4.5.5 并行序列结构

并行序列结构编程的总原则：在表示同步的水平双线下只允许有一个转换符号；当水平双线上的相邻步都为活动步且满足转换条件时，才可以合并。

4.5.2 顺序控制设计法中启动—保持—停止电路的编程

1. 顺序控制设计中使用启动—保持—停止电路的编程方法

使用启动—保持—停止电路设计梯形图，每一步都可以当作被控线圈来处理。找到每步的启动条件和停止条件，每步转换实现的条件是，它的前级步是活动步且满足相应的转换条件。以图4.5.1为例，步S0.1要变为启动步，它的前级步S0.0必须是活动步，并且转换条件I0.0接通。于是，可以将S0.0的常开触点与I0.0串联，作为控制S0.1启动的条件。S0.1一旦启动，Q0.0接通，T0定时，这时S0.0应当变为非活动步，我们可以将S0.1的常闭触点作为S0.0的停止条件，与S0.1的自锁触点并联作为保持条件，这样S0.1的启动—保持—停止电路就构成了。后面继续将其他所有的步用这种方法来分析。

比较特殊的是初始步S0.0，其前级步是S0.3，当S0.3与转换条件T1同时接通时，S0.3启动。但在PLC第一次执行程序(第一个扫描周期)时，应使用SM0.1初始闭合继电器使S0.0变为活动步，以进入此循环。所以，S0.0的启动条件有两个，应并联在一起，再并联自锁触点，最后串联S0.1的常闭触点作为停止条件。

顺序控制设计法中启动—保持—停止电路的编程可采用以下步骤：

① 根据要求设计顺序功能图(流程图)；

② 根据顺序功能图写布尔表达式；

③ 根据布尔表达式画出梯形图。

启动—保持—停止电路编程的布尔表达式规律：当前步步名对应的继电器＝(上一步的步名对应的继电器×上一步的转换条件“相当于↔启”＋当前步的步名对应的继电器“相当于↔保持—自锁”)×下一步的步名对应继电器的非“相当于↔停”。

2. 使用启动—保持—停止电路的单序列结构的编程

【项目4.8】 冲床的PLC控制

1) 控制要求

冲床的运动示意图如图4.5.6所示，初始状态时机械手在最左边，I0.4为ON，冲头在最上面，I0.3为ON，Q0.0为OFF。按下启动按钮I0.0，Q0.0接通，工件被夹紧并保持，2 s后Q0.1为ON，机械手右行，直到碰到右限位开关I0.1。以后顺序完成以下动作：冲头下行，冲头上行，机械手左行，机械手松开，延时2 s后，系统返回初始状态。

2) I/O分配

输入：启动按钮I0.0，右限位I0.1，下限位I0.2，上限位I0.3，左限位I0.4。

输出：机械手Q0.0，右行Q0.1，左行Q0.2，下行Q0.3，上行Q0.4。

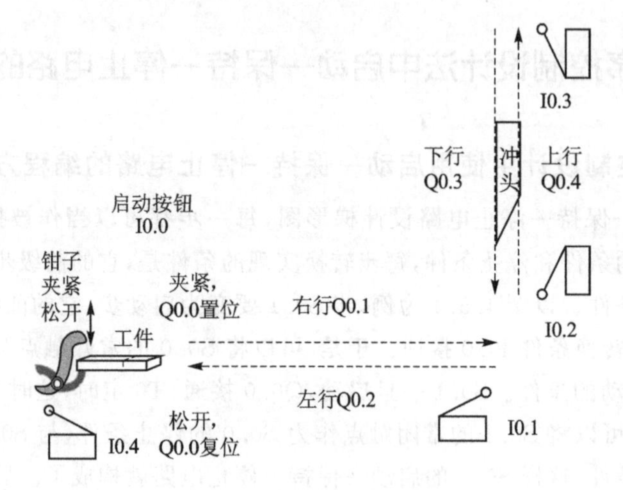

图 4.5.6 冲床运动示意图

3）编写梯形图

① 画出顺序功能图。

根据控制要求,用 SM0.1 启动初始步 M0.0,系统进入等待输入阶段。初始状态为机械手松开,在最左面,冲头在最上面,此时按下启动按钮才有效。所以,M0.1 的转换条件应为 I0.0、I0.3、I0.4 常开触点与 Q0.0 的常闭触点串联。在 M0.1 中,工件被机械手夹紧,延时 2 s。时间到启动 M0.2,工件右行。右行到限位开关,M0.3 启动,冲头下行。下行到限位开关,M0.4 接通,冲头上行。上行到限位开关,M0.5 接通,工件左行。左行到限位开关,M0.6 接通,机械手放松,延时 2 s。2 s 时间到,回到初始步,根据启动按钮状态,决定是否继续执行下一个周期。画出顺序功能图,如图 4.5.7 所示。

② 根据顺序功能图写布尔表达式。

图 4.5.7 所对应的布尔表达式如下:

$$M0.0=(M0.6\cdot T38+SM0.1+M0.0)\cdot\overline{M0.1}$$

$$M0.1=(M0.0\cdot I0.0\cdot I0.3\cdot I0.4+M0.1)\cdot\overline{M0.2}$$

$$M0.2=(M0.1\cdot T37+M0.2)\cdot\overline{M0.3}$$

$$M0.3=(M0.2\cdot I0.1+M0.3)\cdot\overline{M0.4}$$

$$M0.4=(M0.3\cdot I0.2+M0.4)\cdot\overline{M0.5}$$

$$M0.5=(M0.4\cdot I0.3+M0.5)\cdot\overline{M0.6}$$

$$M0.6=(M0.5\cdot I0.4+M0.6)\cdot\overline{M0.0}$$

共有输出线圈:

$$Q0.0=M0.1+M0.2+M0.3+M0.4+M0.5$$

单独输出线圈:T37、T38、Q0.1、Q0.2、Q0.3、Q0.4 分别在对应步线圈 M 处并联。

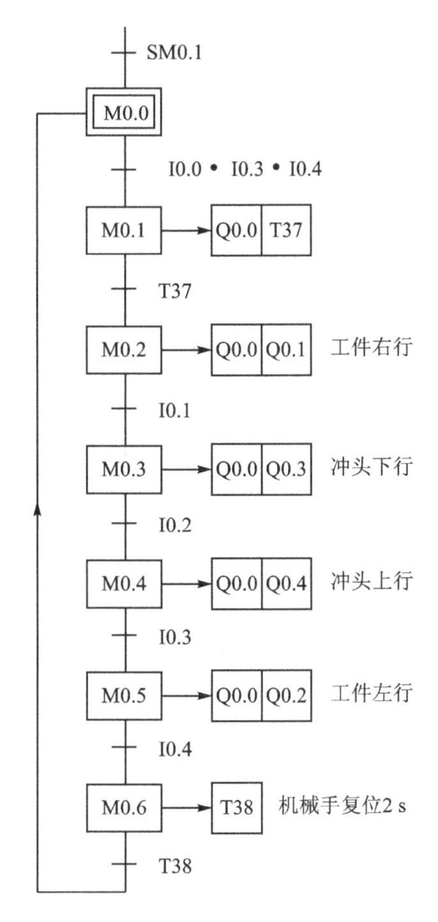

图 4.5.7　冲床运动顺序功能图

说明:"+"为并联;"·"为串联;"——"为常闭。

总结:对应步的动作中的输出量有以下两种处理情况:

- 若某一输出量仅在某一步中动作,可以将其线圈与对应步的线圈并联。
- 若某一输出量在几步中都有输出,则需要将各步的常开触点并联后一起驱动该输出,以防止多重输出定义错误。如果在连续的几步中都有输出,还可以用置位指令和复位指令来控制。如图 4.5.8 中的 Network 8 中 Q0.0 的并联驱动即可等效为如图 4.5.9 所示的置位和复位输出。

③ 根据布尔表达式画出梯形图。

根据上述布尔表达式可画出梯形图,如图 4.5.8 所示。

4) 接线安装调试

对于没有冲床实训条件的学校,可通过仿真软件观察效果做模拟调试,下载到 PLC 后,从第一步步进开始,按下当前步的转换条件,观察当前步的步名线圈得电,相应动作指示灯(或计算机监视相应输出线圈变蓝色的工作状况或时序图)亮,前级

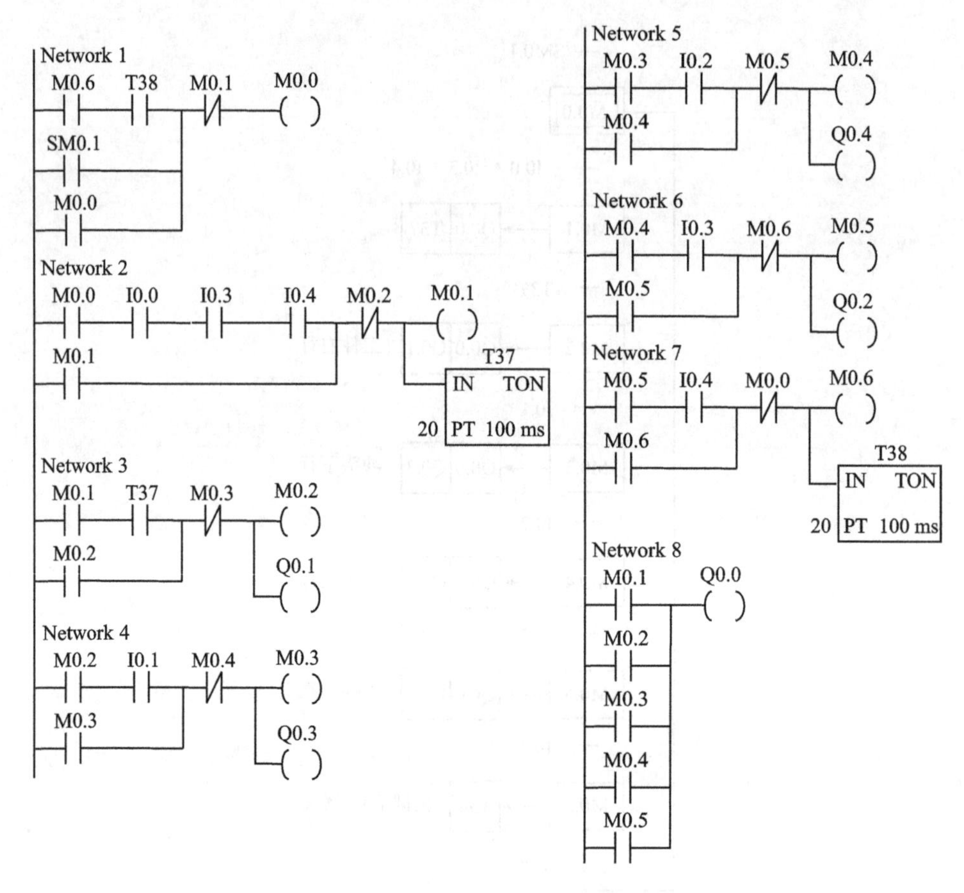

图 4.5.8 用启动—保持—停止电路实现冲床运动控制梯形图

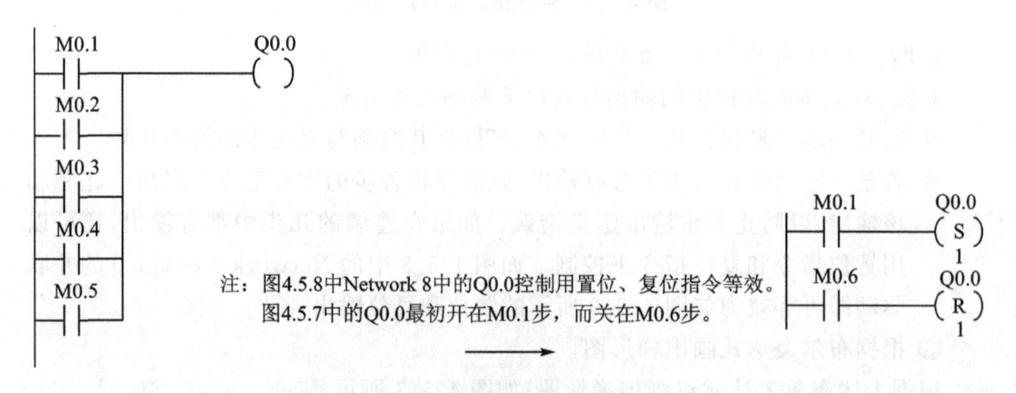

图 4.5.9 并联驱动改为置位和复位输出

步的步名线圈失电，相应动作指示灯灭。本例下载后，按下 I0.0、I0.3、I0.4 按钮，M0.1、T37、Q0.0 线圈指示得电，M0.0 线圈会自动指示失电。依次按下后续步的转化条件，观察相应输出指示灯，直到程序循环结束。

3. 使用启动—保持—停止电路的选择序列结构的编程

(1) 选择序列分支的编程方法

如果某一步的后面有一个由 N 条分支组成的选择序列,则该步可能转到不同的 N 步去,此时应将这 N 个后续步对应的辅助继电器的常闭触点与该步的线圈串联,作为结束该步的条件。

(2) 选择序列的合并的编程方法

对于选择序列的合并,如果某一步之前有 N 个转换(有 N 条分支在该步之前合并后进入该步),则代表该步的辅助继电器的启动电路应由 N 条支路并联而成,各支路由某一前级步对应的辅助继电器的常开触点与相应转换条件对应的触点或电路串联而成。

【项目 4.9】　自动门控制

1) 控制要求

图 4.5.10 所示是自动门控制系统的顺序功能图。当人靠近自动门时,感应器 I0.0 为 ON,Q0.0 驱动电动机高速开门,碰到开门减速开关 I0.1 时,变为低速开门,碰到开门极限开关 I0.2 时电动机停转,开始延时。若在 0.5 s 内感应器检测到无人,

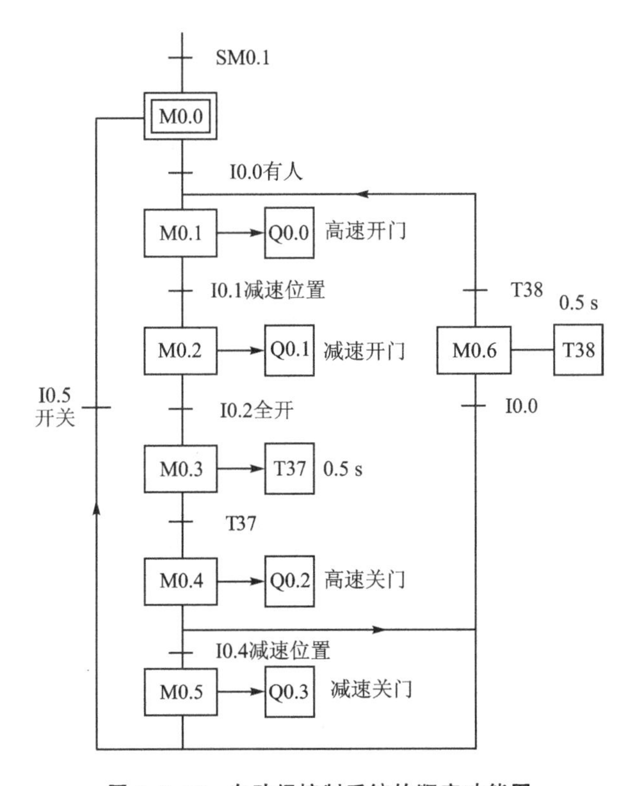

图 4.5.10　自动门控制系统的顺序功能图

则 Q0.2 启动电动机高速关门。碰到关门减速开关 I0.4 时,改为低速关门,碰到关门极限开关 I0.5 时电动机停转。在关门期间若感应器检测到有人,则停止关门,T38 延时 0.5 s 后自动转换为高速开门。

2) 梯形图

图 4.5.10 中,步 M0.4 之后有一个选择序列的分支,当它的后续步 M0.5、M0.6 变为活动步时,它应变为不活动步。所以,需将 M0.5 和 M0.6 的常闭触点与 M0.4 的线圈串联。同样,M0.5 之后也有一个选择序列的分支,处理方法同上。

图 4.5.11 中,步 M0.1 之前有一个选择序列的合并。当步 M0.0 为活动步且转换条件 I0.0 满足,或 M0.6 为活动步且转换条件 T38 满足时,步 M0.1 应变为活动步,即控制 M0.1 的启动—保持—停止电路的启动条件应为:M0.0 和 I0.0 的常开触点串联电路与 M0.6 和 T38 的常开触点串联电路并联。

符合要求的自动门控制系统梯形图如图 4.5.11 所示。

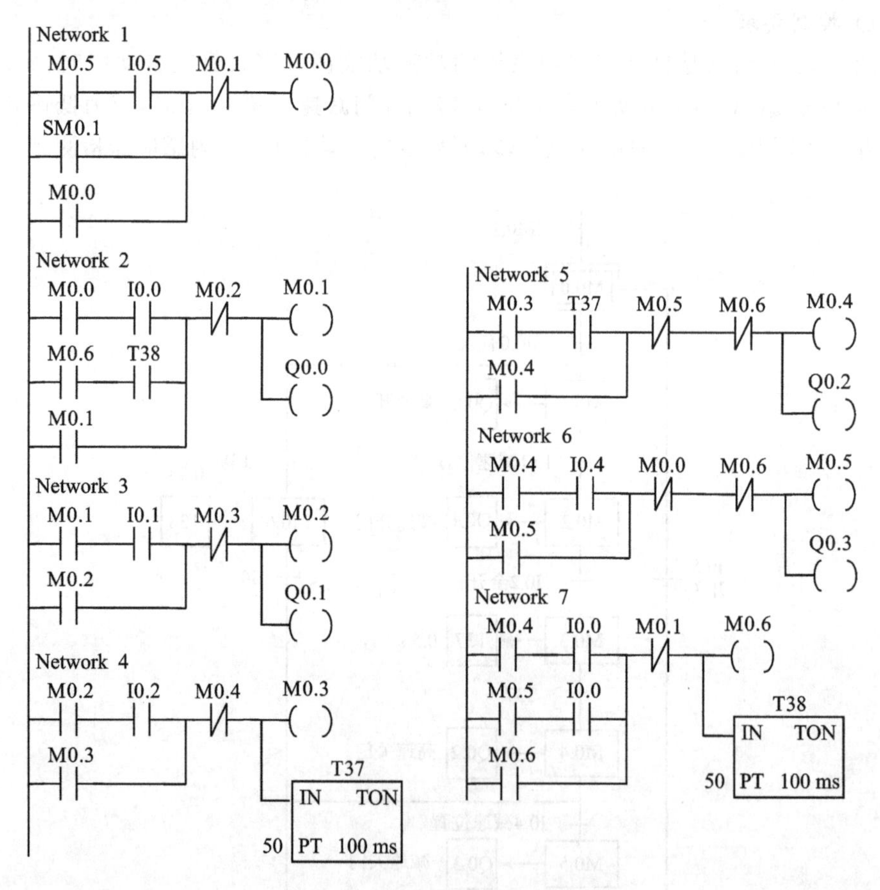

图 4.5.11 自动门控制系统梯形图

4. 使用启动—保持—停止电路的并行序列结构的编程

并行序列分支的编程方法：并行序列中各单序列的第一步应同时变为活动步。对控制这些步的启动—保持—停止电路使用同样的启动电路，可以实现这一要求。

并行序列合并的编程方法：并行序列的合并，该转换实现的条件是所有的前级步都是活动步且满足转换条件。由此可知，应将前级步的常开触点和转换条件串联，作为控制步的启动电路。

【项目 4.10】　剪板机的 PLC 控制

1）控制要求

某剪板机示意图如图 4.5.12 所示，开始时压钳和剪刀在上限位置，限位开关 I0.0 和 I0.1 为 ON，按下启动按钮 I0.5，工作过程为：首先板料右行至限位开关 I0.3，然后压钳下行，压紧板料后，压力传感器 I0.4 接通，压钳保持压紧，剪刀开始下行到 I0.2，剪断板料后，变为 ON，压钳和剪刀同时上行。它们分别碰到限位开关 I0.0 和 I0.1 后停止上行，都停止后，又开始下一周期的工作，剪完 10 块后停止并停在初始状态。

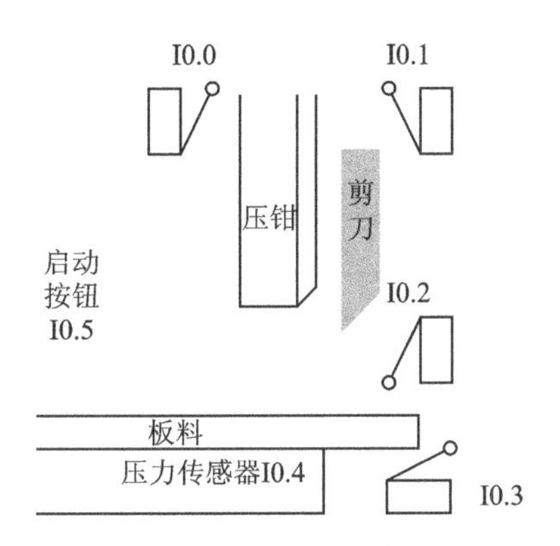

图 4.5.12　剪板机示意图

2）输入/输出分配

输入：压钳上限传感器 I0.0，剪刀上限传感器 I0.1，剪刀下限传感器 I0.2，板料右限传感器 I0.3，压力传感器 I0.4，启动按钮 I0.5。

输出：板料右行 Q0.0，压钳下行 Q0.1，剪刀下行 Q0.2，压钳上行 Q0.3，剪刀上行 Q0.4。

3）顺序功能图

根据系统功能要求，画出剪板机控制顺序功能图，如图 4.5.13 所示。

4）转化为梯形图

此顺序功能图包含选择序列和并行序列。在并行分支环节，M0.3 为活动步且 I0.2 接通，使 M0.4 和 M0.6 同时变为活动步，所以 M0.4 和 M0.6 的常闭触点串联是 M0.6 的停止条件。当 M0.5 和 M0.7 都接通，并且 C0 没有计满 10 块时，常闭触

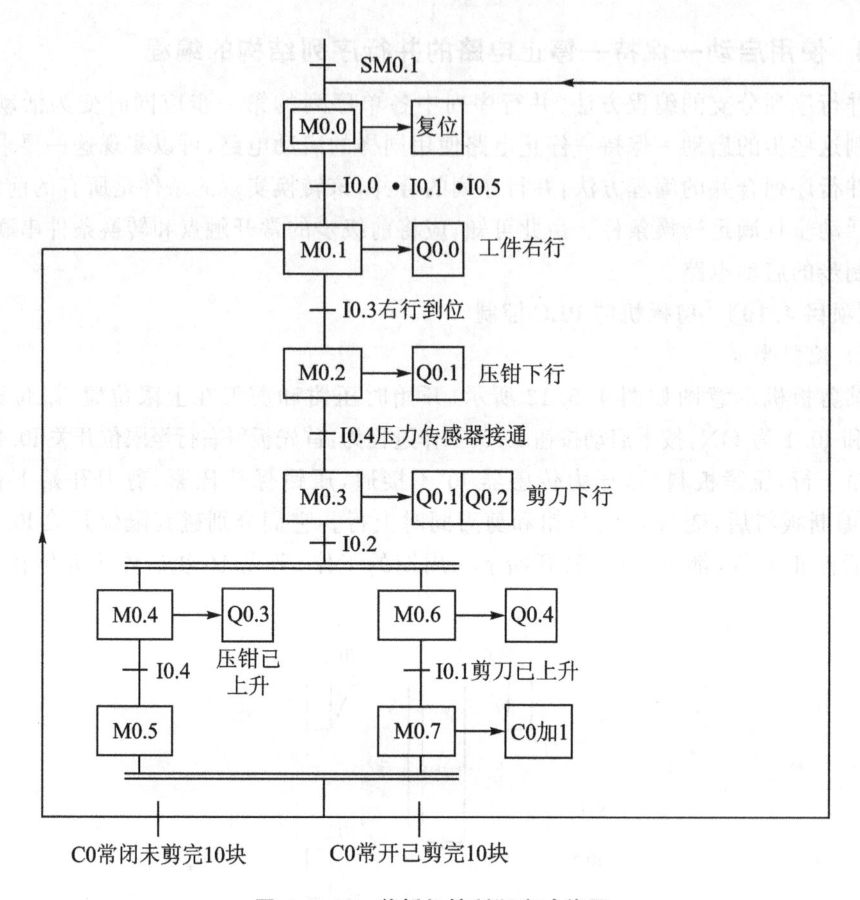

图 4.5.13 剪板机控制顺序功能图

点闭合，返回 M0.1，工件继续右行，所以，M0.5、M0.7 的常开触点与 C0 的常闭触点串联，可以作为 M0.1 的一个启动条件。经过一段时间后，M0.5 和 M0.7 又同时接通，并且 C0 计数满，常开触点闭合，返回 M0.0，计数器复位，所以 M0.5、M0.7 的常开触点与 C0 的常开触点串联，可以作为 M0.0 的一个启动条件。由此，M0.0 和 M0.1 作为下级步，其常闭触点串联应作为 M0.5 和 M0.7 的停止条件。

Q0.1 在 M0.2 和 M0.3 步中都有输出，所以最后 M0.2 和 M0.3 的并联由 Q0.1 输出。剪板机控制梯形图如图 4.5.14 所示。

5. 仅有两步的闭环的处理

如果在顺序功能图中有仅由两步组成的小闭环（见图 4.5.15(a)），用启动—保持—停止电路设计的梯形图将不能正常工作。例如，在 M0.2 和 I0.2 均为 ON 时，M0.3 的启动电路接通，但是这时与它串联的 M0.2 的常闭触点却是断开的（见图 4.5.15(b)），所以 M0.3 的线圈不能“通电”。出现上述问题的根本原因在于，步 M0.2 既是步 M0.3 的前级步，又是它的后续步。在小闭环中增设一步就可以解决

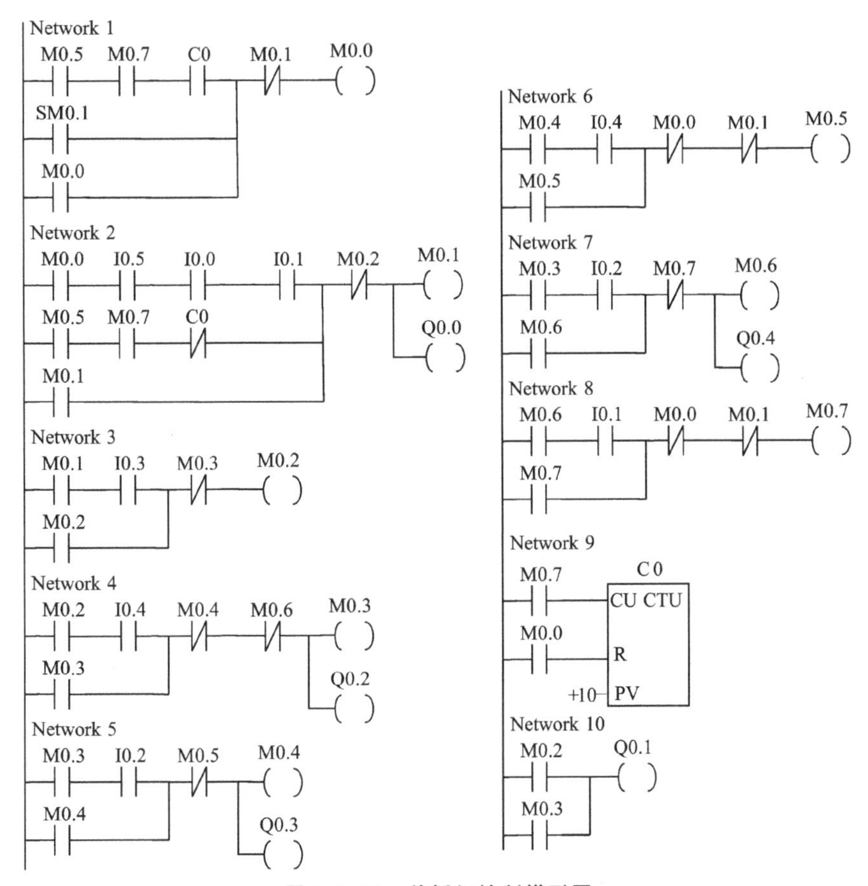

图 4.5.14　剪板机控制梯形图

这一问题(见图 4.5.15(c)),这一步没有什么操作,它后面的转换条件“=1”相当于逻辑代数中的常数 1,即表示转换条件总是满足的,只要进入步 M10.0,将马上转换到步 M0.2。图 4.5.15(d)所示是根据图 4.5.15(c)画出的梯形图。

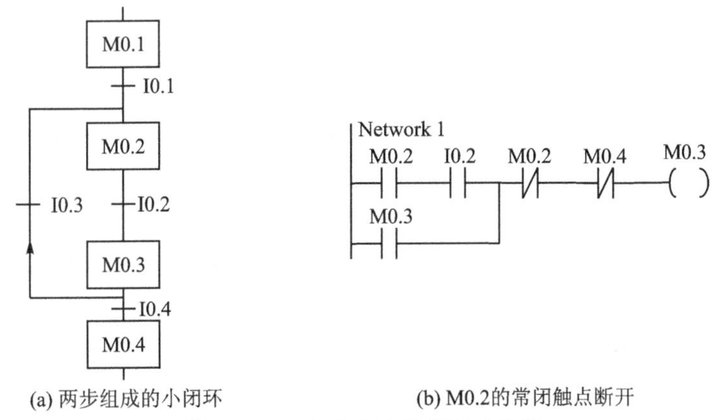

(a) 两步组成的小闭环　　(b) M0.2的常闭触点断开

图 4.5.15　仅有两步的闭环的处理

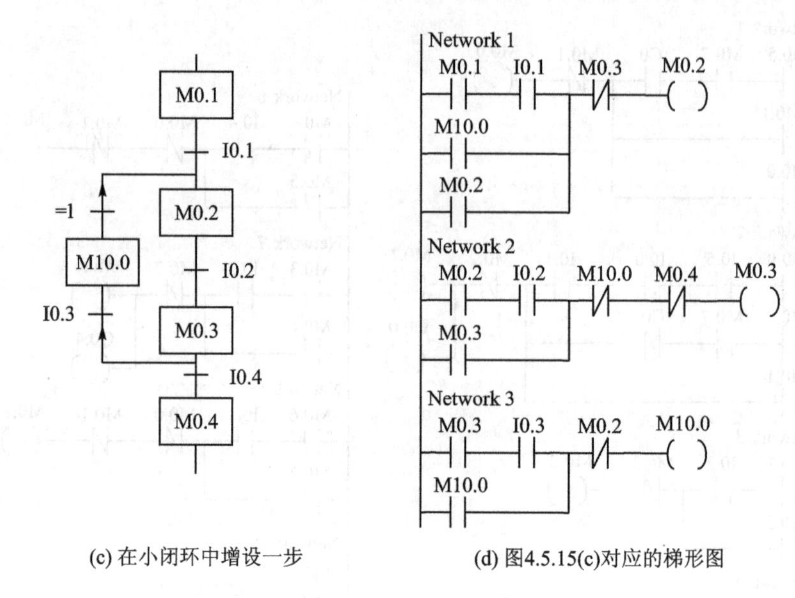

(c) 在小闭环中增设一步　　(d) 图4.5.15(c)对应的梯形图

图 4.5.15　仅有两步的闭环的处理(续)

将图 4.5.15(b)中的 M0.2 的常闭触点改为 I0.3 的常闭触点,不用增设步,也可以解决上述问题。

4.5.3　顺序控制设计法中置位/复位指令模式的编程

1. 顺序控制设计中使用置位/复位指令模式的编程方法

置位/复位指令模式的编程方法与转换实现的基本规则之间有着严格的对应关系,当用它编制复杂的顺序功能图的梯形图时,更能显示出它的优越性。

置位/复位指令模式的编程方法要点:

① 置位/复位指令模式以转换条件写电路块的。一般情况下,有多少个独立转换就有多少个这样的电路块,而启动—保持—停止电路模式是以步名写电路块的,一个步名写一个电路块。

原则如下:每一个控制置位/复位的电路块都是由前级步对应的辅助继电器的动合触点和转换条件的动合触点组成的串联电路、一条 SET 指令和一条 RST 指令组成的。

该串联电路即为启动—保持—停止电路中的启动电路,而当前步的置位指令 SET 相当于启动—保持—停止电路中的自锁,当前步的复位指令 RST 相当于启动—保持—停止电路中的停止(串联 $\overline{M}$)。所以,置位/复位指令模式电路块只需启动条件,故删除了自锁和停止条件。

② 在顺序功能图中,如果某一转换所有的前级步都是活动步,并且相应的转换

条件满足，则转换可以实现。在以置位/复位指令模式的编程方法中，用该转换所有的前级步对应的辅助继电器的动合触点和转换条件的动合触点组成的串联电路，作为使所有后续步对应的辅助继电器置位（用 SET 指令）和使所有前级步对应的辅助继电器复位（用 RST 指令）的条件。

③ 使用置位/复位指令编程时，不能将输出量的线圈与置位/复位指令直接并联，由于置位/复位指令所在的电路只接通一个扫描周期，当转换条件满足后前级步马上被复位，从而断开了此串联电路，而输出线圈至少应在某一步对应的全部时间内接通，因此，使用这种方法编程时，不能将输出继电器的线圈与 SET 和 RST 指令并联，应根据顺序功能图，用代表步的辅助继电器的动合触点驱动输出继电器的线圈。

2. 顺序控制设计中使用置位/复位指令模式的编程举例

【项目 4.11】 霓虹灯控制

图 4.5.16 所示为某 PLC 实训装置的霓虹灯实训模块面板示意图。

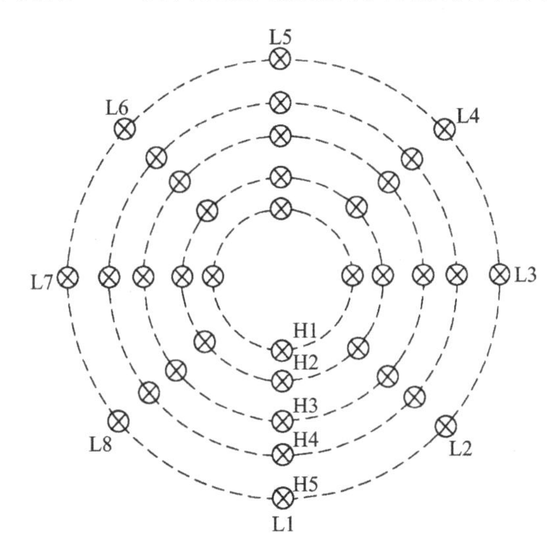

图 4.5.16　某 PLC 实训装置的霓虹灯实训模块面板示意图

该模块的 LED 灯接线如图 4.5.17 所示，可组成环形灯 5 组（H1～H5），也可组成条形灯 8 组（L1～L8），这两种不同组合的灯组可以顺序发光和交叉发光，通过 PLC 控制组成多种发光形式。

1) 4 组霓虹灯的控制要求

限于篇幅，下面仅作 4 组霓虹灯，启动后，灯组从 L1、L2、L3、L4 顺序发光，每组灯发光 1 s 后切换，控制要求：

① 用按钮 SB1 与 SB2 作霓虹灯启动与停止控制。

② 同时用按钮 SB1 作多段灯组顺序发光的控制，每按一次 SB1，就增加一组灯发光。

③ 用按钮 SB3 与 SB4 作霓虹灯各个灯组顺序发光切换速度的控制，每按一次

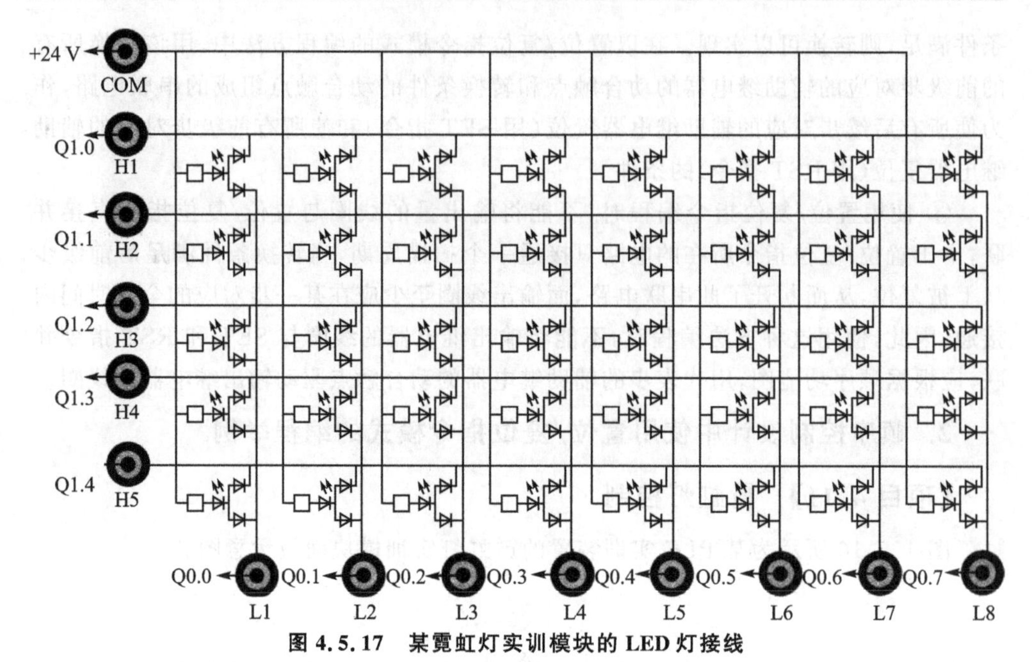

图 4.5.17 某霓虹灯实训模块的 LED 灯接线

SB3,灯组切换速度就减慢 0.2 s;而每按一次 SB4,灯组切换速度就加快 0.2 s,但每组灯的发光时间最低不能少于 0.2 s。

2) PLC 的 I/O 分配

霓虹灯控制的 I/O 分配如下:

输入端:动合按钮 SB1(启动控制)→I0.0,动合按钮 SB3(灯组切换速度"+")→I1.0,动合按钮 SB2(停止控制)→I0.1,动合按钮 SB4(灯组切换速度"-")→I1.1。

输出端:L1 灯组→Q0.0,L3 灯组→Q0.2,L2 灯组→Q0.1,L4 灯组→Q0.3。

3) 梯形图程序编写

做出系统顺序功能图,如图 4.5.18 所示,我们可以使用步进指令、启动—保持—停止电路将此顺序功能图转化为 PLC 可以识别的梯形图,还可以使用置位和复位指

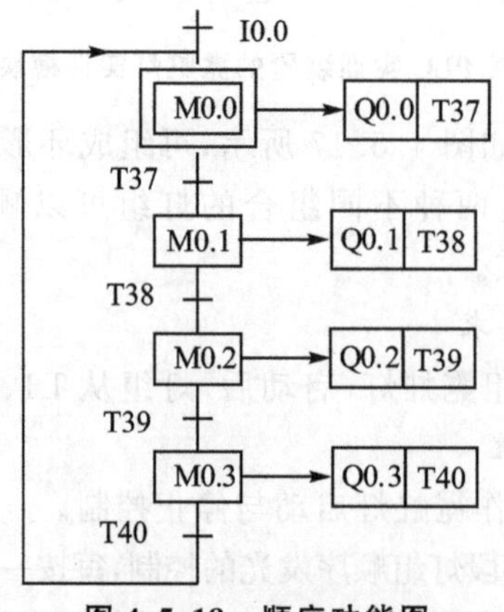

图 4.5.18 顺序功能图

令将此顺序功能图转化为梯形图，如图 4.5.19 所示。

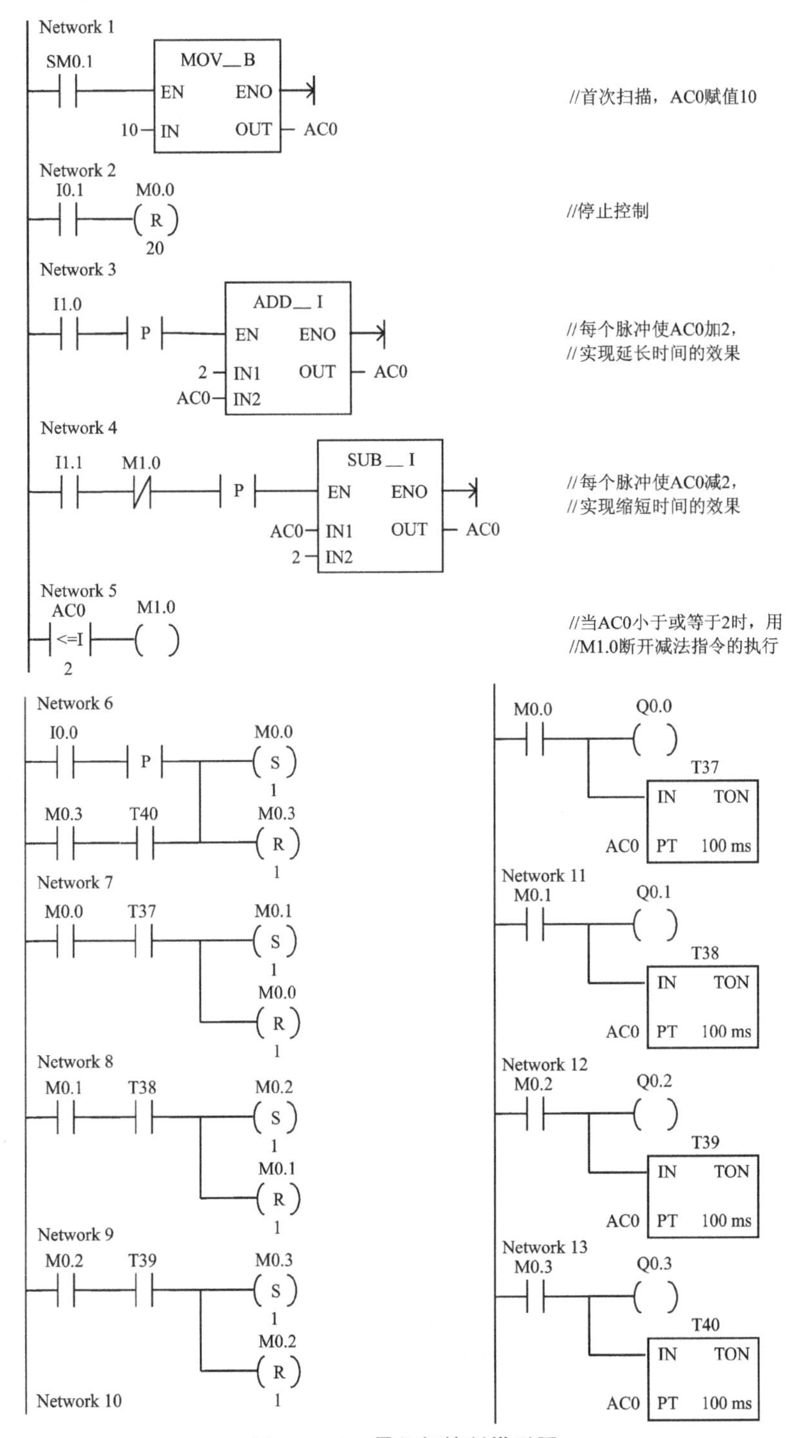

图 4.5.19　霓虹灯控制梯形图

4）安装调试

按所选 PLC 型号，根据 I/O 分配进行安装。下面主要介绍程序的执行与调试。

① 单灯组运行控制。按下启动按钮 SB1，L1 灯组发光，1 s 后 L1 灯组熄灭、L2 灯组发光，1 s 后 L2 灯组熄灭、L3 灯组发光。如此，按 L1、L2、L3、L4 灯组每隔 1 s 顺序发光和熄灭的规律自动反复运行，实现霓虹灯灯光效果的控制。若按下停止按钮 SB2，霓虹灯运行停止，再按启动按钮 SB1 可重新启动。

② 灯组发光切换速度快慢控制。按一次 SB3，灯组发光时间就增加 0.2 s，若启动后按 5 次 SB3，则灯组发光时间为 2 s，此时可观察到霓虹灯灯组切换速度明显减慢。按一次 SB4，灯组发光时间就减少 0.2 s，若启动后按 3 次 SB4，则灯组发光时间为 0.4 s，此时可观察到霓虹灯灯组切换速度明显加快。若启动后连续按 4 次 SB4，则灯组发光时间变为 0.2 s，此时再按 SB5 按钮，灯组发光时间也不会再减少，仍保持 0.2 s。

③ 多个灯组运行控制。按下 SB1 启动，L1 灯组发光 1 s，熄灭后 L2 灯组发光 1 s，熄灭后 L3 灯组发光。此时，若再次按下按钮 SB1，则 L1 灯组又开始发光，并按顺序运行，霓虹灯就会保持有 2 个灯组同时发光的情况，依次类推。

5）思　考

① 将网络 1 中 SM0.1 换位 SM0.0，传送指令中 10 换位 SMB28。通过调节 PLC 面板上的模拟电位器 SMB28（仿真软件画面中，拖到下方的第一个滑块），直接改变 AC0 的值，控制灯组发光切换速度的快慢。

② 通过执行“编辑”→“替换”命令，将程序中所有的 AC0 替换为 VW0，通过调试观察其效果，总结 AC0 和 VW0 的不同点。

4.5.4 顺序控制设计法中顺控指令的编程

1. 顺序控制设计中使用顺控指令的编程方法

顺控指令的 3 条指令：LSCR 步开始指令、SCRT 步转移指令和 SCRE 步结束指令。

在满足转移条件时，顺控过程会立刻发生转移（下一个顺控过程启动），此时，原顺控过程就立刻清除并停止执行，而下一顺控过程在 LSCR 步开始指令的驱动下开始执行。

可见，编写顺控指令电路块时，SCRT 步转移指令前只需写独立的转换条件，类似启动—保持—停止电路模块的自锁、停止、前级活动步常开触点均不要了。

首步一般用 SM0.1 或一个脉冲信号启动置位 S 指令，进入首步 LSCR 步开始指令。

顺控指令模式的编程要点：

① 顺控指令模式是以转换条件写电路块的。一般情况下，有多少个独立转换就有多少个这样的电路块。

② 对顺控程序中的每一个顺控过程，都需要用 LSCR 步开始指令去驱动顺控过程的开始。

③ 每一个顺控过程的结束都一定要使用步结束指令 SCRE，如果不写入 SCRE，则程序会出错。

④ 在顺控程序中，每个顺控过程都有一个编号，而且每个顺控过程的编号都是不相同的。对于连续的顺控过程，可用连续或者不连续的编号。在编程时，为了使程序更为简洁明了以及使修改程序更加方便，习惯把编号从小到大编写。在两个相邻的顺控过程中采用相隔 2～5 个数的编号，是为了方便以后修改插入程序顺控过程。

⑤ 由于定时器在顺控过程停止执行后会自动复位，因此不需对定时器复位。在顺控程序中定时器控制指令不能直接和顺控过程连接，必须要有执行条件，但可以使用具有常闭功能的 SM0.0。

⑥ 同一个 S 位不能用于不同的程序中。例如，如果在主程序中用了 S0.1，则在子程序中就不能再使用。

⑦ 在 SCR 段中不能使用 JMP 和 LBL 指令，即不允许跳入、跳出或在内部跳转。

⑧ 在 SCR 段中不能使用 FOR、NEXT 和 END 指令。

⑨ 在步发生转移后，一般所有的 SCR 段的元器件都要复位，如果希望继续输出，则可使用置位/复位指令。

⑩ 顺控指令仅对元件 S 有效，状态继电器 S 也具有一般继电器的功能，所以对它能够使用其他指令。

2. 顺序控制设计中使用顺控指令的单序列编程举例

【项目 4.12】 3 个灯顺序发光与闪烁的单序列控制

1) 控制要求

按下动合按钮 SB1 后，红灯发光；3 s 后熄灭，黄灯开始以 1 次/秒的频率闪烁，黄灯闪烁 5 次后熄灭，绿灯开始以 1 次/秒的频率闪烁；绿灯闪烁 6 次后熄灭。要求：当按下动合停止按钮 SB2 时，运行停止，再按启动按钮 SB1 可重新运行。

2) I/O 分配

输入：动合启动按钮 SB1→I0.0，动合停止按钮 SB2→I0.1。

输出：指示灯 HL1(红色)→Q0.0，指示灯 HL2(黄色)→Q0.1，指示灯 HL3(绿色)→Q0.2。

3) 顺序过程转移

顺序过程转移图如图 4.5.20 所示。

4) 顺控梯形图

顺控梯形图如图 4.5.21 所示。

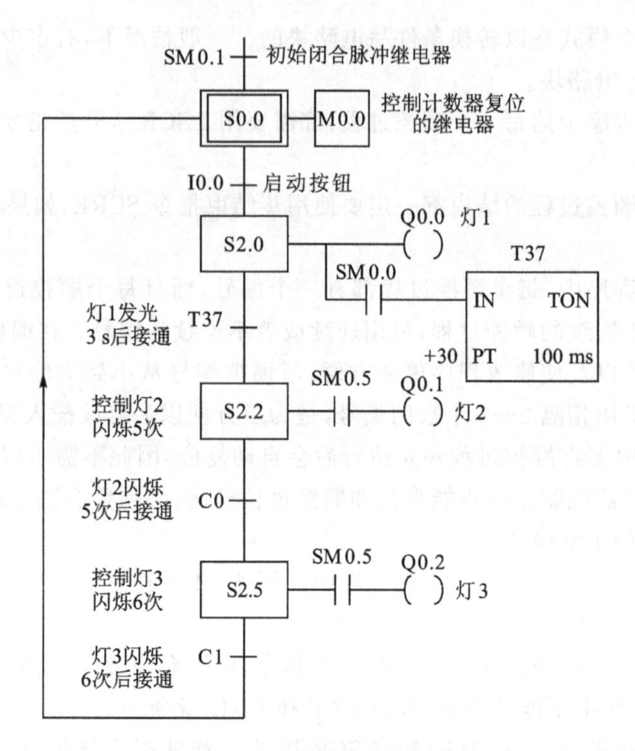

图 4.5.20 顺控过程转移图

3. 顺序控制设计中使用顺控指令的选择序列编程举例

【项目 4.13】 大小球分拣控制

1）控制要求

大小球分拣控制示意图如图 4.5.22 所示。铁球有两种规格尺寸，一大一小。要求系统能自动识别并分别拣出放到相应的容器内。控制系统硬件结构有分拣杆，左右移动分别由改变其正反转来实现，垂直方向的运动由电磁阀控制的液压机构实现。分拣杆处于最左端和最上端时为原始位置，SQ1 为左限位行程开关，SQ4 为上限位行程开关，停车时应处于此位置并使磁铁失电。小球右限位开关为 SQ2，大球右限位开关为 SQ3。下限位开关为 SQ5，吸住大球时不动作，吸住小球时动作。

① 打开开关，系统判断分拣杆是否在原始位置（电磁阀 Q0.4 失电，SQ1 和 SQ4 压合）。若不在原始位置，则自动调整到原始位置。

② 当分拣杆处于原始位置时，系统开始工作：

- 磁铁下降→碰到大球→吸起大球→达到上限位→右行至大球容器处→磁铁下降释放铁球→磁铁上升并退回原位。
- 磁铁下降→碰到小球→吸起小球→达到上限位→右行至小球容器处→磁铁下降释放铁球→磁铁上升并退回原位。

③ 磁铁下降碰球时间为 2 s，大球还是小球由 SQ5 的状态决定。考虑到工作的

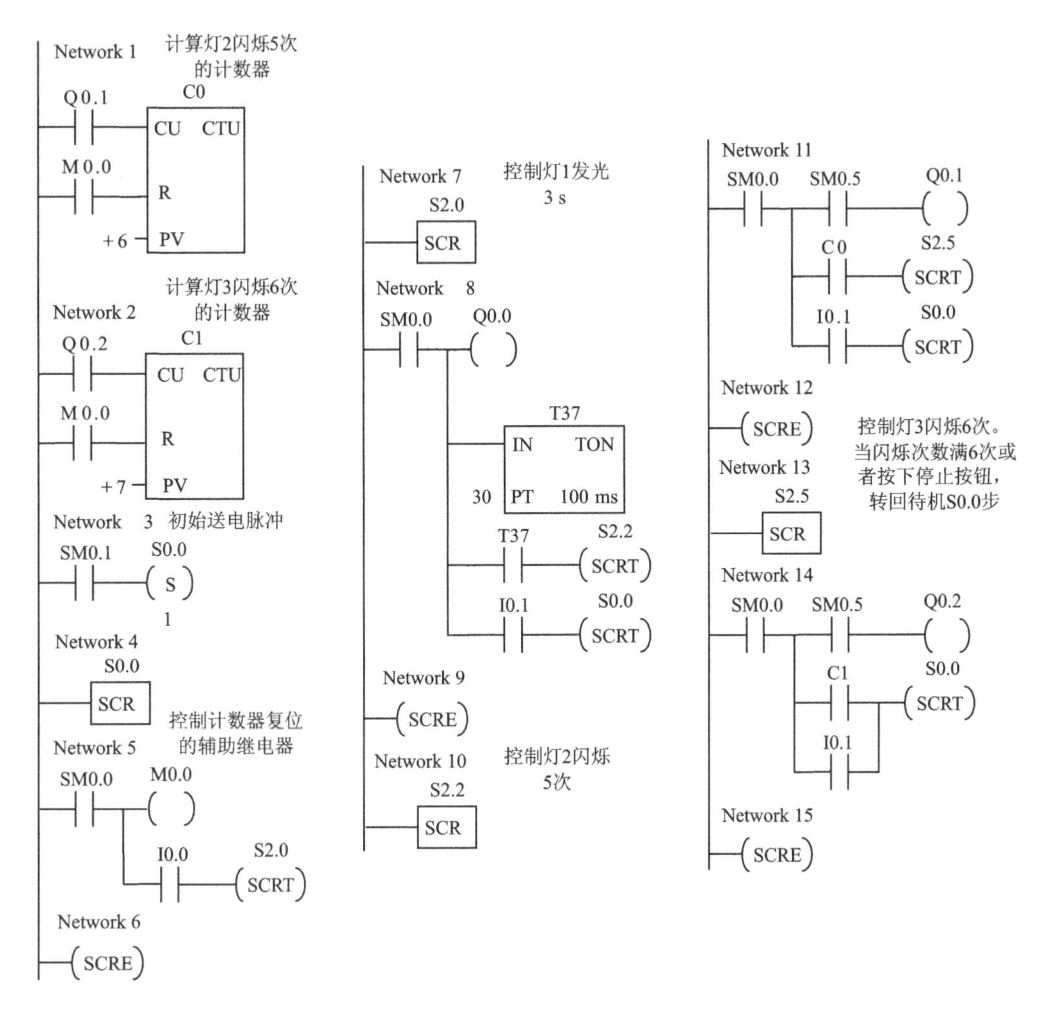

图 4.5.21　顺控梯形图

可靠性，规定磁铁吸牢和释放铁球的时间为 1 s。

④ 分拣杆的垂直运动和横向运动不能同时进行。

2）I/O 分配

对系统功能进行分析，确定本系统的 I/O 分配表，如表 4.5.1 所列。

表 4.5.1　大小球分拣控制系统的 I/O 分配表

输　入			输　出		
元件代号	元件功能	输入继电器	输出继电器	元件功能	元件代号
SA	启动开关	I0.0	Q0.0	左移	KM1
SQ1	左限位	I0.1	Q0.1	右移	KM2

续表 4.5.1

输入			输出		
元件代号	元件功能	输入继电器	输出继电器	元件功能	元件代号
SQ2	小球右限位	I0.2	Q0.2	上升	KM3
SQ3	大球右限位	I0.3	Q0.3	下降	KM4
SQ4	上限位	I0.4	Q0.4	电磁铁	
SQ5	下限位	I0.5			

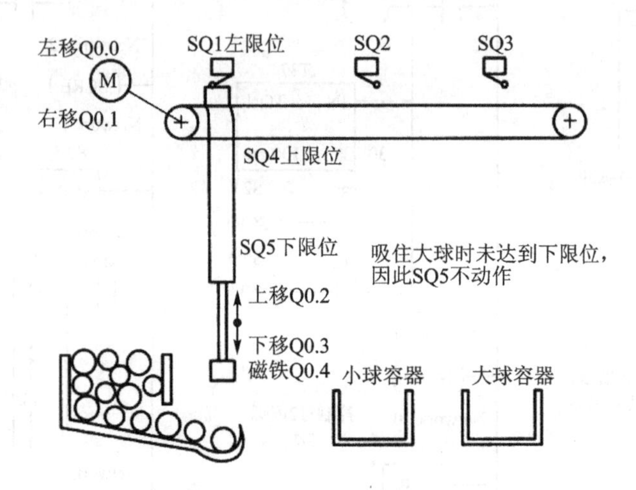

图 4.5.22 大小球分拣控制示意图

3) 系统顺序功能图

根据系统功能画出顺序功能图,如图 4.5.23 所示。

4) 控制梯形图

在正确画出系统顺序功能图的基础上,利用顺控指令写出系统梯形图,如图 4.5.24 所示。

4. 顺序控制设计中使用顺控指令的并行序列编程举例

【项目 4.14】 多个灯发光与闪烁的并行控制

1) 控制要求

启动后,灯 1~灯 4 同时分以下两路运行:

第 1 路:灯 1 发光,2 s 后熄灭;接着灯 2 发光,3 s 后熄灭。

第 2 路:灯 3 与灯 4 以“0.5 s 发光,0.5 s 熄灭”的方式交替发光,5 s 后熄灭。

当两路都完成运行后,灯 1、灯 2、灯 3 和灯 4 一齐发光,3 s 后熄灭。要求:

① 用按钮 SB1、SB2 分别作启动与停止控制,停止后按 SB1 可重新启动运行。

② 用开关 SA1 作连续运行与单周期运行控制,SA1 断开时做连续运行,SA1 闭

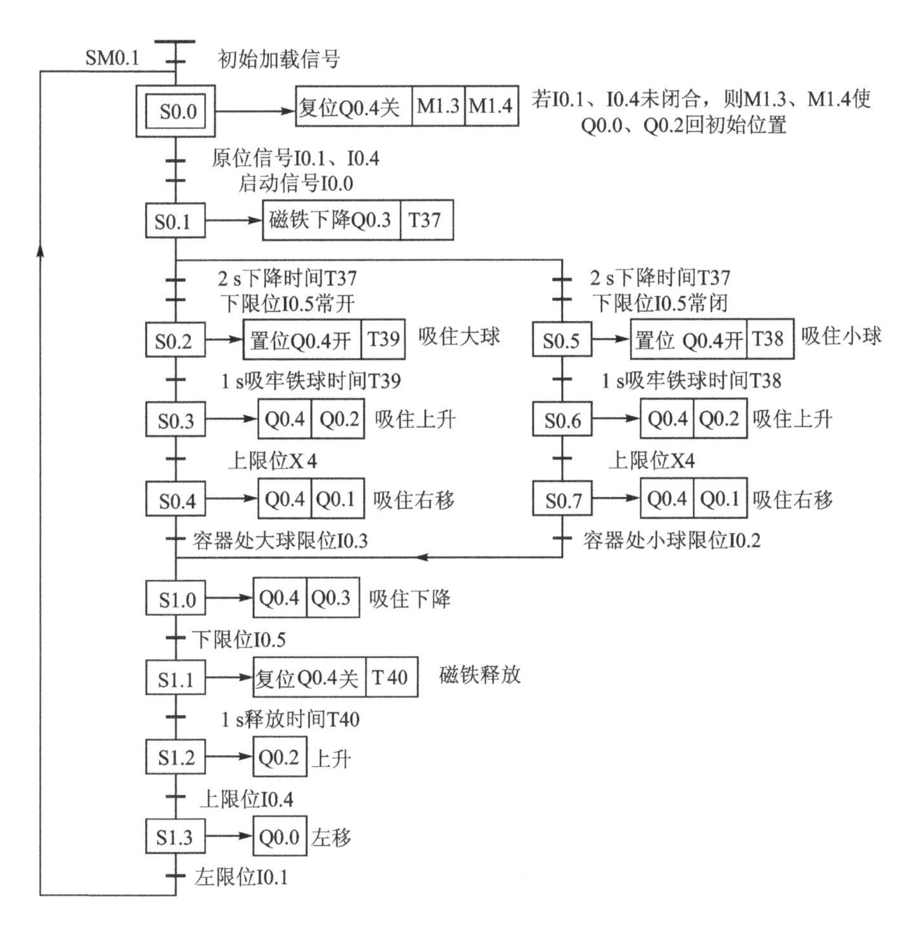

图 4.5.23　大小球分拣顺序功能图

合时做单周期运行。

2）PLC 的 I/O 分配

PLC 的 I/O 分配见表 4.5.2。

表 4.5.2　PLC 的 I/O 分配

输入端		输出端	
外接元件	输入继电器	外接元件	输出继电器
动合按钮 SB1(启动)	I0.0	指示灯 1 (HL1)	Q0.0
动合按钮 SB2(停止)	I0.1	指示灯 2 (HL2)	Q0.1
单周期与连续转换开关 SA1	I0.2	指示灯 3 (HL3)	Q0.2
		指示灯 4 (HL4)	Q0.3

3）画顺控过程转移图

多个灯发光与闪烁的并行控制顺控过程转移图如图 4.5.25 所示。

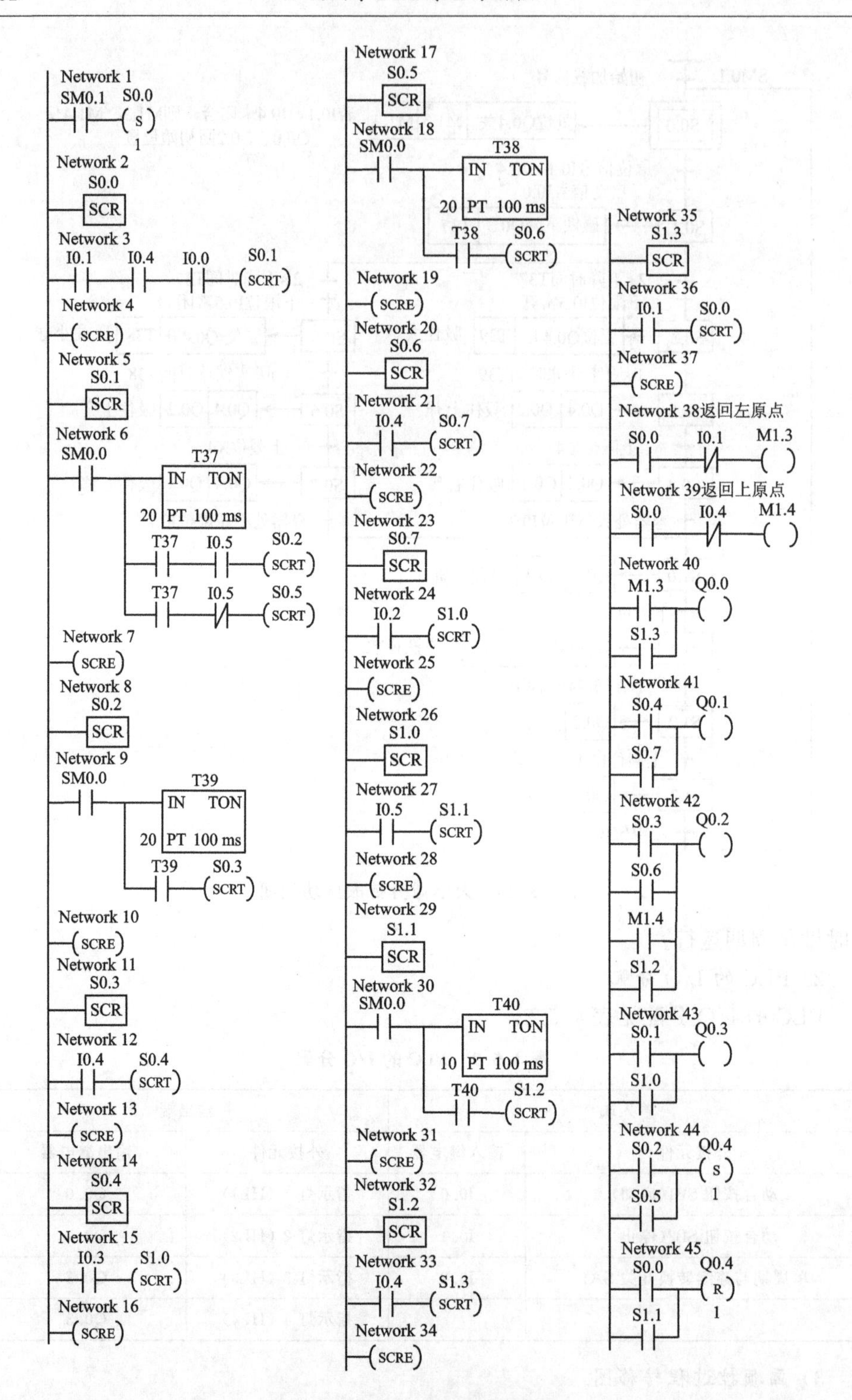

图 4.5.24 大小球分拣梯形图

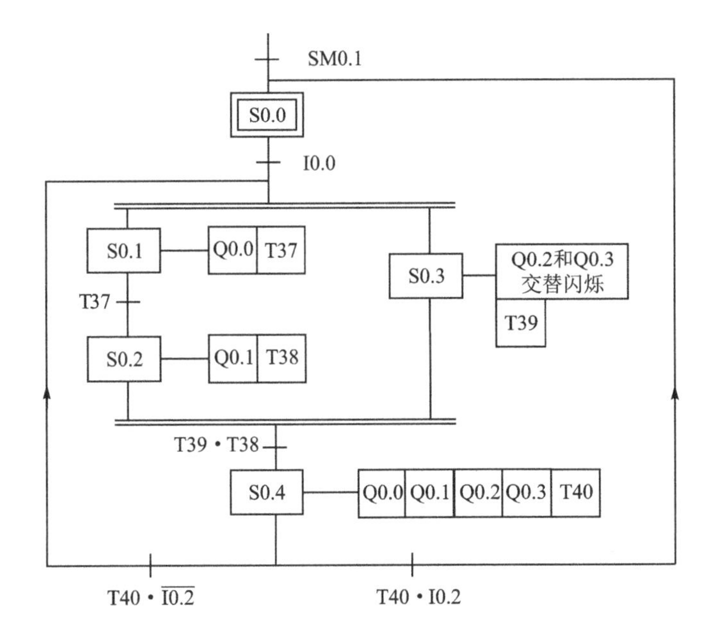

图 4.5.25　多个灯发光与闪烁的并行控制顺控过程转移图

4）画梯形图

根据图 4.5.25 画出多个灯发光与闪烁的并行控制顺控梯形图，如图 4.5.26 所示。

5）PLC 程序的执行与调试

将程序下载到 PLC 执行，并进行程序调试，直至满足以下控制要求。

① 单周期运行：在完成一次工艺过程的全部操作后，系统从最后一步返回到初始步，并停留在初始状态。

操作：将开关 SA1 闭合，按下按钮 SB1 启动，两路灯同时发光和闪烁。灯 1 发光 2 s 熄灭，接着灯 2 发光 3 s 熄灭；同时灯 3 与灯 4 以 1 次/秒的频率交替发光，5 s 后熄灭。接着灯 1、灯 2、灯 3、灯 4 一齐发光，3 s 后熄灭。

② 连续运行：在完成一次工艺过程的全部操作之后，系统从最后一步返回到下一个工作周期开始运行的第一步，再次连续地反复运行。

操作：将开关 SA1 断开，按下按钮 SB1 启动，各个灯按单周期的运行规律连续地反复运行。

③ 停止控制：按下按钮 SB2，运行停止，全部灯熄灭。按下按钮 SB1 再重新启动运行。

6）分析与思考

① “灯 1、灯 2 的顺序发光”与“灯 3、灯 4 的交替发光”两路控制的运行时间都是 5 s，所以是同时执行完毕并同时汇合转移。

如果 2 条支路的运行时间不相同，而汇合条件又要求 2 个支路都要执行完毕才

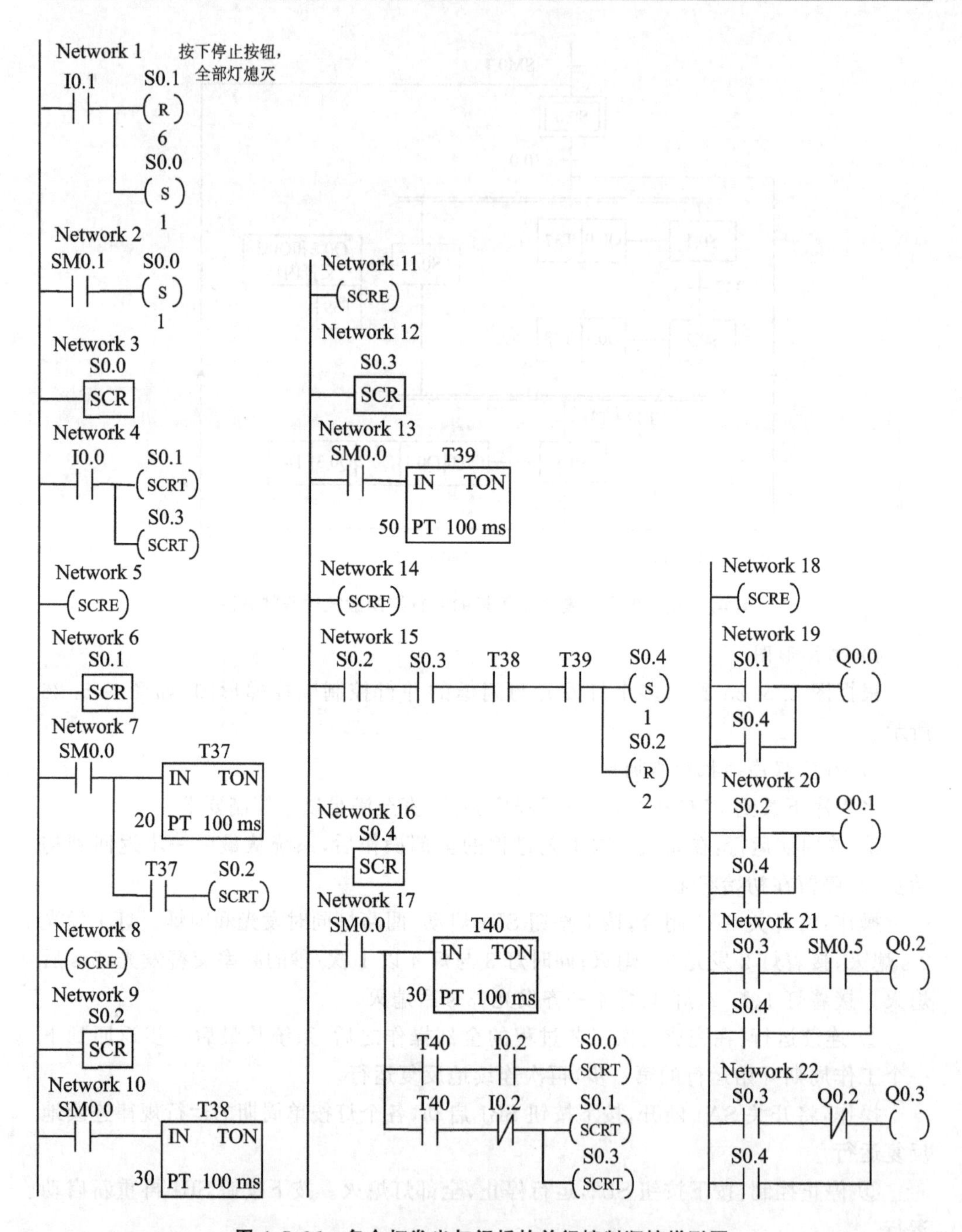

图 4.5.26 多个灯发光与闪烁的并行控制顺控梯形图

能转移，则运行时间短的支路会在执行完最后的顺控过程后停留等待，直到运行时间长的支路执行完再一起汇合转移。

② 图 4.5.25 中步 S0.0 之后有一个并行序列的分支，当 S0.0 是活动步，并且转

换条件 I0.0 满足时，步 S0.1 与步 S0.3 应同时变为活动步，这是在 S0.0 对应的 SCR 段中，用 I0.0 的常开触点同时驱动指令“SCRT S0.1”和“SCRT S0.3”来实现的。与此同时，S0.0 被操作系统自动复位，步 S0.0 变为不活动步。

T38 · T39 对应的转换之前有一个并行序列的合并，该转换实现的条件是所有的前级步（步 S0.2 和 S0.3）都是活动步，以及满足转换条件 T38 · T39。由此可知，应将 S0.2、S0.3、T38 和 T39 的常开触点串联，作为使后续步 S0.4 置位和使前级步 S0.2 和 S0.3 复位的条件。在并行序列的合并处，实际上局部地使用了基于置位/复位指令的编程方法。

灯 Q0.2 应在步 S0.4 常亮，在步 S0.3 闪烁。为此，将 S0.3 与秒时钟脉冲 SM0.5 的常开触点串联，然后与 S0.4 的常开触点并联，来控制 Q0.2 的线圈。用同样的方法来设计控制灯 Q0.3 的电路。

注意：输出指令同一线圈 Q 不能在不同的 SCR 区内出现两次，所以用并联电路来控制同一个 Q 的输出线圈。置位/复位指令同一线圈 Q 可以在不同的 SCR 区内出现多次。

习　题

4.1　用经验设计法设计满足题图 4.1 所示波形的梯形图。

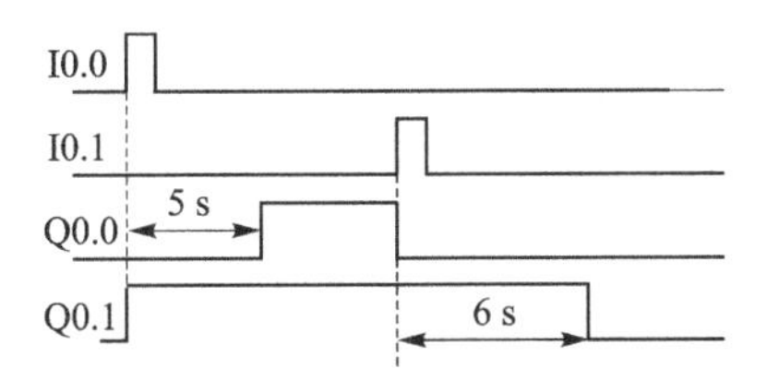

题图 4.1　题 4.1 图

4.2　有 3 个通风机，设计一个监视系统，监视通风机的运转。如果两个或两个以上在运转，则信号灯持续发光；如果只有一个通风机运转，则信号灯就以 2 s 的时间间隔闪烁；如果 3 个通风机都停转，则信号灯就以 0.5 s 的时间间隔闪烁。试设计梯形图。

4.3　喷水池控制：按下启动按钮后，喷水池 1～4 号水管的工作顺序为 1→2→3→4，按顺序延时 2 s 喷水，然后一起喷水 3 s 后，1、2、3 和 4 号水管分别延时 2 s 停水，再等待 1 s，由 4→3→2→1 反序分别延时 2 s 喷水，之后一起喷水 3 s，再全部停止 1 s。然后，重复同一个循环。任意时刻按下停止按钮均可停止 4 个水管的喷水，按开始按钮又可重新开始循环。试设计梯形图。

4.4　多种液体混合。多种液体混合装置如题图 4.2 所示，上限位、下限位和中限位液位传感器被液体所淹没时为 1 状态，阀门 Q0.1、Q0.2、Q0.3 为电磁阀，线圈通电时阀门打开,线圈断电时阀门关闭。开始时容器是空的,各阀门关闭。按下启动按钮后,打开阀门 Q0.1,液体 A 流入容器,当下限位液位传感器 L3 变为 ON 时,关闭阀门 Q0.1,打开阀门 Q0.2,液体 B 流入容器;液面上升,当中限位液位传感器 L2 变为 ON 时,关闭阀门 Q0.2,打开阀门 Q0.3,液体 C 流入容器;当上限位液位传感器 L1 变为 ON 时,关闭阀门 Q0.3,并开始搅拌和加热。当温度传感器接通时,停止加热,继续搅拌,出液阀 Q0.4 打开放出混合液体。当液位下降到下限位液位传感器时,停止搅拌,继续出液 5 s 后,停止出液。程序结束。(提示:液位下降到下限位液位传感器时的转换条件,可用液位传感器 L3→I0.3 常开触点串联下降沿微分指令,或用出液阀 Q0.4 的常开触点串联液位传感器 L3→I0.3 常闭触点。)

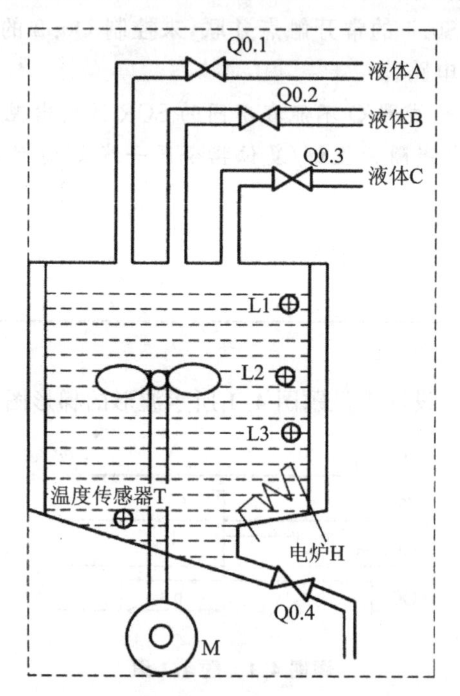

题图 4.2 多种液体自动混合示意图(题 4.4)

系统 I/O 分配如下:

输入:启动按钮→I0.0,上限位液位传感器 L1→I0.1,中限位液位传感器 L2→I0.2,下限位液位传感器 L3→I0.3,温度传感器 T→I0.4。

输出:液体 A 进液阀→Q0.1,液体 B 进液阀→Q0.2,液体 C 进液阀→Q0.3,出液阀→Q0.4,搅拌机 M→Q0.5,电炉 H→Q0.6。

(1) 根据功能要求,画出顺序功能图,分别用启动—保持—停止电路法、置位/复位转换法、顺控指令控制法设计相应的 PLC 梯形图。

(2) 假如多种液体混合程序控制要求最后停止出液后,程序不结束,而是自动开始注入液体 A,重复刚才的过程,请写出修改后的程序。

第 5 章

PLC 的常用功能指令和设计举例

S7 - 200 PLC 具有丰富的功能指令，极大地拓宽了 PLC 的应用范围，它可以完成复杂控制程序的编写，完成特殊工业环节的控制，使程序设计更加方便。

S7 - 200 PLC 的功能指令主要包括：①传送和填充指令；②算术运算与逻辑运算指令；③移位、循环和数据转换指令；④时钟指令；⑤高速处理指令；⑥PID 指令；⑦通信指令等。

本章将介绍一些常用的功能指令。

5.1 数据传输、算术运算和逻辑运算指令

5.1.1 数据传输指令

1. 传送指令

传送指令包括单个数据传送、一次性传送以及多个连续字块的传送。传送数据的类型有字节、字、双字或者实数等。

字节传送指令(MOVB)、字传送指令(MOVW)、双字传送指令(MOVD)和实数传送指令(MOVR)在不改变原值的情况下将 IN 中的值传送到 OUT。表 5.1.1 给出了以上指令的表达形式。图 5.1.1 所示为传送指令编程应用实例。

表 5.1.1　字节、字、双字、实数传送指令

	字节传送	字传送	双字传送	实数传送
指令及其表达	MOV_B EN ENO IN OUT	MOV_W EN ENO IN OUT	MOV_DW EN ENO IN OUT	MOV_R EN ENO IN OUT
功能	当使能输入有效时，即 EN=1 时，将一个输入 IN 的字节、字/整数、双字/双整数或实数送到 OUT 指定的存储器输出；在传送过程中不改变数据的大小；传送后，输入存储器 IN 中的内容不变			

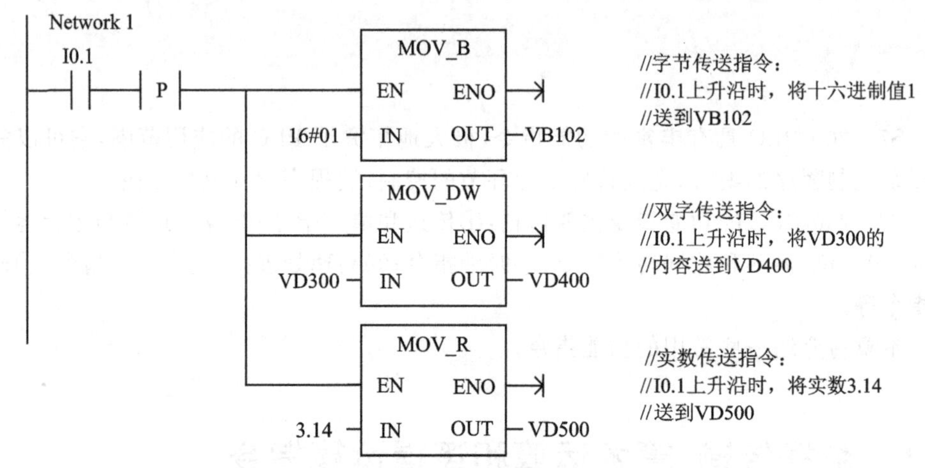

图 5.1.1　传送指令编程应用实例

2. 字填充指令

字填充指令(FILL)用于存储器区域的填充。当使能输入 EN 有效时，用输入 IN 存储器中的字值填充从输出 OUT 指定单元开始 N 个连续的字存储单元中。N 的数据范围为 1～255。其指令格式如图 5.1.2 所示。

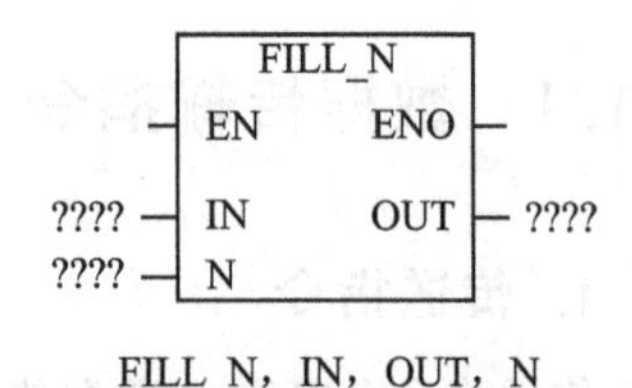

图 5.1.2　字填充指令格式

例 5.1.1　将 0 填入 VW0～VW18(10 个字)。程序及运行结果如图 5.1.3 所示。

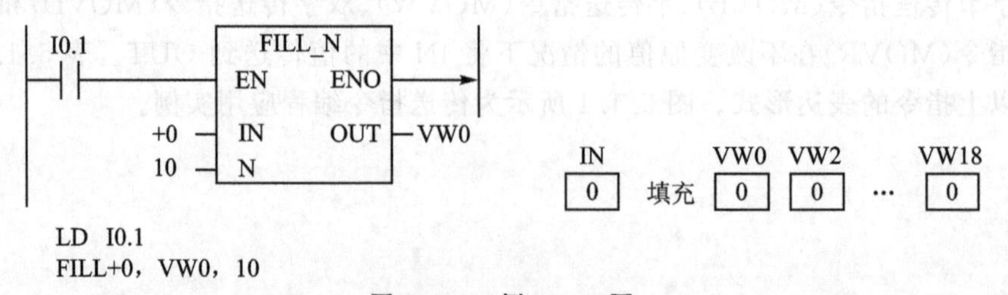

图 5.1.3　例 5.1.1 图

从图 5.1.3 中可以看出，程序运行结果将从 VW0 开始的 10 个字的存储单元清零。

5.1.2　算术运算指令

1. 整数与双整数加减法指令

整数加法（ADD_I）和减法（SUB_I）指令：当使能输入有效时，将两个 16 位符号整数相加或相减，并产生一个 16 位的结果输出到 OUT。

双整数加法（ADD_DI）和减法（SUB_DI）指令：当使能输入有效时，将两个 32 位符号整数相加或相减，并产生一个 32 位结果输出到 OUT。

整数与双整数加减法指令格式见表 5.1.2。

表 5.1.2　整数与双整数加减法指令格式

梯形图 LAD	ADD_I EN ENO IN1 OUT IN2	SUB_I EN ENO IN1 OUT IN2	ADD_DI EN ENO IN1 OUT IN2	SUB_DI EN ENO IN1 OUT IN2
功　能	整数加法 IN1+IN2=OUT	整数减法 IN1－IN2=OUT	双整数加法 IN1+IN2=OUT	双整数减法 IN1－IN2=OUT

说明：

① 当 IN1、IN2 和 OUT 操作数的地址不同时，在语句表指令中，首先用数据传送指令将 IN1 中的数值送入 OUT，然后再执行加、减运算，即 OUT+IN2=OUT，OUT－IN2=OUT。为了节省内存，在整数加法的梯形图指令中，可以指定 IN1 或 IN2=OUT，这样，可以不用数据传送指令。如果指定 IN1=OUT，则语句表指令为：+I　IN2，OUT；如果指定 IN2=OUT，则语句表指令为：+I　IN1，OUT。在整数减法的梯形图指令中，可以指定 IN1=OUT，则语句表指令为：－I　IN2，OUT。这个原则适用于所有的算术运算指令，且乘法和加法对应，减法和除法对应。

② 整数与双整数加减法指令影响算术标志位 SM1.0（零标志位）、SM1.1（溢出标志位）和 SM1.2（负数标志位）。

2. 整数乘除法指令

整数乘除法指令格式见表 5.1.3。

表 5.1.3 整数乘除法指令格式

梯形图 LAD	MUL_I EN ENO IN1 OUT IN2	DIV_I EN ENO IN1 OUT IN2	MUL_DI EN ENO IN1 OUT IN2	DIV_DI EN ENO IN1 OUT IN2	MUL EN ENO IN1 OUT IN2	DIV EN ENO IN1 OUT IN2
功　能	整数乘法 IN1 * IN2=OUT	整数除法 IN1/IN2=OUT	双整数乘法 IN1 * IN2=OUT	双整数除法 IN1/IN2=OUT	整数乘法产生双整数 IN1 * IN2=OUT	整数除法产生双整数 IN1/IN2=OUT

整数乘法产生双整数指令(MUL):当使能输入有效时,将两个 16 位整数相乘,得出一个 32 位乘积,从 OUT 指定的存储单元输出。

整数除法产生双整数指令(DIV):当使能输入有效时,将两个 16 位整数相除,得出一个 32 位结果。其中,高 16 位放余数,低 16 位放商。

3. 实数加减乘除指令

实数加减乘除指令格式见表 5.1.4。

表 5.1.4 实数加减乘除指令

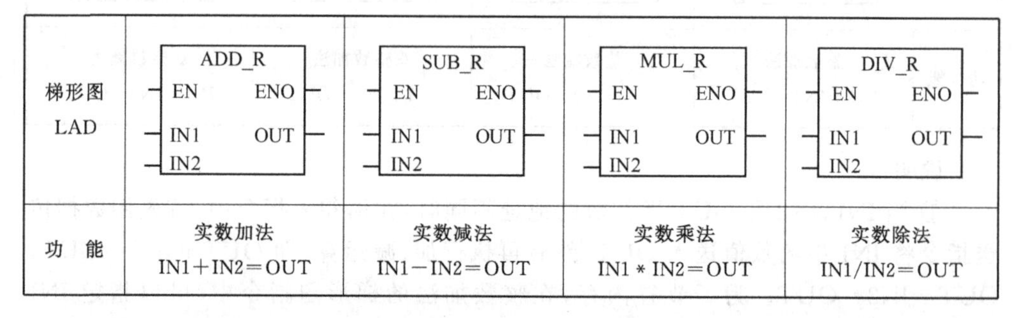

梯形图 LAD	ADD_R EN ENO IN1 OUT IN2	SUB_R EN ENO IN1 OUT IN2	MUL_R EN ENO IN1 OUT IN2	DIV_R EN ENO IN1 OUT IN2
功　能	实数加法 IN1+IN2=OUT	实数减法 IN1−IN2=OUT	实数乘法 IN1 * IN2=OUT	实数除法 IN1/IN2=OUT

整数(I)、双整数(DI 或 D)和实数(浮点数,R)运算指令的运算结果分别为整数、双整数和实数。除法不保留余数。运算结果如超出允许的范围,溢出位被置 1。

【项目 5.1】 算术运算

1) 控制要求

当按下计算按钮时,计算$\frac{(1\,234+4\,321)\times123-456}{1\,234}$的结果,并将结果存入 VD0～VD6 中;当按下清零按钮时,清零。

2) 输入/输出分配

按照要求设计计算按钮为 I0.1,当按钮接通时计算,清零按钮为 I0.0,接通时复位。将各步运算结果存入 VD0～VD6 中,并记录下来。

3) 梯形图

根据题目要求,编程如图 5.1.4 所示。

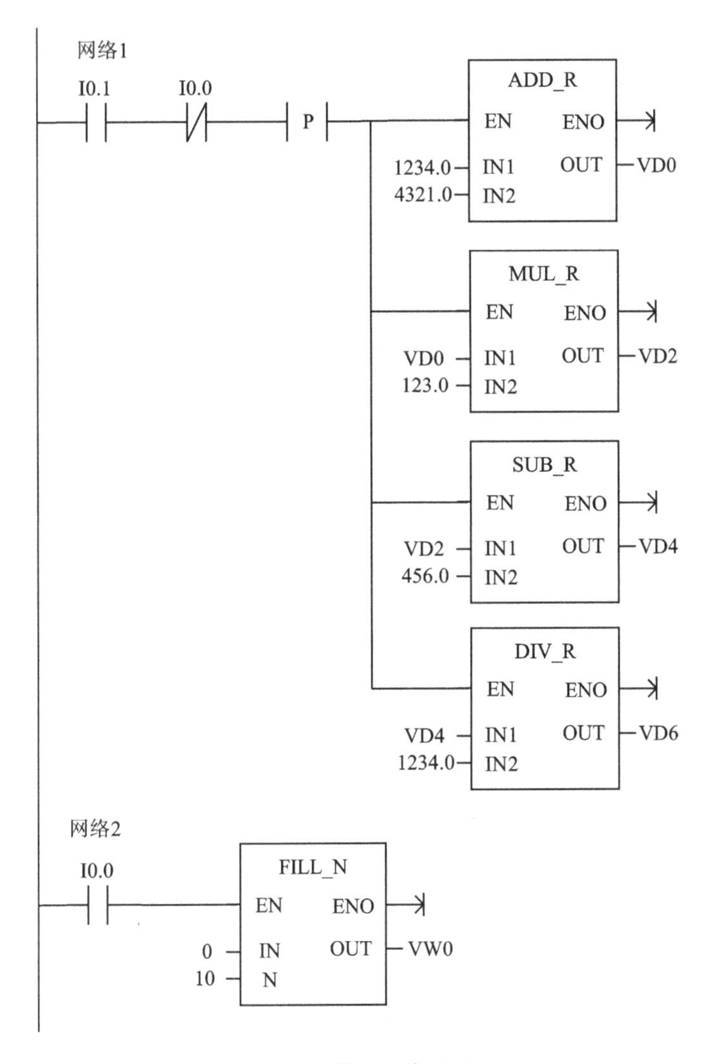

图 5.1.4　算术运算梯形图

4）调　试

按下计算按钮 I0.1，观察 VD0～VD6 所存数的状态，再按下计算按钮 I0.0，看看有没有变化。同时，可以借助在线菜单下的内存状态表观察数据。

5）程序分析

① 在网络 1 中，根据控制要求可知，只是让指令在控制触点接通（上升沿）时执行一次，所以在运算指令前使用了微分指令 P。若不加微分指令，则当控制触点闭合后，每经过一个扫描周期就执行一次运算指令。

② 在网络 2 中填充指令的功能：当控制触点 I0.0 接通时，将十进制数 K0 复制到以 VW0 为起始地址、VW18 为终止地址的数据区中，即对 VW0～VW18 清零。

【项目 5.2】 自动售货机的 PLC 控制

1）控制要求

用 PLC 设计控制两种液体饮料的自动售货机。具体动作要求如下：

① 此自动售货机可投入 1 元、5 元或 10 元钱币。

② 当投入的钱币总值等于或超过 12 元时，汽水按钮指示灯亮；当投入的钱币总值超过 15 元时，汽水、咖啡按钮指示灯都亮。

③ 当汽水按钮指示灯亮时，按汽水按钮，汽水排出 7 s 后自动停止。当汽水排出时，相应指示灯闪烁。

④ 当咖啡按钮指示灯亮时，动作同上。

⑤ 若投入的钱币总值超过所需钱数（汽水 12 元、咖啡 15 元），则找钱指示灯亮。

⑥ 按下清除按钮后，若已经投入钱币，则清除当前操作且退币灯亮；若还未投入钱币，则等待下次购物要求。

2）控制流程图

在自动售货机内部有两套液体控制装置和钱币识别装置，每套液体控制装置均由液体储存罐和电磁阀门组成，液体罐中分别储存汽水和咖啡，电磁阀 A 通电时打开，汽水从储存罐中输出；电磁阀 B 通电时，咖啡从储存罐中输出。钱币识别装置由 3 个钱币检测传感器组成，分别识别 1 元、5 元和 10 元钱币，传感器输出的信号为开关量信号。相对应的指示灯有 HL1、HL2 和操作按钮，在这一系统中暂没有考虑退币及找零装置，只是采用指示灯 HL3 来表示其功能。

根据控制要求，画出自动售货机程序设计流程图，如图 5.1.5 所示。

3）PLC 的 I/O 地址分配

控制电路中要求有 2 个选择控制按钮 SB1 和 SB2、1 个复位按钮 SB3、3 个检测传感器 SQ1～SQ3，还有 3 个指示灯与 PLC 的输出点连接。这样整个系统总的输入点数为 6 个，输出点数为 5 个。

PLC 的 I/O 地址分配如表 5.1.5 所列。

表 5.1.5 PLC I/O 地址分配表

输入信号			输出信号		
1	10.0	1 元投币检测传感器 SQ1	1	Q0.0	咖啡输出控制中间继电器 KA1
2	10.1	5 元投币检测传感器 SQ2	2	Q0.1	汽水输出控制中间继电器 KA2
3	10.2	10 元投币检测传感器 SQ3	3	Q0.2	咖啡按钮指示灯 HL1
4	10.3	咖啡按钮 SB1	4	Q0.3	汽水按钮指示灯 HL2
5	10.4	汽水按钮 SB2	5	Q0.4	找钱指示灯 HL3
6	10.5	复位/清除操作按钮 SB3			

4）程序设计

根据控制流程图进行程序设计，程序如图 5.1.6 所示。

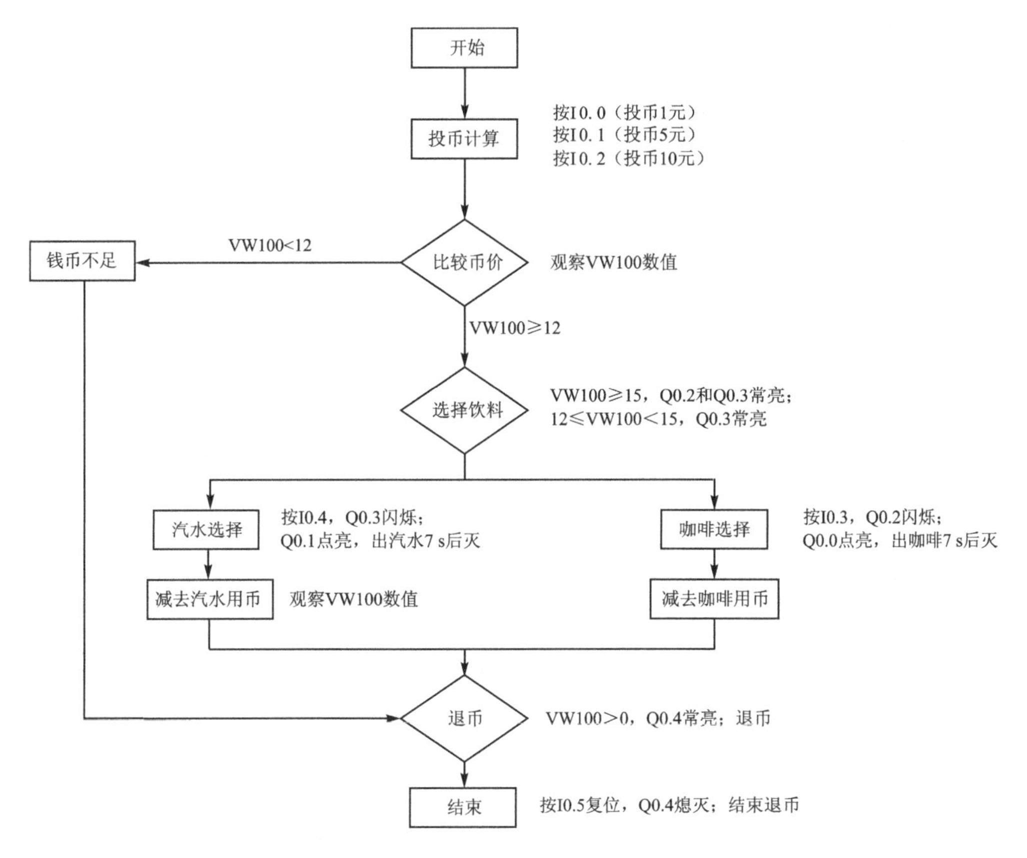

图 5.1.5　自动售货机程序设计流程图

4. 数学函数变换指令

数学函数变换指令包括平方根、自然对数、自然指数、三角函数等。

① 平方根(SQRT)指令：对 32 位实数(IN)取平方根，并产生一个 32 位实数结果，从 OUT 指定的存储单元输出。

② 自然对数(LN)指令：对 IN 中的数值进行自然对数计算，并将结果置于 OUT 指定的存储单元中。

例如，求以 10 为底数的对数时，用自然对数除以 2.302 585(约等于 10 的自然对数)。

③ 自然指数(EXP)指令：将 IN 取以 e 为底的指数，并将结果置于 OUT 指定的存储单元中。

将“自然指数”指令与“自然对数”指令相结合，可以实现以任意数为底，任意数为指数的计算。例如求 y^x，输入指令为 EXP(x * LN(y))。

举例：2^3＝EXP(3 * LN(2))＝8；27 的 3 次方根＝$27^{1/3}$＝EXP(1/3 * LN(27))＝3。

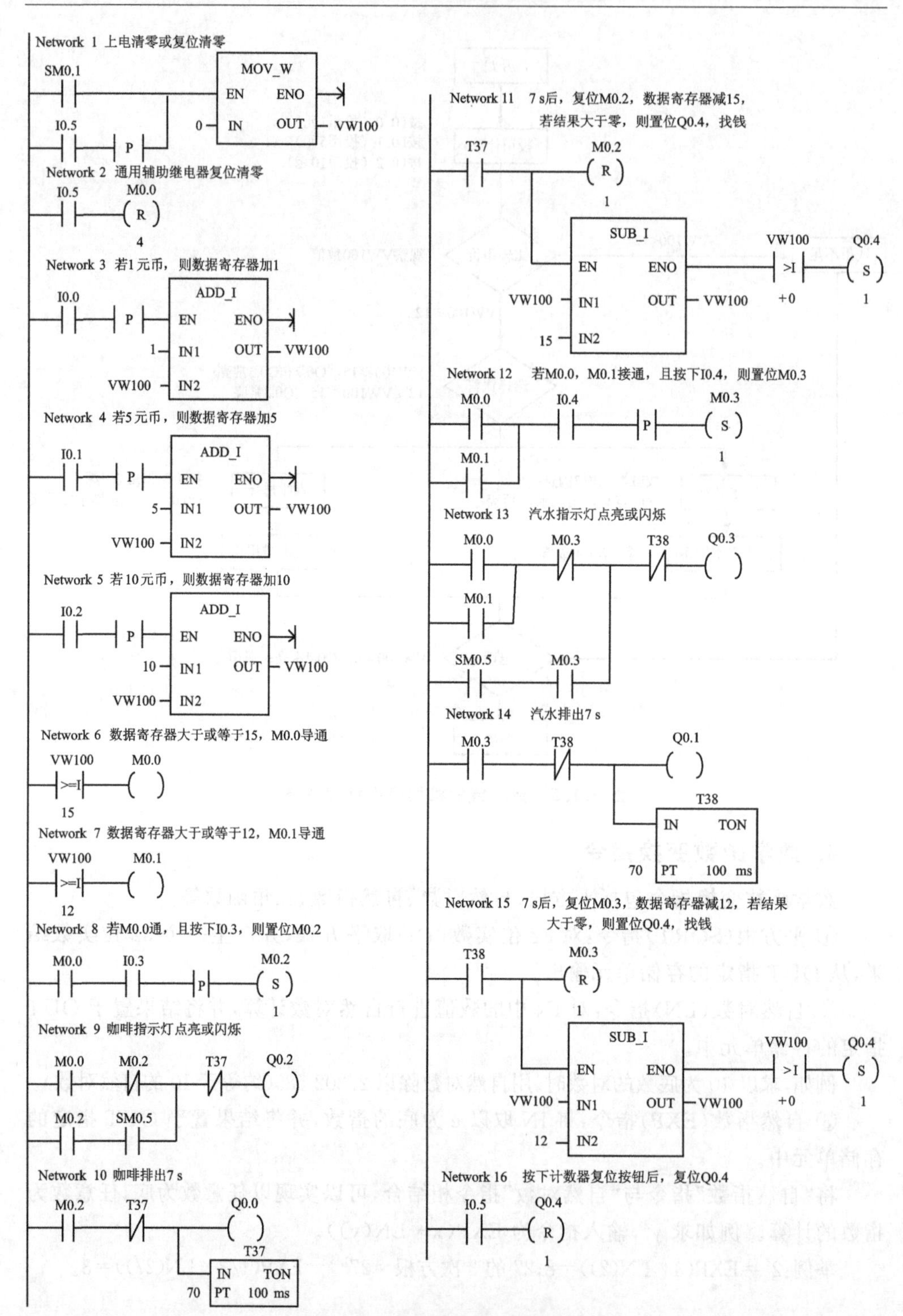

图 5.1.6　自动售货机 PLC 控制程序

④ 三角函数指令：将一个实数的弧度值 IN 分别求 SIN、COS、TAN，得到实数运算结果，从 OUT 指定的存储单元输出。

函数变换指令格式及功能见表 5.1.6。

表 5.1.6　函数变换指令格式及功能

梯形图 LAD	INC_B EN ENO IN1 OUT	DEC_B EN ENO IN1 OUT	INC_W EN ENO IN1 OUT	DEC_W EN ENO IN1 OUT	INC_DW EN ENO IN1 OUT	DEC_DW EN ENO IN1 OUT
功　能	平方根 SQRT(IN)＝OUT	自然对数 LN(IN)＝OUT	自然指数 EXP(IN)＝OUT	正弦函数 SIN(IN)＝OUT	余弦函数 COS(IN)＝OUT	正切函数 TAN(IN)＝OUT

例 5.1.2　求 30°正弦值。

先将 30°转换为弧度：(3.141 59/180)×30，再求正弦值。程序如图 5.1.7 所示。

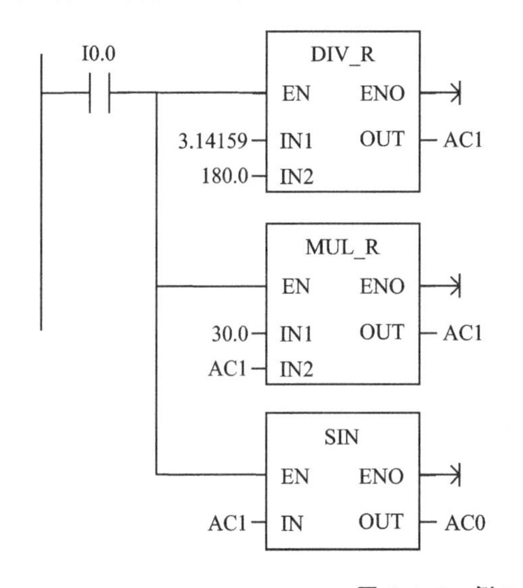


```
LD      I0.0
MOVR    3.14159, AC1
/R      180.0, AC1
*R      30.0, AC1
SIN     AC1, AC0
```

图 5.1.7　例 5.1.2 图

5. 递增、递减指令

递增、递减指令格式见表 5.1.7。

① 递增字节(INC_B)/递减字节(DEC_B)指令。递增字节和递减字节指令在输入字节(IN)上加 1 或减 1，并将结果置入 OUT 指定的变量中。递增和递减字节运算不带符号。

② 递增字(INC_W)/递减字(DEC_W)指令。递增字和递减字指令在输入字(IN)上加 1 或减 1，并将结果置入 OUT。递增和递减字运算带符号。

表 5.1.7 递增、递减指令格式

梯形图 LAD	INC_B EN ENO IN1 OUT	DEC_B EN ENO IN1 OUT	INC_W EN ENO IN1 OUT	DEC_W EN ENO IN1 OUT	INC_DW EN ENO IN1 OUT	DEC_DW EN ENO IN1 OUT
功　能	字节加 1	字节减 1	字加 1	字减 1	双字加 1	双字减 1

③ 递增双字(INC_DW)/递减双字(DEC_DW)指令。递增双字和递减双字指令在输入双字(IN)上加 1 或减 1,并将结果置入 OUT。递增和递减双字运算带符号。

【项目 5.3】 停车场显示装置控制

1) 控制要求

某汽车场最多能容纳 50 辆汽车,汽车场设有一入口和一出口。若有汽车驶入,则对汽车数加 1;若有汽车驶出,则对汽车数减 1。通过比较判定,如果汽车数量小于 50,则允许通行的指示灯亮,表明场内仍有空余车位,汽车可以驶入;否则,禁止指示灯亮,表示车库已满,禁止汽车驶入。

2) I/O 分配

根据控制要求,应该在汽车场的入口和出口分别安装检测传感器,作为 PLC 的输入信号,用于允许通行指示和禁止通行指示的两个灯信号,与 PLC 的两个输出端相接。共需 4 个 I/O 点,其中,2 个输入,2 个输出。

输入信号:汽车入口检测传感器 BL1→I0.0,汽车出口检测传感器 BL2→I0.1。

输出信号:允许通行指示灯 HL1→Q0.0,禁止通行指示灯 HL2→Q0.1。

3) 梯形图程序设计

由于汽车驶入、驶出是单一数量,因此,可以利用加 1 和减 1 指令对数据寄存器 VD0 进行数据操作。再利用比较指令判定 VD0 中的数据是否等于 50,以决定汽车能否允许进入。

Network 1 中传送指令功能:当 SM0.1 初始闭合接通时,将十进制常数 0 送到数据寄存器 VD0 中。

停车场显示装置控制梯形图见图 5.1.8。

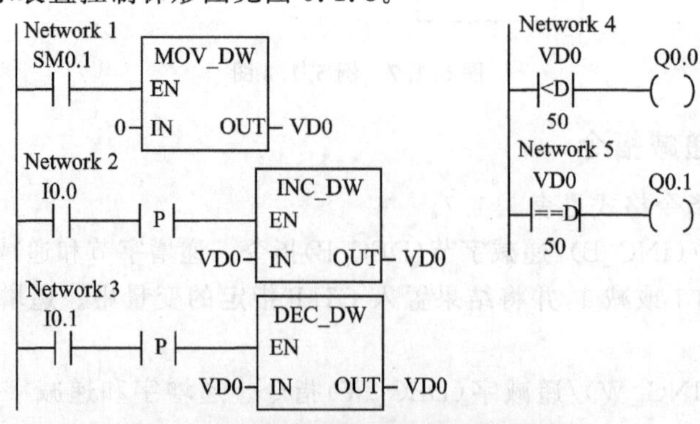

图 5.1.8 停车场显示装置控制梯形图

5.1.3 逻辑运算指令

逻辑运算指令如表5.1.8所列，格式如图5.1.9所示。

表5.1.8 逻辑运算指令

梯形图	语句表	描 述	梯形图	语句表	描 述
INV_B	1NVB OUT	字节按位取反	WAND_W	ANDW IN1,OUT	字按位相与
INV_W	INVW OUT	字按位取反	WOR_W	ORW IN1,OUT	字按位相或
INV_DW	INVD OUT	双字按位取反	WXOR_W	XORW 1N1,OUT	字异或
WAND_B	ANDB IN1,OUT	字节按位相与	WAND_DW	ANDD IN1,OUT	双字按位相与
WOR_B	ORB IN1,OUT	字节按位相或	WOR_DW	ORD IN1,OUT	双字按位相或
WXOR_B	XORB 1N11,OUT	字节按位相异或	WXOR_DW	XORD IN1,OUT	双字按位相异或

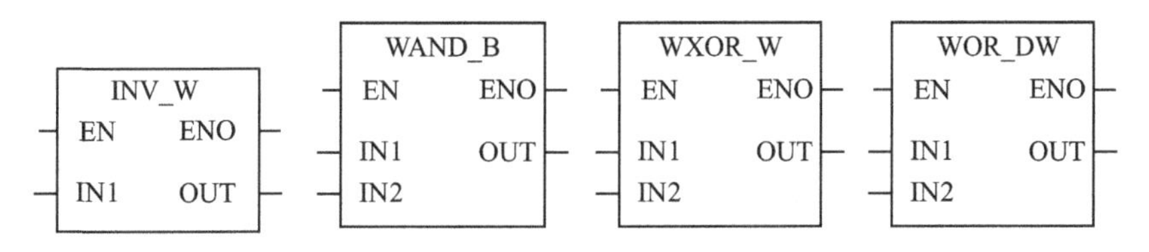

图5.1.9 逻辑运算指令格式

例5.1.3 在I0.1的上升沿执行如图5.1.10所示的逻辑运算梯形图，其中，或和异或运算的梯形图请读者自行编辑。逻辑运算结果如图5.1.11所示。

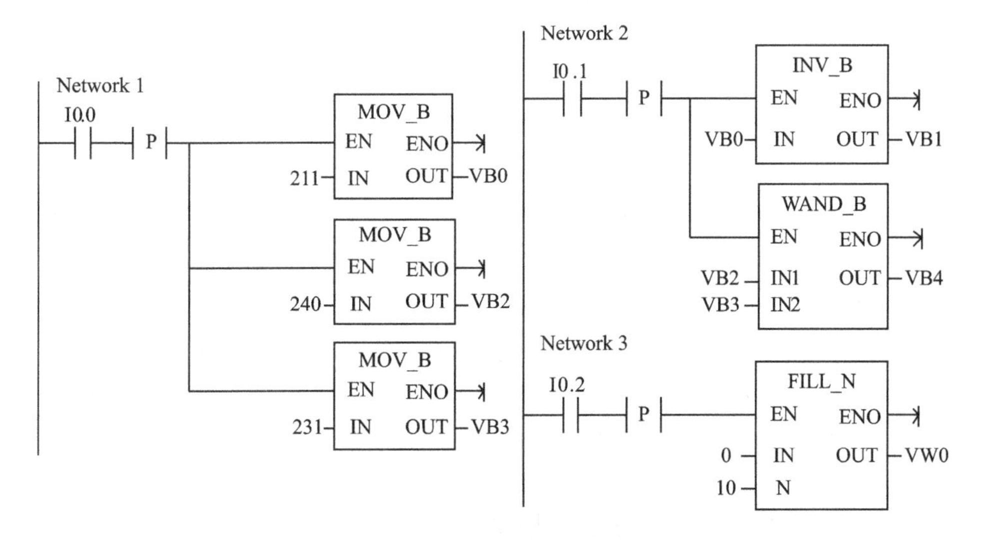

图5.1.10 逻辑运算梯形图

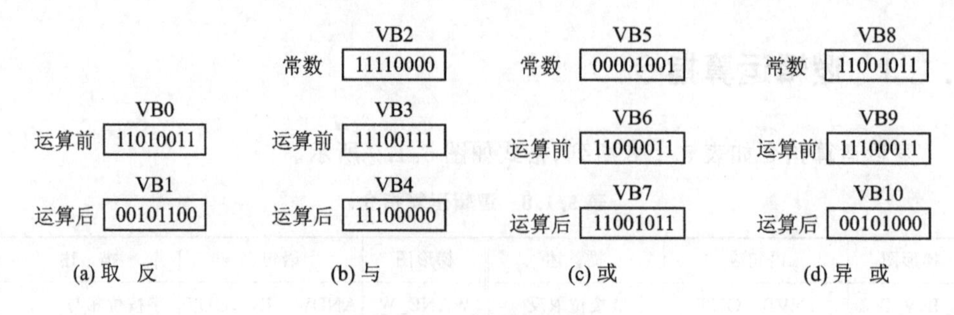

图 5.1.11 逻辑运算结果

5.2 移位、循环移位和数据转换指令

5.2.1 移位与循环移位指令

1. 右移位和左移位指令

移位指令(见表5.2.1)将输入IN中数的各位向右或向左移动N位后,送给输出OUT指定的地址。移位指令对移出位自动补0(见图5.2.1),如果移动的位数N大于允许值(字节操作为8,字操作为16,双字操作为32),实际移位的位数为最大允许值。所有的循环移位和移位指令中的N均为字节变量。字节移位操作是无符号的,对有符号的字和双字移位时,符号位也被移位。

表 5.2.1 移位与循环移位指令

梯形图	语句表	描 述	梯形图	语句表	描 述
SHR_B	SRB OUT, N	字节右移位	ROR_B	RRB OUT, N	字节循环右移
SHL_B	SLB OUT, N	字节左移位	ROL_B	RLB OUT, N	字节循环左移
SHR_W	SRW OUT, N	字右移位	ROR_W	RRW OUT, N	字循环右移
SHL_W	SLW OUT, N	字左移位	ROL_W	RLW OUT, N	字循环左移
SHR_DW	SRD OUT, N	双字右移位	ROR_DW	RRD OUT, N	双字循环右移
SHL_DW	SLD OUT, N	双字左移位	ROL_DW	RLD OUT, N	双字循环左移
SHRB	SHRB DATA, S_BIT, N	移位寄存器			

2. 循环右移位和循环左移位指令

如果移位次数大于0,则“溢出”位SM1.1保存最后一次被移出位的值。如果移位结果为 0,则零标志位 SM1.0 被置 1。

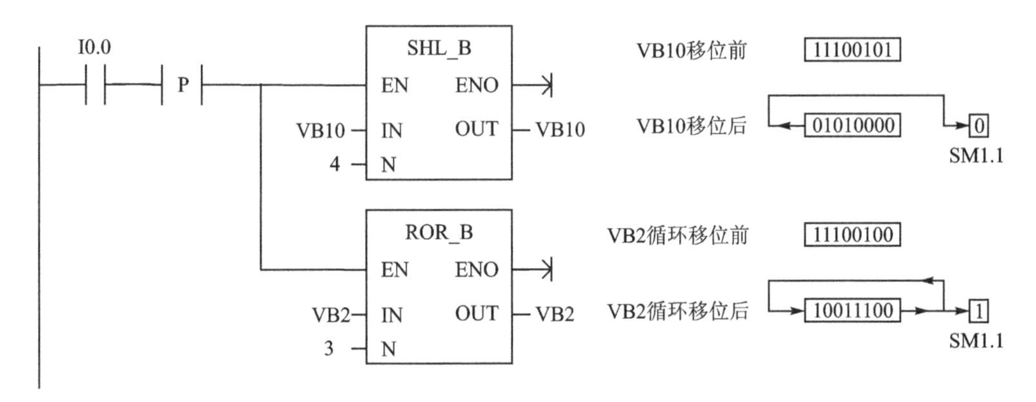

图 5.2.1　移位与循环移位指令

循环移位指令将输入 IN 中的各位向右或向左循环移动 N 位后,送给输出 OUT 指定的地址。循环移位是环形的,即被移出来的位将返回到另一端空出来的位置(见图 5.2.1),移出的最后一位的数值存放在溢出位 SM1.1。

如果移动的位数 N 大于允许值(字节操作为 8,字操作为 16,双字操作为 32),执行循环移位之前先对 N 进行取模操作,例如对于字移位,将 N 除以 16 后取余数,从而得到一个有效的移位次数(对于字节操作是 0～7,对于字操作是 0～15,对于双字操作是 0～31)。如果取模操作的结果为 0,不进行循环移位操作,则零标志 SM1.0 被置为 1。

字节操作是无符号的,如果对有符号的字和双字操作,则符号位也被移位。

例 5.2.1　按下 I0.0,Q0.0～Q0.7 从左到右以 0.5 s 的速度依次点亮,保持任意时刻只有一个指示灯亮,到达最右端后,再从右到左依次点亮,不断循环。松开 I0.0,灯全灭。

分析:8 个彩灯循环移位控制,可以用字节的循环移位指令。根据控制要求,首先应置彩灯的初始状态为 QB0=1,即左边第一盏灯亮;接着灯从左到右以 0.5 s 的速度依次点亮,即要求字节 QB0 中的"1"用循环移位指令每 0.5 s 移动一位,因此须在 ROL_B 和 ROR_B 指令的 EN 端接一个 0.5 s 的移位脉冲(可用定时器指令实现)。梯形图如图 5.2.2 所示。

思考:

① 将图 5.2.2 中 MOV_B 指令中的 IN 值 1 改为 3,观察运行效果。

② 更改程序,实现 Q0.0～Q0.7 从左到右以 2 s 的速度依次点亮,保持任意时刻只有一个指示灯亮,到达最右端后,再从左到右依次点亮,不断循环。

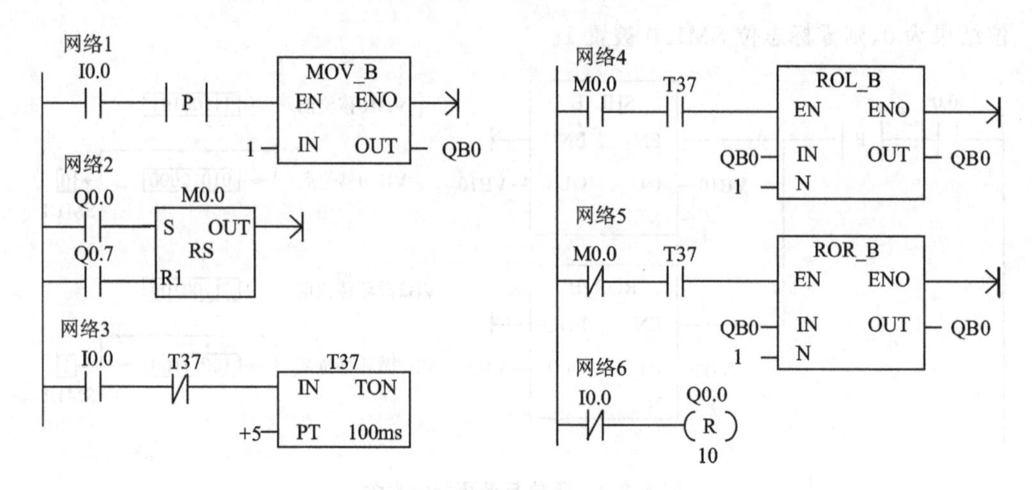

图 5.2.2 例 5.2.1 图

3. 寄存器移位

移位寄存器指令 SHRB 将 DATA 数值移入移位寄存器。梯形图中 EN 为使能输入端,连接移位脉冲信号,每次使能有效时,整个移位寄存器移动 1 位。DATA 为数据输入端,连接移入移位寄存器的二进制数值,执行指令时将该位的值移入寄存器。S_BIT 指定移位寄存器的最低位。N 指定移位寄存器的长度和移位方向,移位寄存器的最大长度为 64 位。N 为正值表示左移位,输入数据(DATA)移入移位寄存器的最低位(S_BIT),并移出移位寄存器的最高位,移出的数据被放置在溢出内存位(SM1.1)中;N 为负值表示右移位,输入数据移入移位寄存器的最高位并移出最低位(S_BIT),移出的数据被放置在溢出内存位(SM1.1)中。

例 5.2.2 移位寄存器应用举例。其梯形图、语句表、时序图及运行结果如图 5.2.3 所示。

5.2.2 数据转换指令

1. 数字转换指令

表 5.2.2 中的前 7 条指令属于数字转换指令,包括字节(B)与整数(I)之间(数值范围为 0~255)、整数与双整数(DI)之间、BCD 码与整数之间的转换指令,以及双整数转换为实数(R)的指令。BCD 码(8421 码)的允许范围为 0~999 9,如果转换后的数超出输出的允许范围,则溢出标志 SM1.1 将被置为 1。当整数转换为双整数时,有符号数的符号位被扩展到高字。对于字节是无符号的,转换为整数时没有扩展符号位的问题。图 5.2.4 所示为梯形图中的部分数字转换指令。

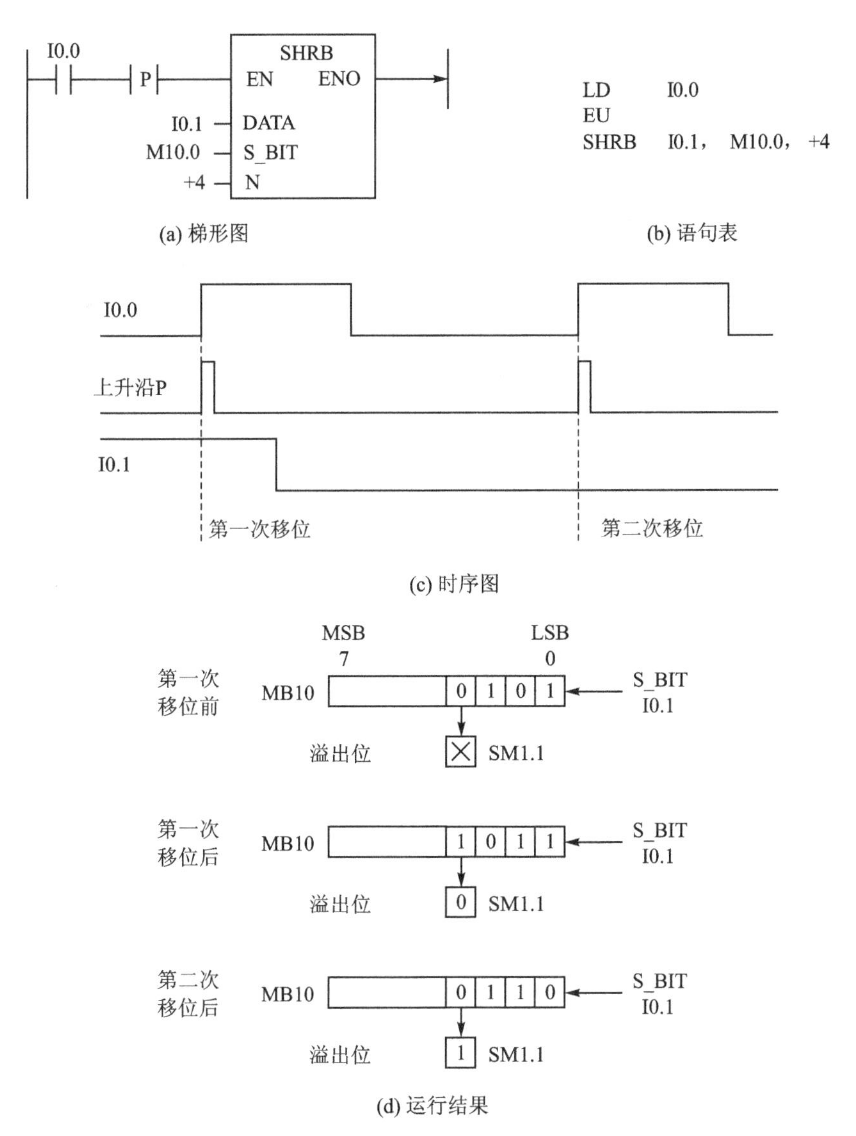

图 5.2.3 例 5.2.2 的梯形图、语句表、时序图及运行结果

表 5.2.2 数字转换指令

梯形图	语句表	描 述	梯形图	语句表	描 述
I_BCD	IBCD OUT	整数转换为 BCD 码	I_S	ITS IN,OUT,FMT	整数转换为字符串
BCD_I	BCDI OUT	BCD 码转换为整数	DI_S	DTS IN,OUT,FMT	双整数转换为字符串
B_I	BTI IN,OUT	字节转换为整数	R_S	RTS IN,OUT,FMT	实数转换为字符串
I_B	ITB IN,OUT	整数转换为字节	S_I	STI IN,INDX,OUT	子字符串转换为整数
I_DI	ITD IN,OUT	整数转换为双整数	S_DI	STD IN,INDX,OUT	子字符串转换为双整数

续表 5.2.2

梯形图	语句表	描　述	梯形图	语句表	描　述
DI_I	DTI IN,OUT	双整数转换为整数	S_R	STR IN,INDX,OUT	子字符串转换为实数
DI_R	DTR IN,OUT	双整数转换为实数			
ROUND	ROUND 1N,OUT	实数四舍五入为双整数	ATH	ATH IN,OUT,LEN	ASCII 码转换为十六进制数
TRUNC	TRUNC IN,OUT	实数截位取整为双整数	HTA	HTA IN,OUT,LEN	十六进制数转换为 ASCII 码
SEG	SEG IN,OUT	7 段译码	ITA	ITA IN,OUT,FMT	整数转换为 ASCII 码
DECO	DECO IN,OUT	译码	DTA	DTA IN,OUT,FMT	双整数转换为 ASCII 码
ENCO	ENCO IN,OUT	编码	RTA	RTA IN,OUT,FMT	实数转换为 ASCII 码

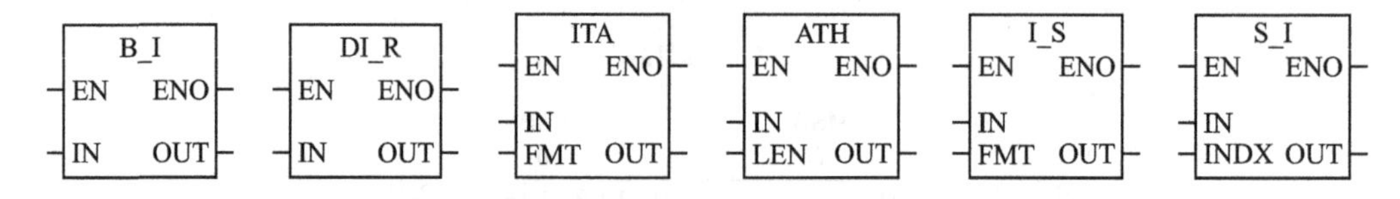

图 5.2.4　部分数字转换指令

2. 实数转换为双整数的指令

指令 ROUND 将实数(IN)四舍五入后转换成双字整数,如果小数部分≥0.5,则整数部分加 1。截位取整指令 TRUNC 将 32 位实数(IN)转换成 32 位带符号整数,舍去小数部分。如果转换后的数超出双整数的允许范围,则溢出标志 SM1.1 被置为 1。

3. 译码指令

译码(decode)指令 DECO 根据输入字节(IN)的低 4 位表示的位号,将输出字(OUT)相应的位置为 1,输出字的其他位均置为 0。

编译程序:

```
LD I0.0
DECO 2,MW2          //译码
LD I0.1
MOVW 0,MW2          //字传送(清零)
```

仿真将输出字 MW2 的第 2 位置 1,MW2 中的二进制数为 2＃0000 0000 0000 0100。在 MW2 中,MB3 为低位字节。

4. 编码指令

编码(encode)指令 ENCO 将输入(IN)中为 1 的最低有效位的位数写入输出通

道(OUT)的最低 4 位。

编译程序：

```
LD I0.0
ENCO 2,VB2          //译码
LD I0.1
MOVB 0,VB2          //字节传送(清零)
```

仿真将输出 VB2 的第 1 位置 1,MB2 中的二进制数为 2＃ 0000 0010。

5.2.3　数据转换指令的应用举例

【项目 5.4】　BCD 码的转换

(1) 相关知识

指令 BCD_I 功能:BCD 码转换为整数,如图 5.2.5 所示。

BCD 码

15…12	11 … 8	7 … 4	3 … 0
0000	0000	0001	0010
0	0	1	2

BCD码转换为整数 ⟶

二进制

15… 12	11 … 8	7 … 4	3 … 0
0000	0000	0000	1100
十进制整数　K12			

图 5.2.5　4 位 BCD 码转换为 16 位二进制整数

BCD 码是用 4 位二进制数表示 0～9 的十进制数,其值不能超过 1001(十进制数 9)。当使用相同二进制位数时,显然 BCD 码表示数的范围要小得多。例如 16 位二进制数,用 BCD 码表示最大十进制为 9 999,对应 BCD 码 1001 1001 1001 1001。

(2) 控制要求

转换从开关读取的 BCD 码值。CPU 224 的输入电路如图 5.2.6 所示。

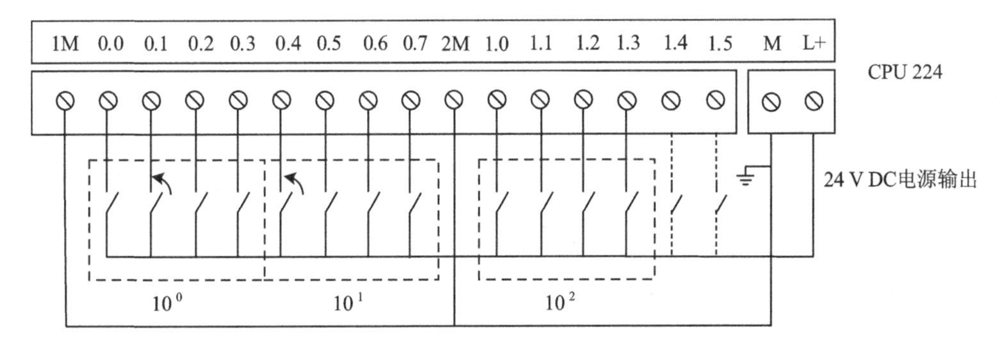

图 5.2.6　CPU 224 的输入电路

(3) 输入/输出分配

I0.0～I0.3 用来读取输入的 BCD 码个位数值,I0.4～I0.7 用来读取输入的

BCD 码十位数值，I1.0～I1.3 用来读取输入的 BCD 码百位数值，BCD 码转换对应的二进制数输出 QW0，I2.0 为启动开关。

(4) 程序设计

为了将从开关读取的 BCD 码数据转换为二进制数，首先将它们传送到 VW10。IB0 读取的是个位和十位的开关的值，将它的值传送到 VB11（VW10 的低位字节）。

百位开关接在 I1.0～I1.3，将 IB1 的值传送到 VB10（VW10 的高位字节）后，还需要用“字逻辑与”指令 ANDW 去掉 VW10 的最高 4 位中没有用到的来自 I1.4 和 I1.7 的值。图 5.2.7 所示是读取和转换开关数据的梯形图。

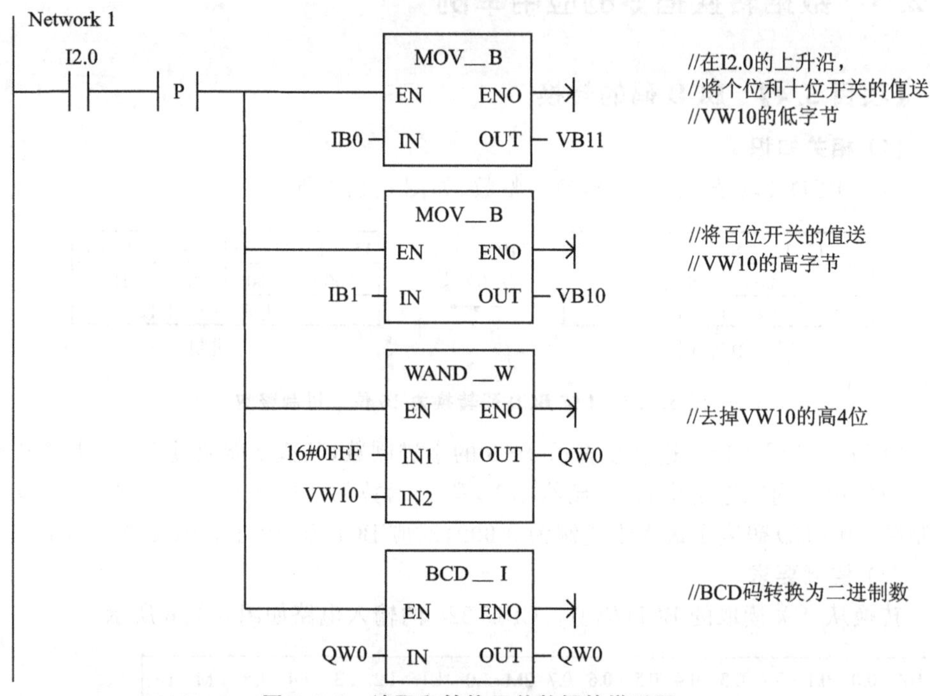

图 5.2.7 读取和转换开关数据的梯形图

(5) 程序调试

实验步骤如下：

① 将上述程序输入，下载到 PLC 后运行。按图 5.2.6 的要求，将 I0.1 和 I0.4 接通，其余 IB0 和 IB1 的输入开关断开，观察输入开关对应的 BCD 码与输出 QW0 对应的二进制数是否一致。

② 打开状态表，在“地址”列输入 VW10、QW0，“格式”为“二进制”。单击工具栏中的“状态表监控”按钮，启动监控功能。

【项目 5.5】 抢答器控制

(1) 相关知识段译码指令 SEG

段译码指令 SEG 根据输入字节(IN)低 4 位的十六进制数(16#0～F)产生点亮

7 段显示器各段的代码，并送到输出字节 OUT。图 5.2.8 中 7 段显示器的 D0～D6 段分别对应于输出字节的最低位(第 0 位)～第 6 位，字节的第 7 位补零。某段应亮时输出字节中对应的位为 1，反之为 0。

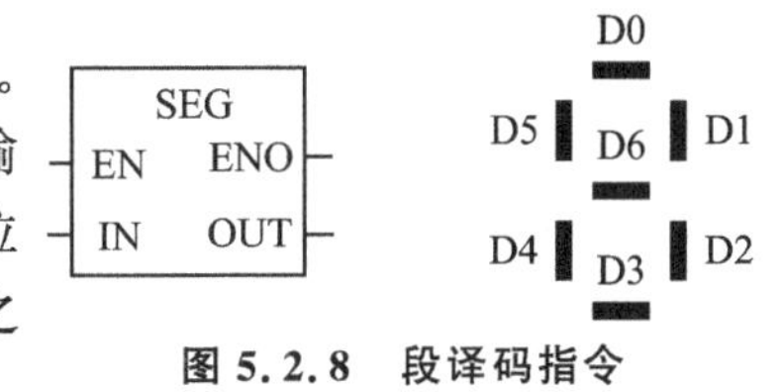

图 5.2.8　段译码指令

七段转换关系如表 5.2.3 所列。

表 5.2.3　七段转换表

待变换的数据		七段显示的组成	用于七段显示的 8 位数据		七段显示
十六进制	二进制		／ g f e	d c b a	
H0	0 0 0 0		0 0 1 1	1 1 1 1	0
H1	0 0 0 1		0 0 0 0	0 1 1 0	1
H2	0 0 1 0		0 1 0 1	1 0 1 1	2
H3	0 0 1 1		0 1 0 0	1 1 1 1	3
H4	0 1 0 0		0 1 1 0	0 1 1 0	4
H5	0 1 0 1	a	0 1 1 0	1 1 0 1	5
H6	0 1 1 0	f　b	0 1 1 1	1 1 0 1	6
H7	0 1 1 1	g	0 0 1 0	0 1 1 1	7
H8	1 0 0 0		0 1 1 1	1 1 1 1	8
H9	1 0 0 1	e　c	0 1 1 0	1 1 1 1	9
HA	1 0 1 0	d	0 1 1 1	0 1 1 1	A
HB	1 0 1 1		0 1 1 1	1 1 0 0	b
HC	1 1 0 0		0 0 1 1	1 0 0 1	C
HD	1 1 0 1		0 1 0 1	1 1 1 0	d
HE	1 1 1 0		0 1 1 1	1 0 0 1	E
HF	1 1 1 1		0 1 1 1	0 0 0 1	F

(2) 控制要求

设计一个 4 组抢答器，主持人按下开始抢答按钮后，若 10 s 内无人抢答，则该题作废，有铃声提示；若 10 s 内任意一组抢先按下按键后，显示器能及时显示该组的编号，并使蜂鸣器发出一声响声(1 s)，同时锁住抢答器，使其他组按下按键无效。抢答开始后计时，25 s 时发提示音，蜂鸣器响一下(1 s)，30 s 时抢答时间到，关闭显示为 0，此时可重新抢答。抢答器同时还设有复位按钮，按下复位按钮时，关闭显示为 0，可重新抢答。显示器由七段数码显示器实现。

(3) 输入/输出分配

输入：SB1 一组抢答按键→I0.1，SB2 二组抢答按键→I0.2，SB3 三组抢答按键→I0.3，SB4 四组抢答按键→I0.4，SB5 开始抢答按键→I0.5，SB6 复位开关→I0.6。

输出：蜂鸣器→Q0.7，a→Q0.0，b→Q0.1，c→Q0.2，d→Q0.3，e→Q0.4，f→Q0.5，g→Q0.6。

(4) 编制控制程序

抢答器梯形图如图 5.2.9 所示。

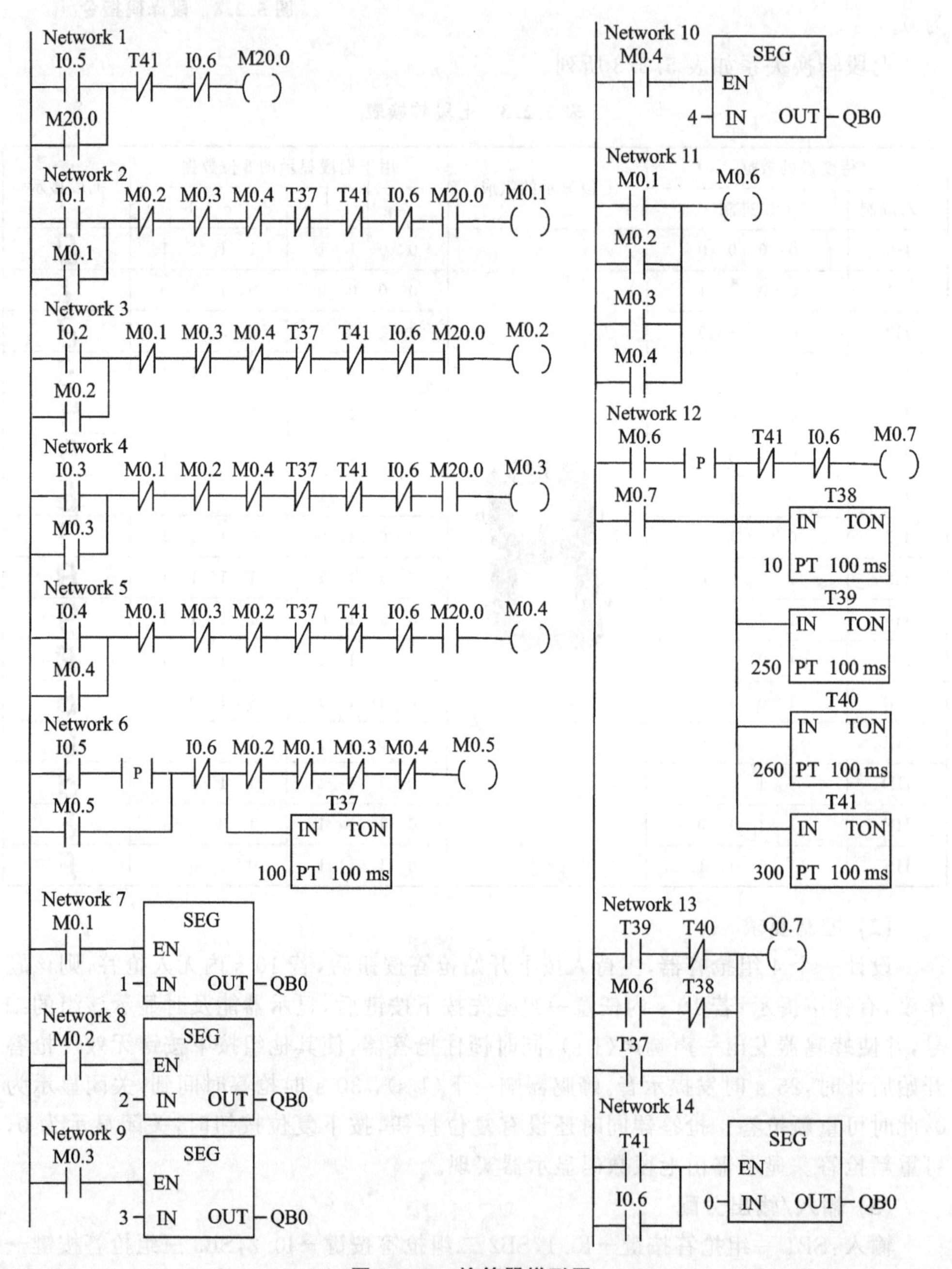

图 5.2.9 抢答器梯形图

(5) 实际接线图

抢答器实际接线图如图 5.2.10 所示。

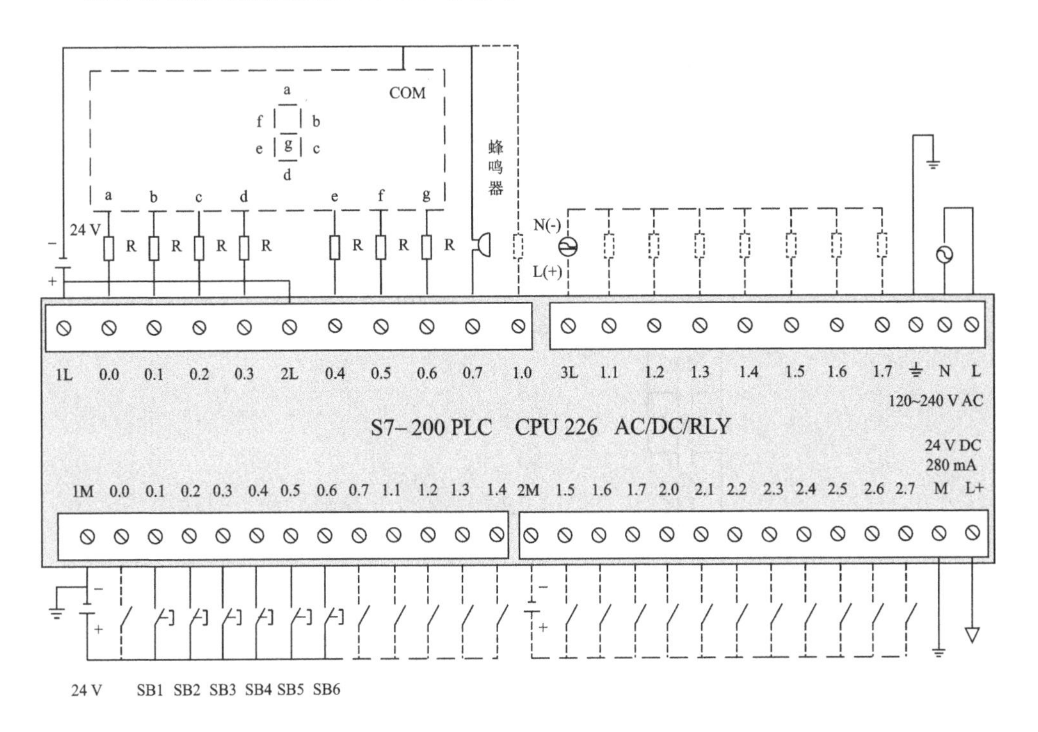

图 5.2.10　抢答器实际接线图

注意： 本项目只接图 5.2.10 中的实线部分，输出 1L 和 2L 共用一个直流电源；虚线部分是 CPU 226 的外部接线说明，CPU 226 的输出 1L、2L 和 3L 可根据需要选择共用一个电源或单独使用电源，交直流电源均可。CPU 226 的输入 1M 和 2M 也可共用电源。

(6) 分析和思考

图 5.2.10 中七段数码管的输出控制是通过段译码指令实现的，另外，还可以通过抢答按钮 I0.1～I0.4 控制的内部继电器 M0.1～M0.4，与七段显示输出 Q0.1～Q0.7 相接。因为数码显示 1、2、3、4 对应 bc、abged、abgcd、fgbc，所以与此相对应的输出为 Q0.1Q0.2、Q0.0Q0.1Q0.6Q0.4Q0.3、Q0.0Q0.1Q0.6Q0.2Q0.3 和 Q0.5Q0.6Q0.1Q0.2。七段显示内部继电器梯形图如图 5.2.11 所示，读者可自行完善梯形图来实现本项目功能。

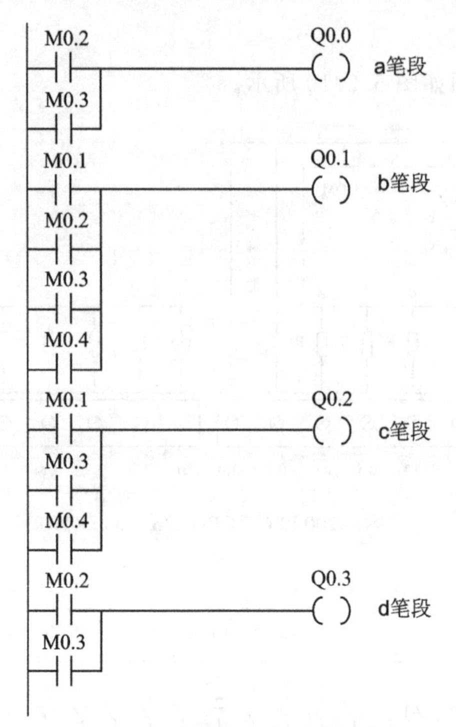

图 5.2.11 七段显示内部继电器梯形图

5.3 时钟指令及其编程举例

5.3.1 时钟指令

1. 时钟指令格式

利用时钟指令可以实现调用系统实时时钟或根据需要设定时钟，这对于实现控制系统的运行监视、运行记录以及所有和实时时间有关的控制等十分方便。实用的时钟操作指令有两种：读实时时钟和设定实时时钟。时钟指令格式如图 5.3.1 所示。

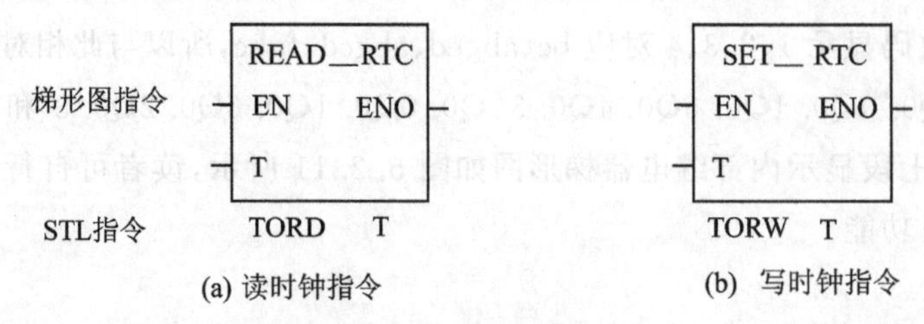

图 5.3.1 时钟指令格式

① 读实时时钟指令(TODR),当使能输入有效时,系统读当前时间和日期,并把它装入一个8字节的缓冲区。操作数T用来指定8个字节缓冲区的起始地址。

② 写实时时钟指令(TODW),用来设定实时时钟,当使能输入有效时,系统将包含当前时间和日期,一个8字节的缓冲区装入时钟。操作数T用来指定8个字节缓冲区的起始地址。

2. 时钟指令缓冲区的格式

时钟缓冲区的格式见表5.3.1。

表5.3.1 时钟缓冲区的格式表

字节	T	T+1	T+2	T+3	T+4	T+5	T+6	T+7
含义	年	月	日	小时	分钟	秒	0	星期几
范围	00～99	01～12	01～31	00～23	00～59	00～59	0	01～07

① 对于一个没有使用过时钟指令的PLC,在使用时钟指令前,打开编程软件菜单"PLC→实时时钟"界面,在该界面中可读取PC的时钟,然后把PC的时钟设置成PLC的实时时钟,也可重新进行时钟的调整。PLC时钟设定后才能开始使用时钟指令。时钟可以设成与PC的一样,也可用TODW指令自由设定,但必须先对时钟存储单元赋值后,才能使用TODW指令。

② 所有日期和时间的值均要用BCD码表示。例如,对于年,16#03表示2003年;对于小时,16#23表示晚上11点。星期的表示范围是1～7,1表示星期日,依次类推,7表示星期六,0表示禁用星期。

③ 系统不检查与核实时钟各值的正确与否,所以必须确保输入的设定数据是正确的。如2月31日虽为无效日期,但可以被系统接受。

④ 不能同时在主程序和中断程序中使用读/写时钟指令,否则会产生致命错误,中断程序中的实时时钟指令将不被执行。

⑤ 在CPU 224以上的CPU中才有硬件时钟。

5.3.2 时钟指令编程举例

【项目5.6】 通风系统定时启动

(1) 控制要求

某通风系统要求每天7:00开第一台电动机Q0.0,7:30开第二台电动机Q0.1,16:00关第一台电动机Q0.0,23:30关第二台电动机Q0.1,试用时钟指令编写程序。

(2) I/O分配

第一台电动机:Q0.0。第二台电动机:Q0.1。

I0.0:设定时间按钮。

(3) 程序设计

先进行时钟的设置与读出，把当前时间（例如 2019 年 12 月 30 日星期二早上 9 点 14 分 25 秒）写入 PLC，并把当前时间从 VB200～VB207 中以十六进制形式读出。在此基础上用小时和分钟数值与具体时间进行比较，就可实现该通风系统的控制，控制程序如图 5.3.2 所示。

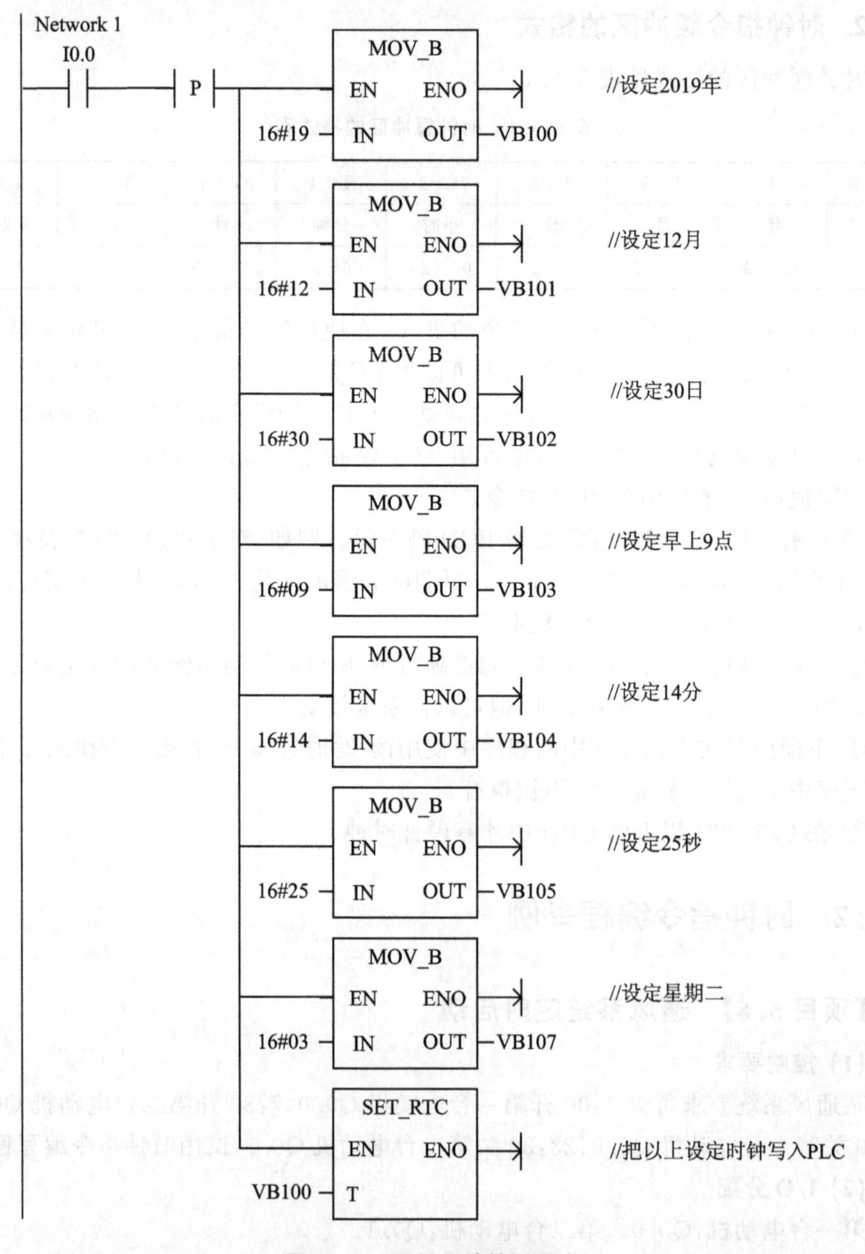

图 5.3.2 通风系统控制程序

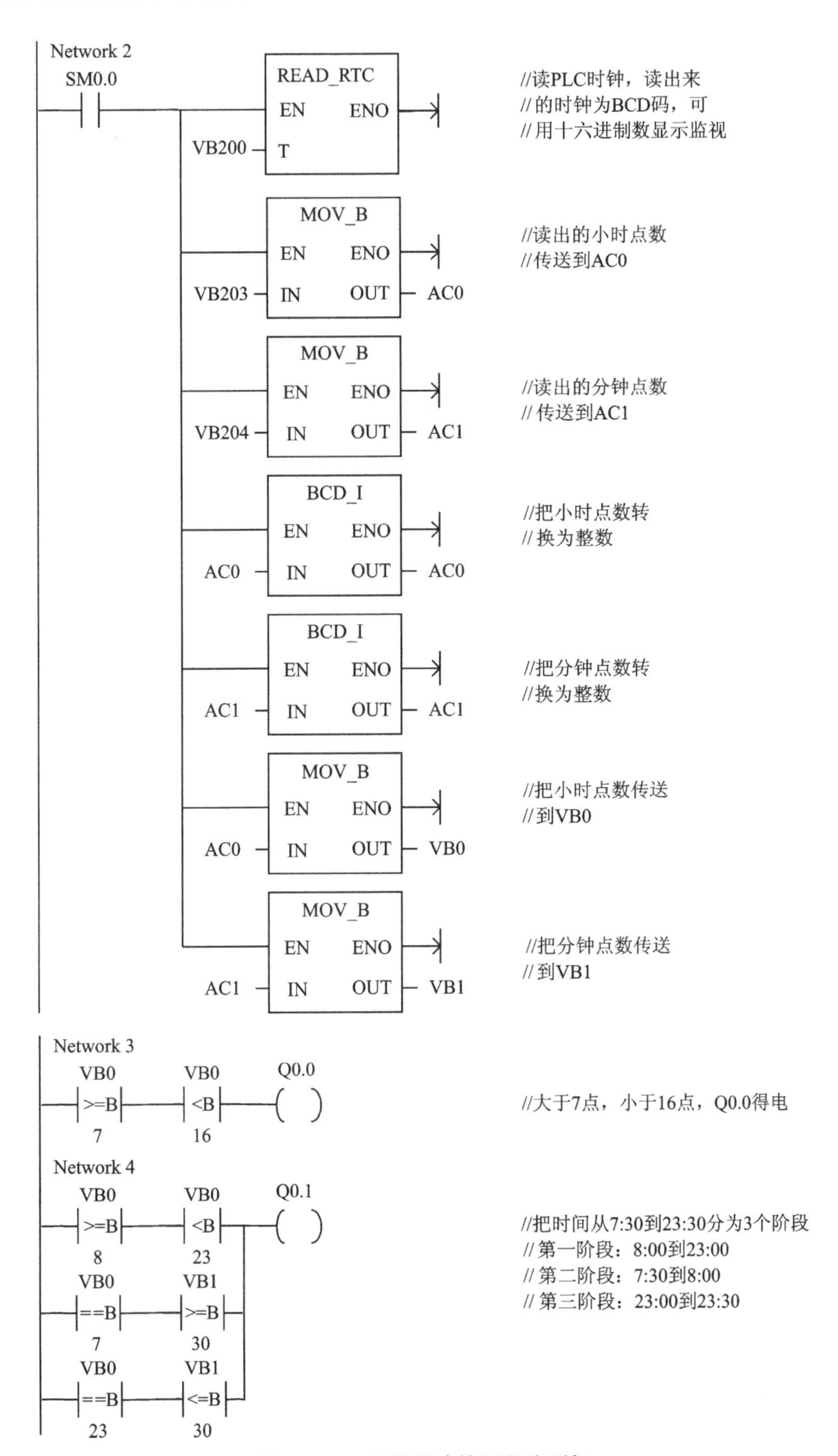

图 5.3.2 通风系统控制程序(续)

PLC 的功能指令中还有一类是特殊功能指令，其功能是完成对时间的转换、I/O 刷新、通信、打印输出、高速计数等。限于篇幅，这里不再介绍，读者可查阅其他相关资料。

习 题

5.1 用 I0.0 控制 16 个彩灯循环移位，从左到右以 2 s 的速度依次 2 个为一组点亮，全部点亮后，亮 5 s，熄灭，再从左到右依次点亮，按下 I0.1 后，彩灯循环停止。

5.2 试设计程序，首次扫描时，给 QB0 置初值，用 I0.0 控制 8 个彩灯，每隔 0.5 s 循环移位，用 I0.1 控制彩灯移位的方向，I0.2 停止移位。

5.3 I0.0 接通一次，则 VW0 的值加 1，当 VW0＝5 时，Q0.0 接通，用 I0.1 使 Q0.0 复位和 VW0 清零。

5.4 求 45°角的正弦值，并将其结果存储在 VD20 中。

5.5 求 27 的立方根，并将结果存于 VD20 中。

5.6 设半径为 10 m，取圆周率为 3.141 6，用运算指令计算圆周长，将运算结果四舍五入转换为整数，存放在 VW20 中。

第 6 章

PLC 的应用

本章将介绍西门子 MM420 通用型变频器的基本应用，触摸屏的基本应用，PLC 的 PPI 通信，以及模拟量 I/O 扩展模块和 PID 闭环控制。

6.1 西门子 MM420 通用型变频器简介

变频器是把工频电源(50 Hz 或 60 Hz)变换成各种频率的交流电源，以实现电动机变速运行的设备，其中，控制电路完成对主电路的控制，整流电路将交流电变换成直流电，直流中间电路对整流电路的输出进行平滑滤波，逆变电路将直流电再逆变成交流电。对于如矢量控制变频器这种需要大量运算的变频器，有时还需要一个进行转矩计算的 CPU 以及一些相应的电路。

变频器的分类方法有多种，按照主电路工作方式分，可分为电压型变频器和电流型变频器；按照开关方式分，可分为 PAM(脉冲幅度)控制变频器、PWM(脉冲宽度)控制变频器和高载频 PWM 控制变频器；按照工作原理分，可分为 V/f 控制变频器、转差频率控制变频器和矢量控制变频器等；按照用途分，可分为通用变频器、高性能专用变频器、高频变频器、单相变频器和三相变频器等。

PLC 控制变频器主要有两种方式：一种是连接变频器外部控制端子，这些外部端子有开关量和模拟量之分，开关量完成变频器状态间断变化控制，模拟量完成变频器状态连续变化控制；另一种是连接变频器通信端口，通过数据传输方式进行开关量和模拟量控制。对于这两种控制方式，变频器信息直接显示了被控电动机的运行状态，如电流、电压、频率等，PLC 检测到这些信息，根据控制要求对电动机实施控制。

6.1.1 MM420 通用型变频器的基本结构

1. 变频器的方框图

西门子 MM420 通用型变频器的方框图如图 6.1.1 所示。

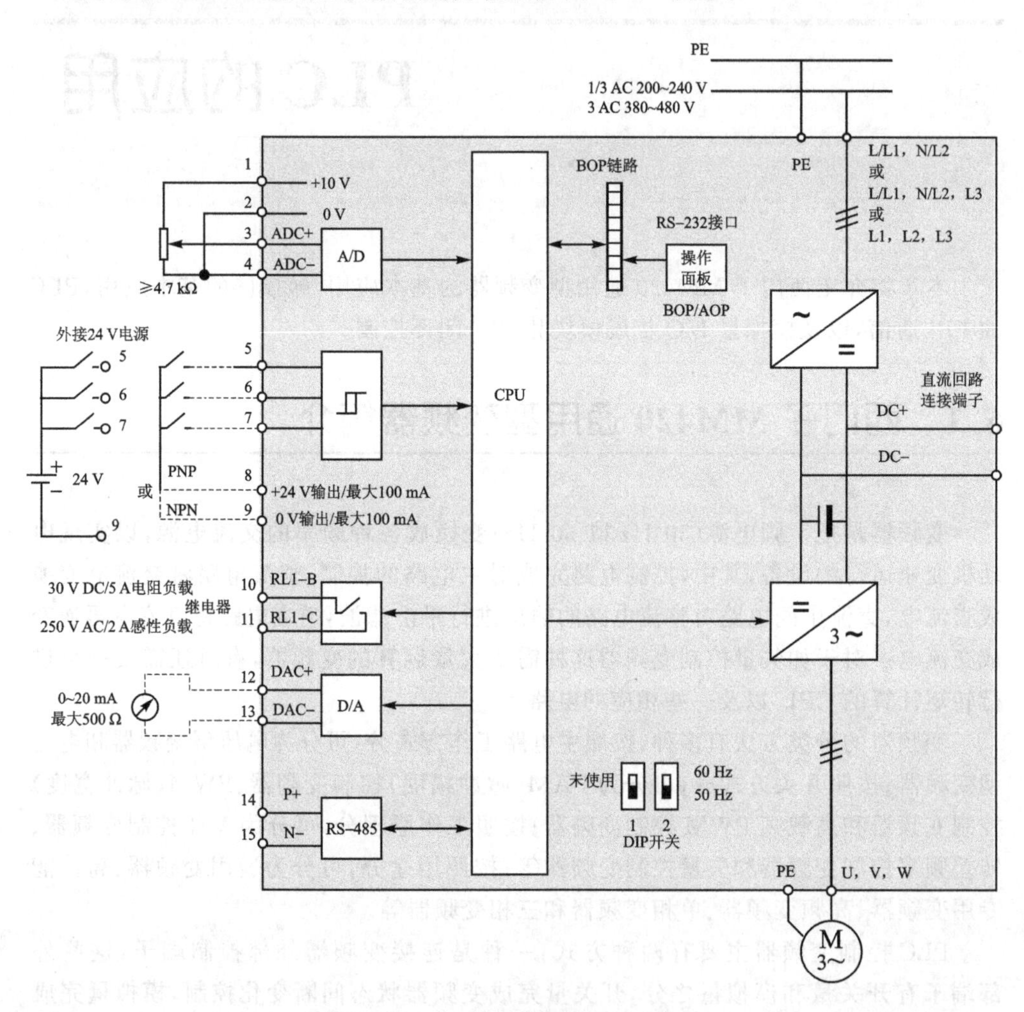

图 6.1.1 MM420 变频器的方框图

2. 控制端子

MM420 变频器控制端子功能如表 6.1.1 所列。

表 6.1.1 MM420 变频器控制端子功能

端子号	标 识	功 能	端子号	标 识	功 能
1		输出+10 V	9		0 V 输出/最大 100 mA
2		输出 0 V	10	RL1 - B	数字输出/NO(常开)触头
3	ADC+	模拟输入(+)	11	RL1 - C	数字输出/切换触头
4	ADC−	模拟输入(−)	12	DAC+	模拟输出 (+)
5	DIN1	数字输入 1	13	DAC−	模拟输出 (−)
6	DIN2	数字输入 2	14	P+	RS - 485 串行接口
7	DIN3	数字输入 3	15	N−	RS - 485 串行接口
8		+24 V 输出/最大 100 mA			

6.1.2 MM420 通用型变频器的出厂设置和按钮功能

1. 出厂设置

MM420 变频器的模拟和数字输入接线示意如图 6.1.2 所示。在出厂时具有出厂设置，即不需要再进行任何参数化就可以投入运行。为此，出厂时电动机的参数(P0304、P0305、P0307、P0310)是按照西门子公司 1LA7 型 4 极电动机进行设置的，实际连接的电动机额定参数应与该电动机的额定参数相匹配。

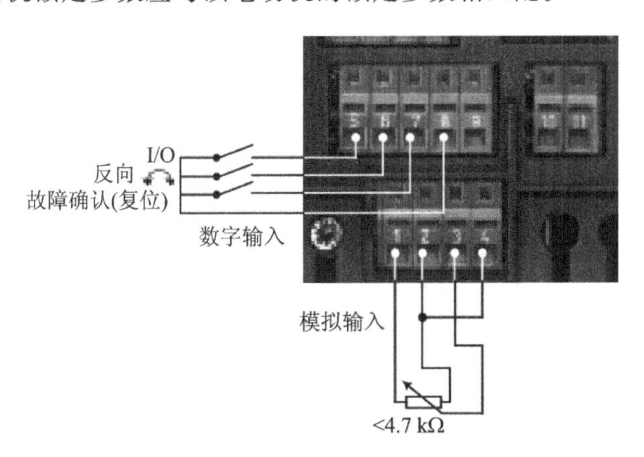

图 6.1.2 MM420 通用型变频器的模拟和数字输入接线示意

2. 出厂设置的复位

MM420 通用型变频器出厂设置的复位过程如图 6.1.3 所示。

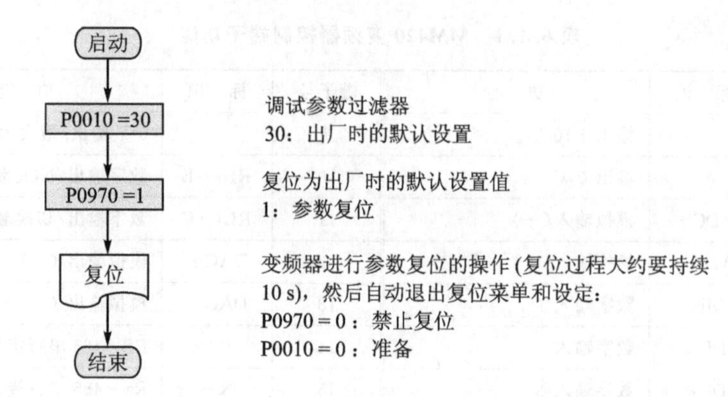

图 6.1.3 MM420 变频器出厂设置的复位过程

3. BOP/AOP 的按钮及其功能

MM420 通用型变频器 BOP/AOP 的按钮及其功能如表 6.1.2 所列。

表 6.1.2 BOP/AOP 的按钮及其功能

显示/按钮	功 能	功能说明
0000	状态显示	LCD：显示变频器当前所用的设定值
I	启动变频器	按此键启动变频器。默认值运行时此键是被封锁的。为了使此键的操作有效，应按要求修改 P0700 或 P0719 的设定值
□	停止变频器	OFF1：按此键，变频器将按选定的斜坡下降速率减速停车。默认值运行时此键被封锁。 OFF2：按此键两次（或一次，但时间较长）电动机将在惯性作用下自由停车
	改变电动机的方向	按此键可以改变电动机的转动方向。电动机的反向用负号（—）表示或用闪烁的小数点表示。默认值运行时此键是被封锁的
jog	电动机点动	在变频器"运行准备就绪"的状态下，按下此键，将使电动机启动，并按预设定的点动频率运行。释放此键时，变频器停车。如果变频器/电动机正在运行，按此键将不起作用
Fn	浏览辅助信息、跳转、确认	此键用于浏览辅助信息。变频器运行过程中，显示任何一个参数时按下此键并保持 2 s，将显示以下参数的数值： (1) 直流回路电压（用 d 表示，单位为 V）； (2) 输出电流（A）； (3) 输出频率（Hz）； (4) 输出电压（用 O 表示，单位为 V）； (5) 由 P0005 选定的数值（如果 P0005 选择显示上述参数的任何一个((1)～(4))，这里将不再显示）。 连续多次按下此键，将轮流显示以上参数

续表 6.1.2

显示/按钮	功　能	功能说明
(Fn)	浏览辅助信息、跳转、确认	跳转功能： 在显示任何一个参数(rXXXX 或 PXXXX)时短时间按下此键，将立即跳转到 r0000。如果需要，还可以接着修改其他参数。跳转到 r0000 后，按此键将返回原来的显示点。 确认： 在出现故障或报警的情况下，按键可以对故障或报警进行确认，并将操作板上显示的故障或报警信号复位
(P)	参数访问	按此键即可访问参数
(▲)	增加数值	按此键即可增加面板上显示的参数数值
(▼)	减少数值	按此键即可减少面板上显示的参数数值
(Fn) + (P)	AOP 菜单	直接调用 AOP 主菜单(仅对 AOP 有效)

4. 更改参数的方法举例

P0003 设为“访问级”的操作步骤如表 6.1.3 所列。

表 6.1.3　P0003 设为“访问级”的操作步骤

操作步骤		显示的结果
1	按(P)键，访问参数	r0000
2	按(▲)键，直到显示出 P0003 为止	P0003
3	按(P)键，进入参数访问级	1
4	按(▲)或(▼)键，达到所要求的数值 (例如 3)	3
5	按(P)键，确认并存储参数的数值	P0003
6	已设定为第 3 访问级，可以看到第 1～3 级的全部参数	

限于篇幅，关于 MM420 通用型变频器的安装、通信、调试、LED 状态显示、故障信息和报警信息请参阅 MM420 通用型变频器简明操作手册。

6.1.3　西门子 MM420 通用型变频器实验

1. BOP 操作面板控制变频器运行实验

(1) 实验内容

掌握西门子 MM420 通用型变频器基本操作面板(BOP)的使用。其面板如

图 6.1.4 所示。

(2) 实验步骤

1）实验接线

按照图 6.1.5 所示进行变频器基本操作实验接线。

图 6.1.4 MM420 通用型变频器操作面板

L1 L2 L3
QF
U1 V1 W1
MM420
U V W
M
3~

图 6.1.5 变频器基本操作实验接线

2）参数设定

变频器手动参数设置，如下：

```
P0010 = 30          //工厂默认值
P0970 = 1           //初始化
P0003 = 1           //设置为标准级访问
P0010 = 1           //开始快速调试
P0304 = 380         //根据实际电动机设置电动机额定电压
P0305 = 0.39        //根据实际电动机设置电动机额定电流
P0307 = 0.09        //根据实际电动机设置电动机额定功率
P0310 = 50          //根据实际电动机设置电动机额定频率
P0311 = 1400        //根据实际电动机设置电动机额定转速
P0700 = 1           //命令信号源设置为 BOP 面板控制
P1000 = 1           //频率设定值设置为面板控制模拟设定值
P3900 = 1           //结束快速调试
```

(3) 操　作

① 按下“启动”按钮，可以启动变频器。

② 按下“停止”按钮，变频器将按确定好的停车斜坡减速停车。

③ 按下“换向”按钮可以改变电动机方向。

④ 在变频器无输出的情况下，按下“点动”按钮，电动机按预定的点动频率运行。

⑤ 按下“增加”按钮可以增加变频器输出频率。

⑥ 按下“减小”按钮可以减小变频器输出频率。

注意：若变频器出现“A0922：负载消失”报警，则是因为电动机功率小造成的。为了能正常完成实验，可以将参数 P2179 设为“0”（首先需要把 P0003 设为“3”）。后面实验与此相同。

2. 变频器点动运行实验

(1) 实验内容

设计变频器参数设置，实现下述功能：数字输入 1 为点动正转，数字输入 2 为点动反转，正向点动频率为 20 Hz，反向点动频率为 25 Hz，点动的斜坡上升时间为 5 s，点动的斜坡下降时间为 2 s。

(2) 实验步骤

1) 实验接线

按照图 6.1.6 所示进行点动实验接线。

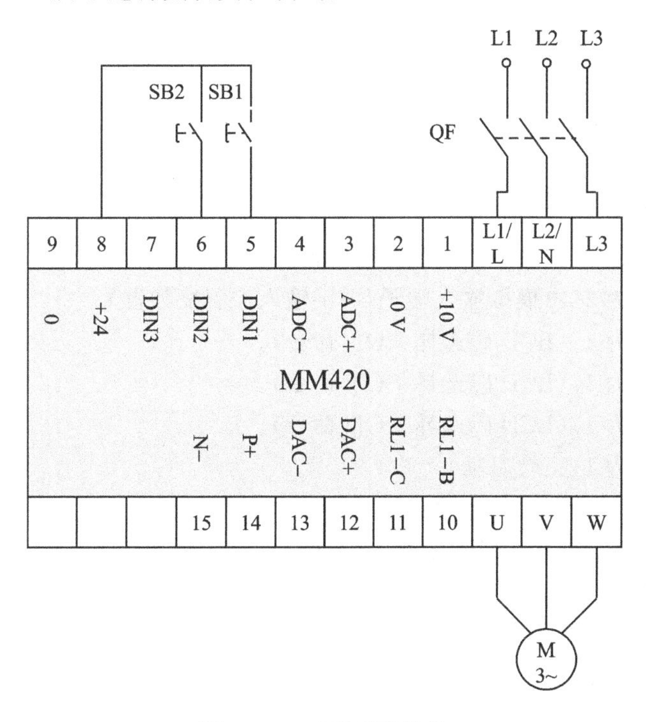

图 6.1.6　点动实验接线

2）参数设定

```
P0010 参数为 30        //工厂默认值
P0970 参数设为 1       //初始化
P0003 参数为 2         //设置为扩展级访问
P0700 参数为 2         //由端子排输入
P0701 参数为 10        //正向点动
P0702 参数为 11        //反向点动
P1058 参数为 20        //正向点动频率
P1059 参数为 25        //反向点动频率
P1060 参数为 5         //点动的斜坡上升时间
P1061 参数为 2         //点动的斜坡下降时间
```

3）操　作

分别按下按钮 SB1 和 SB2，观察电动机的正向点动与反向点动。

3. 变频器多段速度控制实验

(1) 实验内容

用变频器完成一个可以输出 0 Hz、10 Hz、15 Hz、20 Hz、25 Hz、30 Hz、40 Hz、50 Hz 的多段频率输出的实验。

(2) 实验步骤

1）实验接线

按照图 6.1.7 所示进行多段速度控制实验接线。

2）参数设定

P0010 参数为 30，P0970 参数设为 1(变频器复位到工厂设定值)。

P0003 参数为 2(扩展用户的参数访问范围)。

P0700 参数为 2(由模拟输入端子/数字输入控制变频器)。

P0701 参数为 17(BCD 码选择＋ON 命令)。

P0702 参数为 17(BCD 码选择＋ON 命令)。

P0703 参数为 17(BCD 码选择＋ON 命令)。

P0704 参数为 1(正转启动)。

P1000 参数为 3(固定频率设定值)。

P1001 参数为 10(固定频率 1 为 10 Hz)。

P1002 参数为 15(固定频率 2 为 15 Hz)。

P1003 参数为 20(固定频率 3 为 20 Hz)。

P1004 参数为 25(固定频率 4 为 25 Hz)。

P1005 参数为 30(固定频率 5 为 30 Hz)。

P1006 参数为 40(固定频率 6 为 40 Hz)。

P1007 参数为 50(固定频率 7 为 50 Hz)。

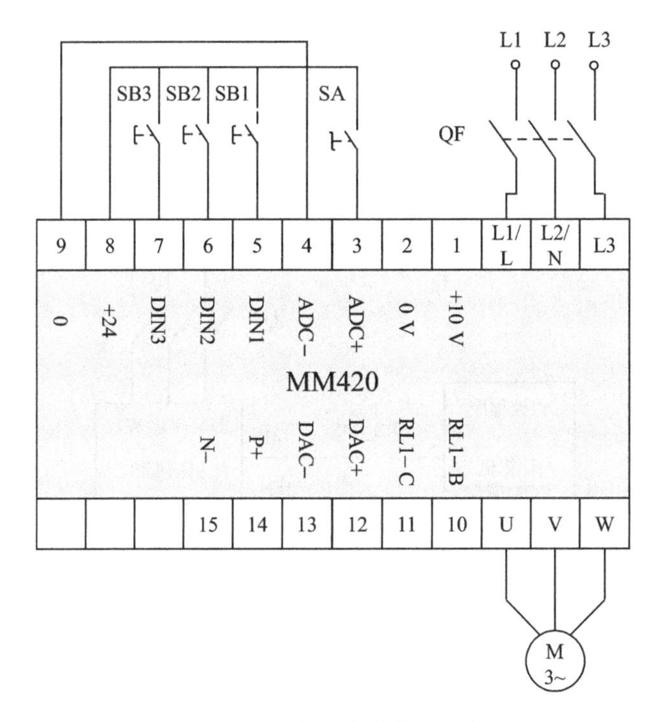

图 6.1.7　多段速度控制实验

(3) 操　作

按下启动/停止键 SA,按下 SB1、SB2、SB3 的不同组合,记录对应变频器的输出频率,如表 6.1.4 所列。

表 6.1.4　对应变频器输出频率

SB1	SB2	SB3	各段速运行频率/Hz
断开	断开	断开	频率= ?
闭合	断开	断开	频率= ?
断开	闭合	断开	频率= ?
闭合	闭合	断开	频率= ?
断开	断开	闭合	频率= ?
闭合	断开	闭合	频率= ?
断开	闭合	闭合	频率= ?
闭合	闭合	闭合	频率= ?

4. 变频器与上位机力控 USS 通信实验简介

(1) 实验接线

按照图 6.1.8 所示进行变频器 USS 通信实验接线。

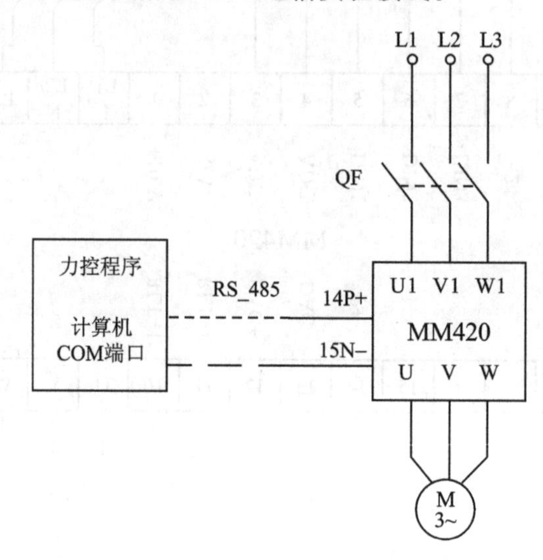

图 6.1.8 变频器 USS 通信实验接线

(2) 参数设定

力控软件的操作请参看相关资料,这里仅列出变频器的参数设定。

```
P0010 = 30        //工厂默认值
P0003 = 1         //设置为标准级访问
P0304 = 220       //设置实际电动机额定电压
P0307 = 0.35      //设置实际电动机额定功率
P0311 = 1400      //设置实际电动机额定转速
P1000 = 5         //设置为上位机控制
P0970 = 1         //初始化
P0010 = 1         //开始快速调试
P0305 = 1.07      //设置实际电动机额定电流
P0310 = 50        //设置实际电动机额定频率
P0700 = 5         //设置为远程控制
P3900 = 1         //结束快速调试
P0003 = 3         //设置为专家级访问
P2009 = 1         //设置允许设定值以绝对十进制数的形式发送
P2010 = 6         //设置波特率为 9 600
P2011 = 3         //设置变频器从站地址为 3。须与上位机力控 I/O 设备变频
                  //器的地址一致
```

6.2　触摸屏

6.2.1　触摸屏的原理与种类

人机界面简称为 HMI。从广义上说，人机界面泛指计算机（包括 PLC）与操作人员交换信息的设备。触摸屏是人机界面的发展方向，用户可以在触摸屏的屏幕上生成满足自己要求的触摸式按键。画面上的按钮和指示灯可以取代相应的硬件元件，减少 PLC 需要的 I/O 点数，降低系统的成本，提高设备的性能和附加价值。

1. 触摸屏的基本结构

触摸屏的工作部分一般由 3 部分组成，如图 6.2.1 所示，两层透明的阻性导体层、两层导体之间的隔离层、电极。阻性导体层选用阻性材料，如铟锡氧化物（ITO）涂在衬底上构成，上层衬底用塑料，下层衬底用玻璃。隔离层为黏性绝缘液体材料，如聚酯薄膜。电极选用导电性能极好的材料（如银粉墨）构成，其导电性能大约为 ITO 的 1 000 倍。

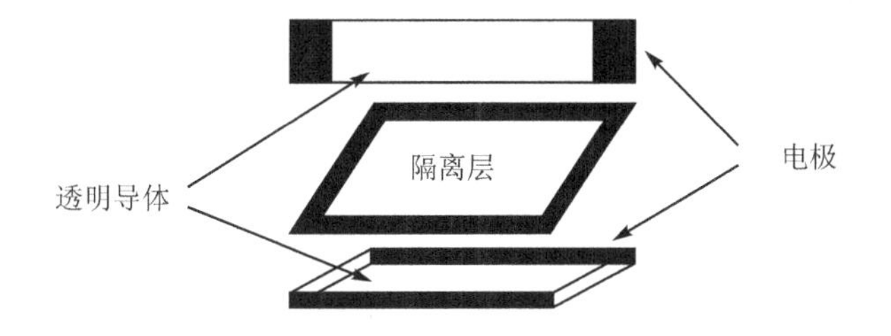

图 6.2.1　触摸屏结构

触摸屏工作时，上下导体层相当于电阻网络，如图 6.2.2 所示。

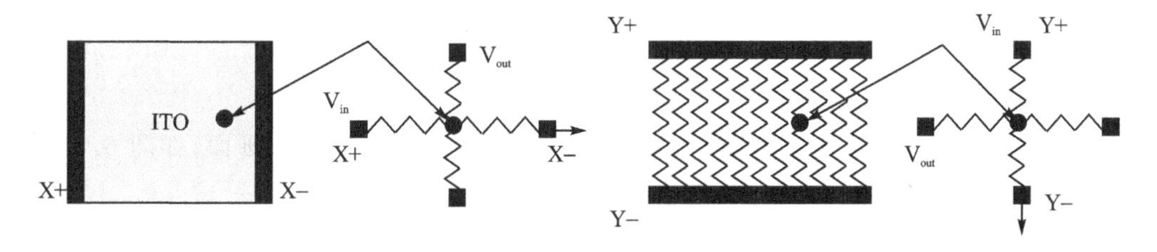

图 6.2.2　工作时的导体层

当某一层电极加上电压时，会在该网络上形成电压梯度。如有外力使上下两层在某一点接触，则在电极未加电压的另一层可以测得接触点处的电压，从而知道接触点处的坐标。比如，在顶层的电极（X＋，X－）上加上电压，则在顶层导体层上形成电压梯度，当有外力使上下两层在某一点接触时，在底层就可以测得接触点处的电压，再根据该电压与电极(X+)之间的距离关系，便知道该处的 X 坐标。然后，将电压切换到底层电极(Y+，Y-)，并在顶层测量接触点处的电压，从而知道 Y 坐标。

2. 触摸屏的工作原理

触摸屏的工作原理是，当用手指或其他物体触摸安装在显示器前端的触摸屏时，所触摸的位置由触摸屏控制器检测，并通过接口(如 RS-232 串行口)送到 CPU，从而确定输入的信息。

触摸屏系统一般包括触摸屏控制器(卡)和触摸检测装置两部分。其中，触摸屏控制器(卡)的主要作用是从触摸点检测装置上接收触摸信息，并将它转换成触点坐标，再送给 CPU，它同时能接收 CPU 发来的命令并加以执行。触摸检测装置一般安装在显示器的前端，主要作用是检测用户的触摸位置，并传送给触摸屏控制卡。

常用触摸屏种类有电阻式、红外线式、电容式、声表面波式和近场成像触摸屏。

6.2.2 MCGS 触摸屏实训

触摸屏和 PLC 的种类及厂家很多，本小节通过实例介绍昆仑通态 TPC7062KX 触摸屏和西门子 S7-200 工作的基本操作实训。首先在计算机中安装 MCGS 嵌入版组态软件并建立同西门子 S7-200 通信。完成下列基本实训步骤。

1. 建立工程

双击 Windows 操作系统桌面上的组态环境快捷方式，可打开嵌入版组态软件，然后按如下步骤建立通信工程：

① 执行“新建工程”命令，弹出“新建工程设置”对话框，选择实际使用的 TPC 类型。本实训选择“TPC7062K”，单击“确认”按钮。

② 执行“工程另存为”命令，弹出文件保存窗口。

③ 在“文件名”文本框中输入“TPC 通信控制工程”，单击“保存”按钮，工程创建完毕。

2. 设备组态

① 在工作台中激活设备窗口，双击“设备窗口”进入设备组态画面，如图 6.2.3 所示，单击工具条中的图标打开设备工具箱。

② 在设备工具箱中，按顺序先后双击“通用串口父设备”和“西门子_S7200PPI”添加至组态画面窗口，如图 6.2.4 所示。双击“通用串口父设备”，将其中的端口设为“COM?”，一般默认为 COM1 或 COM2(右击“我的电脑”，在弹出的快捷菜单中选择“属性”，然后执行“管理”→“设备管理器”命令，拔插计算机与 PLC 连接线，找到对应的 COM? 端口)，传输速率设为 9 600 bit/s。西门子 S7-200 PLC 默认通信参数：波

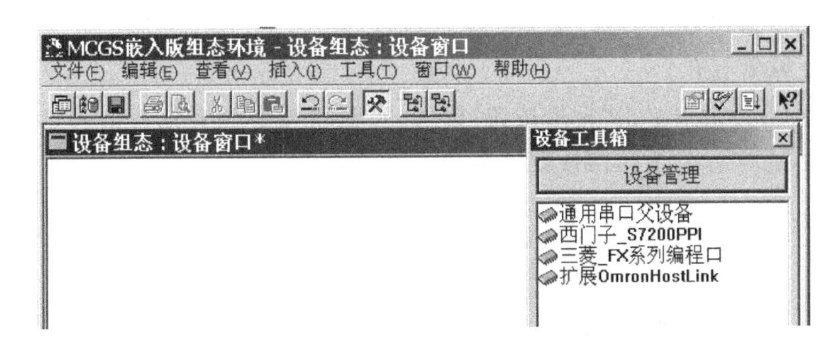

图 6.2.3　设备组态画面

特率为 9 600 bit/s、8 位数据位、1 位停止位，以及将奇偶校验设为偶校验。

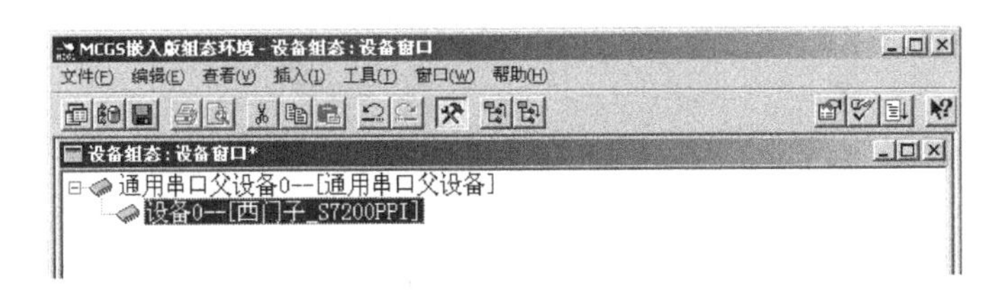

图 6.2.4　添加组态画面窗口

所有操作完成后关闭设备窗口，返回工作台。

3. 窗口组态

① 在工作台中激活用户窗口，单击“新建窗口”按钮，建立新画面“窗口 0”，如图 6.2.5 所示。

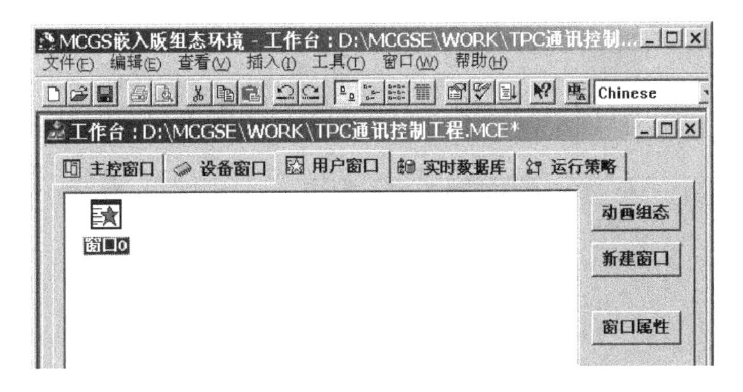

图 6.2.5　新建窗口

② 单击“窗口属性”按钮，弹出“用户窗口属性设置”对话框，在“基本属性”选项卡中，将“窗口名称”修改为“西门子 200 控制画面”，然后单击“确认”按钮进行保存。

③ 在用户窗口双击“西门子 200 控制画面”进入，单击图标打开“工具箱”。

④ 建立基本元件。

按钮：从工具箱中单击“标准按钮”构件，在窗口编辑位置拖放出一定大小后，然后释放鼠标，这样一个按钮构件就绘制在窗口中了，如图 6.2.6 所示。

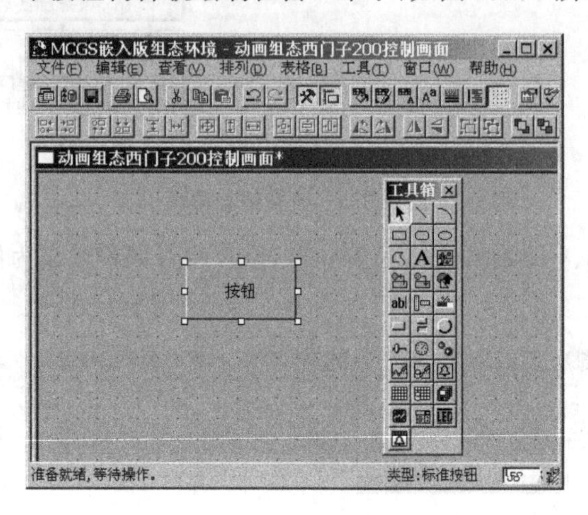

图 6.2.6 按钮绘制

接下来双击该按钮打开“标准按钮构件属性设置”对话框，在“基本属性”选项卡中将“文本”修改为“正向启动 M0.0”，单击“确认”按钮保存，如图 6.2.7 所示。按照同样的操作分别绘制另外两个按钮，文本修改为反向启动 M0.1 和停止 M0.2。

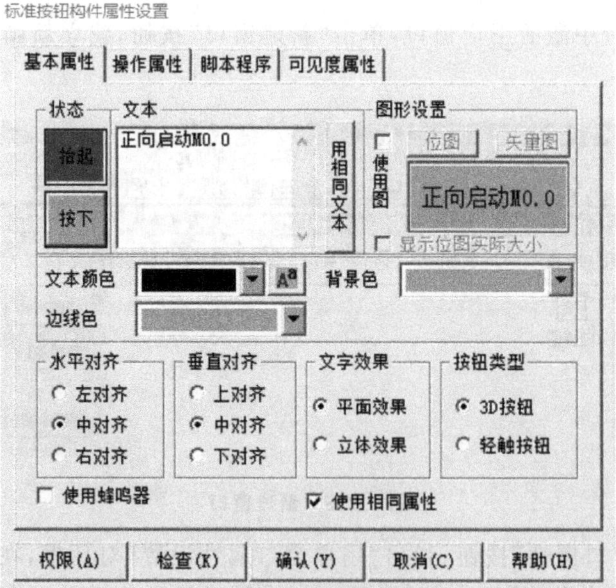

图 6.2.7 设置按钮属性

指示灯：单击工具箱中的“插入元件”按钮，打开“对象元件库管理”对话框，选中图形对象库指示灯中的一款，单击“确认”按钮添加到窗口画面中，并调整到合适大小。同样的方法再添加一个指示灯，摆放在窗口中按钮旁边的位置。按钮和指示灯绘制如图 6.2.8 所示。

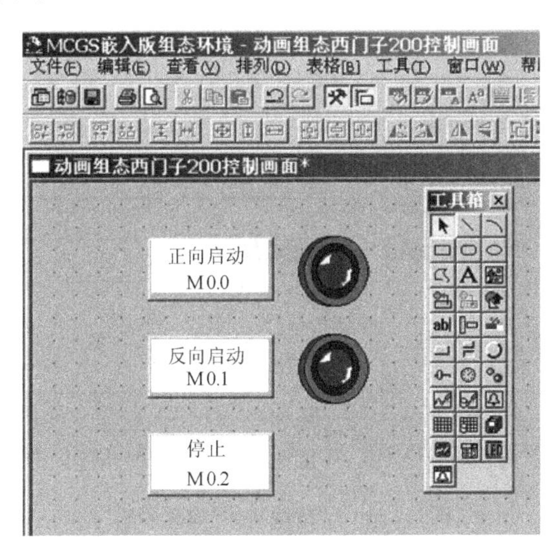

图 6.2.8　按钮和指示灯绘制

⑤ 建立数据链接。

按钮：双击 M0.0 按钮，弹出“标准按钮构件属性设置”对话框。在“操作属性”选项卡的默认“抬起功能”中选中“数据对象值操作”复选框，在其后侧的下拉列表框中选择“清 0”，单击按钮，弹出“变量选择”对话框，如图 6.2.9 所示。在图 6.2.9 中选中“根据采集信息生成”单选按钮，“通道类型”选择“M 寄存器”，“通道地址”设置为“0”，“数据类型”选择“通道的第 00 位”，“读写类型”选择“读写”，“抬起功能”设置完成后如图 6.2.10 所示，单击“确认”按钮，即在释放 M0.0 按钮时，对西门子 S7－200 的 M0.0 地址“清 0”。

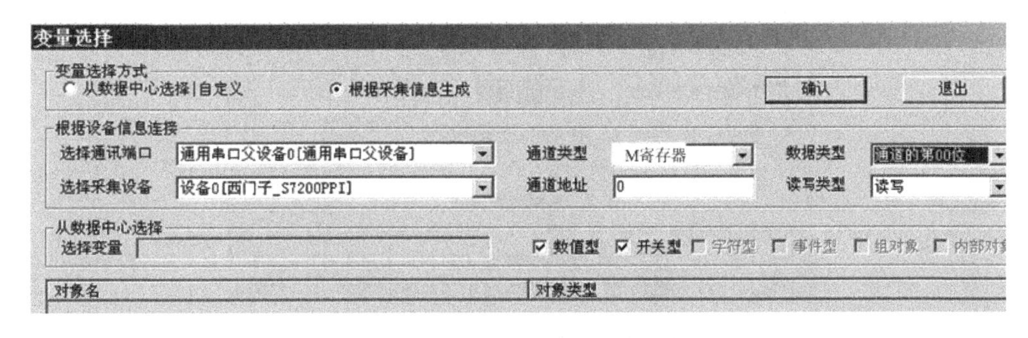

图 6.2.9　“抬起功能”的变量选择

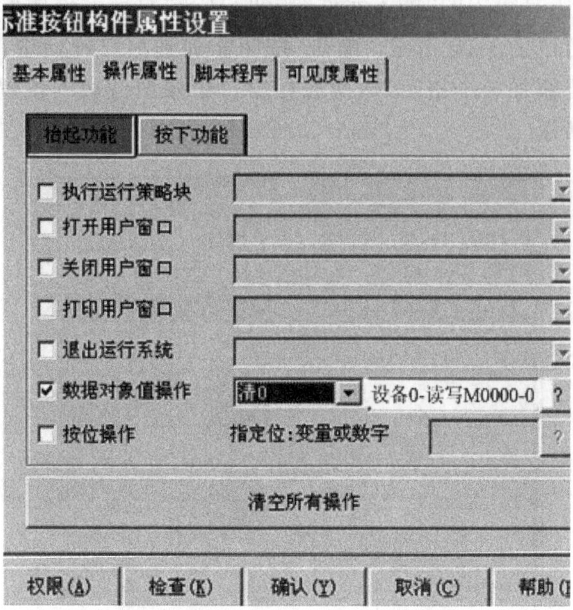

标准按钮构件属性设置

基本属性 操作属性 脚本程序 可见度属性

抬起功能 按下功能

- 执行运行策略块
- 打开用户窗口
- 关闭用户窗口
- 打印用户窗口
- 退出运行系统
- ☑ 数据对象值操作 清0 设备0-读写M0000-0
- 按位操作 指定位:变量或数字

清空所有操作

权限(A) 检查(K) 确认(Y) 取消(C) 帮助(H)

图 6.2.10 “抬起功能”设置完成

同样的方法,单击“按下功能”按钮进行设置,数据对象值操作→置 1→设备 0-读写 M0000-0,“按下功能”设置完成后如图 6.2.11 所示。

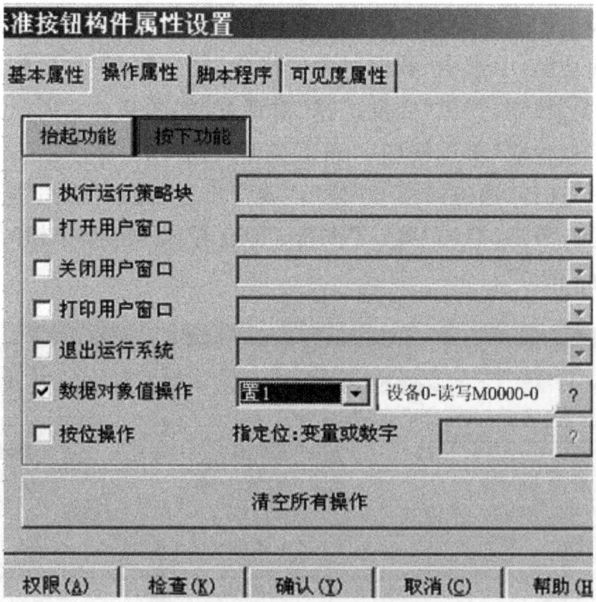

标准按钮构件属性设置

基本属性 操作属性 脚本程序 可见度属性

抬起功能 按下功能

- 执行运行策略块
- 打开用户窗口
- 关闭用户窗口
- 打印用户窗口
- 退出运行系统
- ☑ 数据对象值操作 置1 设备0-读写M0000-0
- 按位操作 指定位:变量或数字

清空所有操作

权限(A) 检查(K) 确认(Y) 取消(C) 帮助(H)

图 6.2.11 “按下功能”设置完成

同样的方法，分别对M0.1和M0.2的按钮进行设置。

M0.1按钮→"抬起功能"时"清0"，"按下功能"时"置1"→变量选择→M寄存器，通道地址为0，数据类型为通道第01位。

M0.2按钮→"抬起功能"时"清0"，"按下功能"时"置1"→变量选择→M寄存器，通道地址为0，数据类型为通道第02位。

指示灯：双击M0.0旁边的指示灯构件，弹出"单元属性设置"对话框，在"数据对象"选项卡中单击选择数据对象"设备0_读写Q000_0"，指示灯数据对象设置如图6.2.12所示。同样的方法，将M0.1按钮旁边的指示灯连接变量"设备0_读写Q000_1"。

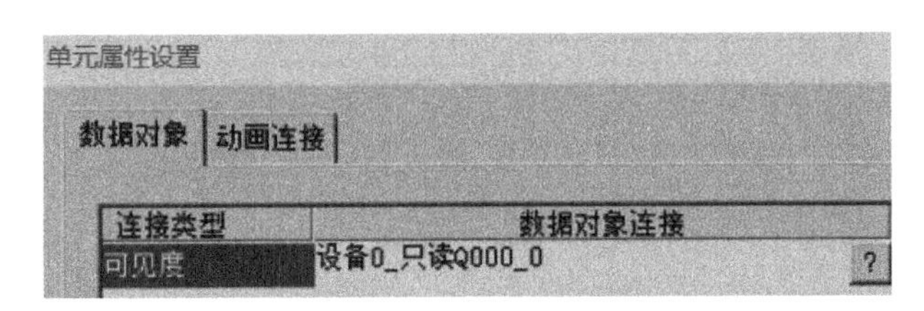

图6.2.12　指示灯数据对象设置

4. 工程下载

(1) TPC7062K与PC以及TPC7062K与西门子PLC的接线

USB线的一端为扁平接口，插到计算机的USB口；一端为微型接口，插到TPC端的USB2口。TPC7062K接线如图6.2.13所示。

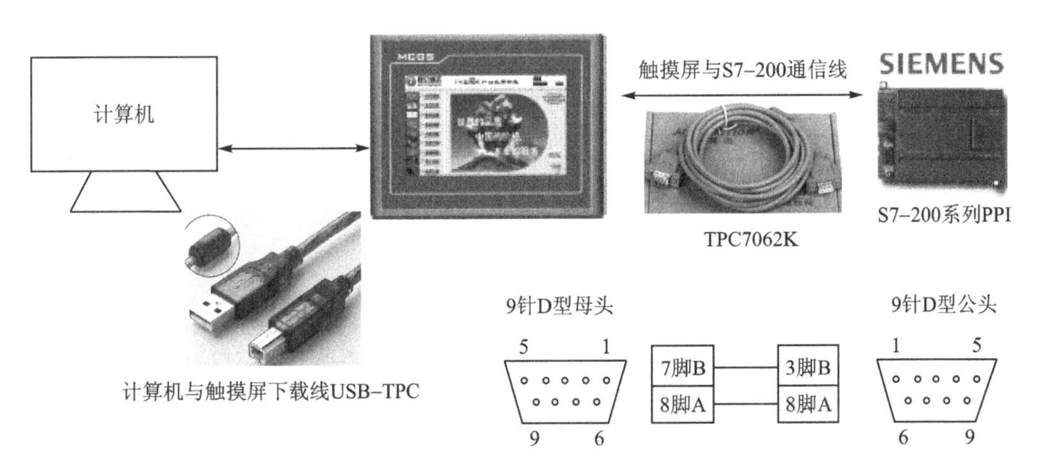

图6.2.13　TPC7062K接线

(2) 工程下载

单击工具条中的"下载"按钮，进行下载配置，如图6.2.14所示。选择"连机运行"，"连接方式"选择"USB通信"，然后单击"通讯测试"按钮，通信测试正常后，单击

"工程下载"按钮。

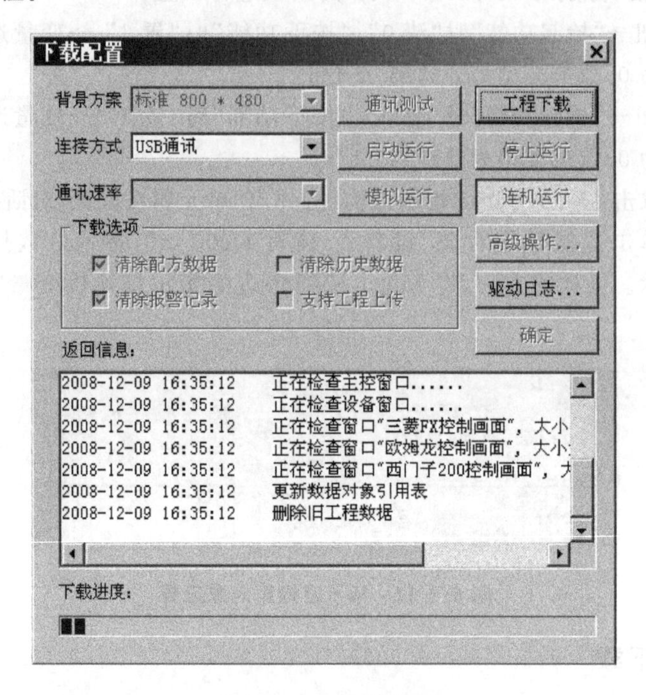

图 6.2.14 下载配置

5. STEP 7 - Micro/WIN 32 编程

在 STEP 7 - Micro/WIN 32 编程软件中编制启动—保持—停止梯形图，如图 6.2.15 所示，并下载到 PLC。

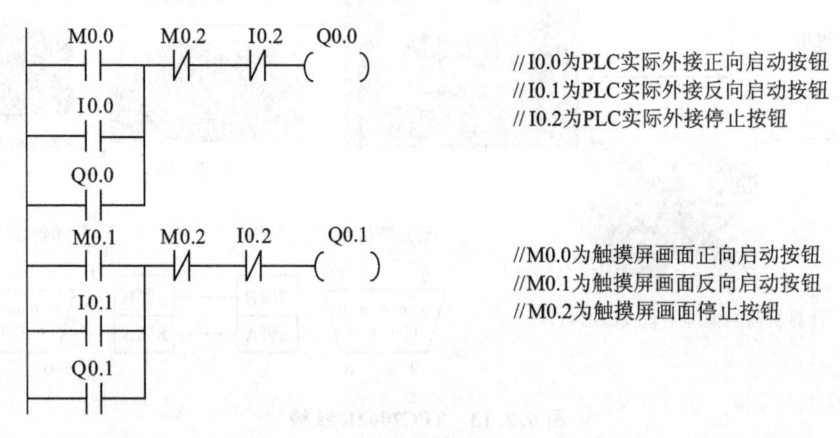

图 6.2.15 启动—保持—停止梯形图

6. 调 试

在触摸屏上按下 M0.0、M0.1、M0.2 的虚拟按钮，观察触摸屏和 PLC 实际外接灯 Q0.0、Q0.1 的亮和灭；按下 PLC 实际外接 I0.0、I0.1、I0.2 的按钮，观察触摸屏和 PLC 实际外接灯 Q0.0、Q0.1 的亮和灭。

6.2.3　S7 - 200 SMART PLC 与力控组态实训

首先在计算机中安装力控 7.1 组态软件并建立同 SMART PLC 通信。组态软件创建新的工程项目的一般过程是：配置 I/O 设备→创建数据库并进行 I/O 数据连接→绘制图形界面→建立动画连接→运行及调试。本小节通过一个简单实例介绍力控 7.1 组态和西门子 SMART PLC 工作的基本操作实训。

1. 进入工程开发环境

① 启动力控 7.1 工程管理器，打开“工程管理器”窗口。

② 单击“新建”按钮，创建一个新的工程。

③ 在“项目名称”文本框中输入要创建的应用程序的名称，默认为 New App1。单击“确认”按钮返回。此时应用程序列表增加了“New App1”，即创建了 New App1 项目。

④ 单击“开发”按钮进入开发系统，即打开了如图 6.2.16 所示的“开发系统”窗口。

图 6.2.16　“开发系统”窗口

2. 开发环境

开发系统(Draw)、界面运行系统(View)和数据库系统(DB)都是组态软件的基本组成部分。Draw 和 View 主要完成人机界面的组态和运行，DB 主要完成过程实时数据的采集(通过 I/O 驱动程序)、实时数据的处理(包括报警处理、统计处理等)、历史数据处理等。

(1) 定义 I/O 设备

① 在图 6.2.16 中的工程项目导航栏中双击“IO 设备组态”,在展开项目中双击 PLC 使其展开,然后继续选择“SIEMENS(西门子)”并双击使其展开后,选择项目“SMART200 TCP 协议”。

② 双击“SMART200 TCP 协议”,弹出如图 6.2.17 所示的“设备配置-第一步”对话框,在“设备名称”文本框中输入一个自定义的名称,这里输入 PLC。“通信方式”选择“TCP/IP 网络”。

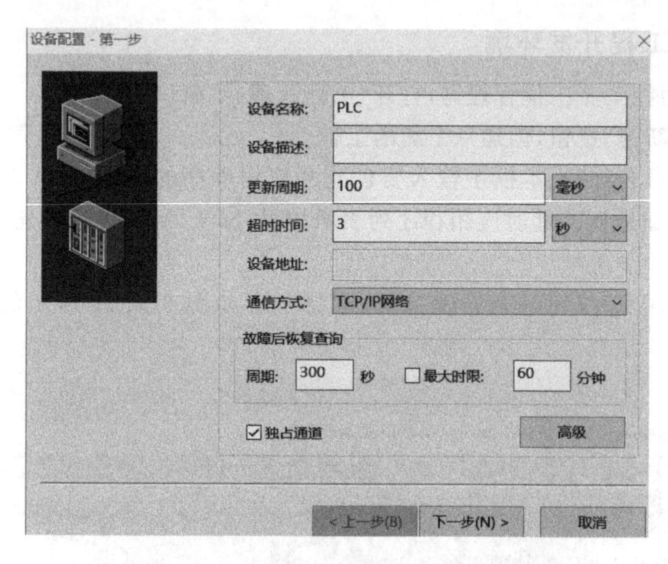

图 6.2.17 “设备配置-第一步”对话框

③ 单击“下一步”按钮,完成如图 6.2.18 所示的“设备配置-第二步”对话框中的设置。设备 IP 地址和 PLC 的 IP 地址一致,可通过 PLC 网络连接的下载项查看其 IP 地址。

④ 单击“下一步”按钮,完成如图 6.2.19 所示的“设备配置-第三步”对话框中的设置。原力控 7.1 的 TASP(PLC)和 TSAP(PC)默认值分别为 10.00、10.11,现分别改为 02.00、02.11,即完成设备组态。

(2) 创建数据库点参数

双击图 6.2.16 中工程项目导航栏中的“数据库组态”,创建数据库点参数,如图 6.2.20 所示。

具体的定义步骤如下:

① 执行“点/新建”命令或在右侧的点表上双击任一空白行,弹出“请指定节点、点类型”对话框,如图 6.2.21 所示。

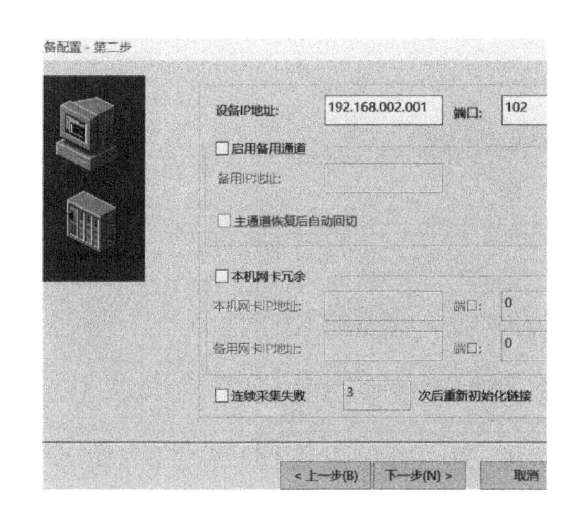

图 6.2.18　“设备配置-第二步”对话框

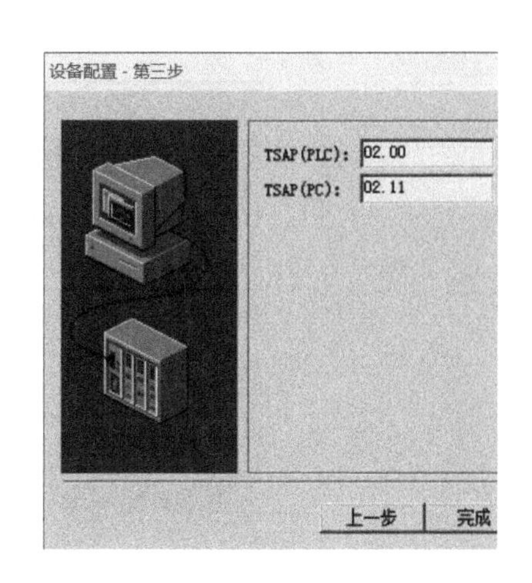

图 6.2.19　“设备配置-第三步”对话框

DbManager - [D:\Program Files (x86)\Project\New App1]

工程[D]　点[P]　工具[T]　帮助[H]

数据库
- 区域1
  - 单元1
    - 数字I/O点
  - 单元2
- 区域2
- 区域3

	NAME [点名]	DESC [说明]	%IOLINK [I/O连接]	%HIS [历史参数]	%LABEL [标签]
1	M0_0		PV=PLC:M寄存器:0:8位无符号:0		报警未打开
2	M0_1		PV=PLC:M寄存器:0:8位无符号:1		报警未打开
3	Q0_0		PV=PLC:Q寄存器:0:8位无符号:0		报警未打开

图 6.2.20　“数据库组态”窗口

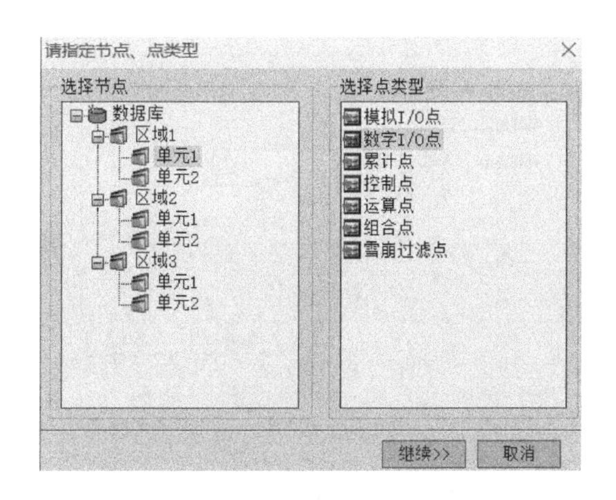

图 6.2.21　“请指定节点、点类型”对话框

根据本项目要求，在“选择节点”选项组中选择“区域 1”→“单元 1”，在“选择点类型”选项组中选择“数字 I/O 点”，然后单击“继续”按钮，弹出“新增：区域 1\单元 1\-

数字 I/O 点”对话框，如图 6.2.22 所示。

新增：区域1\单元1\ - 数字I/O点
基本参数　报警参数　数据连接　历史参数　自定义计算
点名(NAME):　M0_0
点说明(DESC):
节点(UNIT):　4　　测量初值(PV):　0
关状态信息(OFFMES):　关闭
开状态信息(ONMES):　打开

图 6.2.22　“新增：区域 1\单元 1\-数字 I/O 点”对话框

② 在“点名”文本框中输入点名“M0_0”。

③ 切换到“数据连接”选项卡，“设备”选择上步建立的 I/O 设备 PLC。“连接项”选择“增加”，弹出“组态界面”对话框。完成后的数据库组态如图 6.2.23 所示。

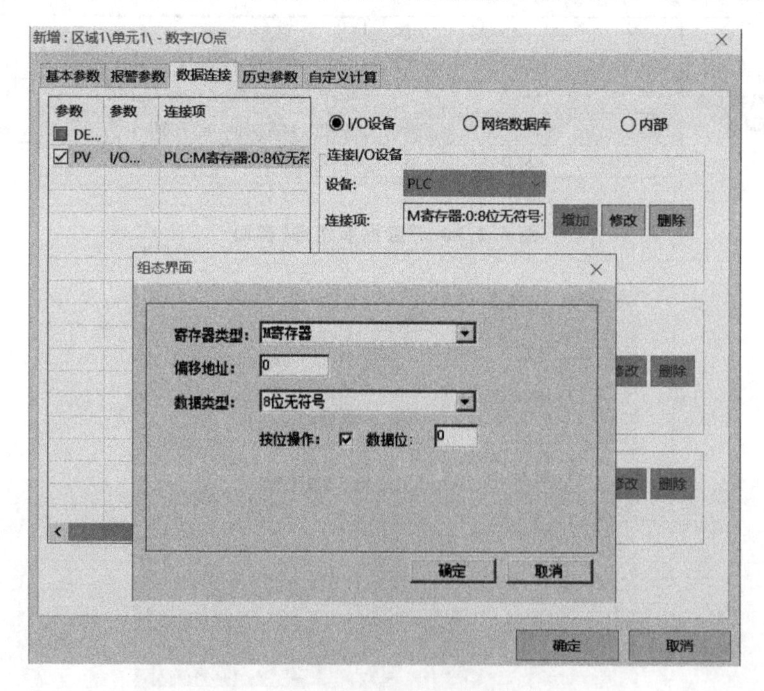

图 6.2.23　完成后的数据库组态

M0_1 和 Q0_1 设置与 M0_0 类似。

3. 创建窗口

进入开发系统Draw后，首先需要创建一个新窗口。

执行“文件”→“新建”命令，或双击图6.2.16中工程项目导航栏中的“项目”→“窗口”，选择创建空白界面，弹出如图6.2.24所示的“窗口属性”对话框。“窗口名字”默认为“DRAW1”，单击“确定”按钮进行保存。

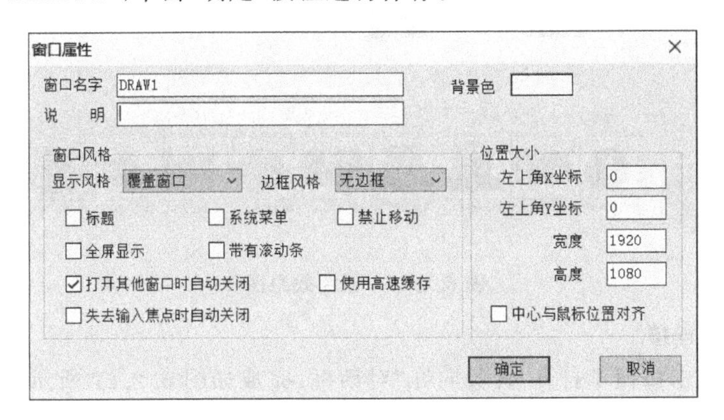

图6.2.24　“窗口属性”对话框

(1) 创建图形对象

现在，屏幕上有了一个窗口，双击如图6.2.16中工程项目导航栏中的“项目”→“工具”→“图库”，在“图库”子目录中选择“工程辅助“→”按钮”，此时所有按钮将显示在窗口中，子图列表如图6.2.25所示。双击所需按钮将出现在作图窗口中。

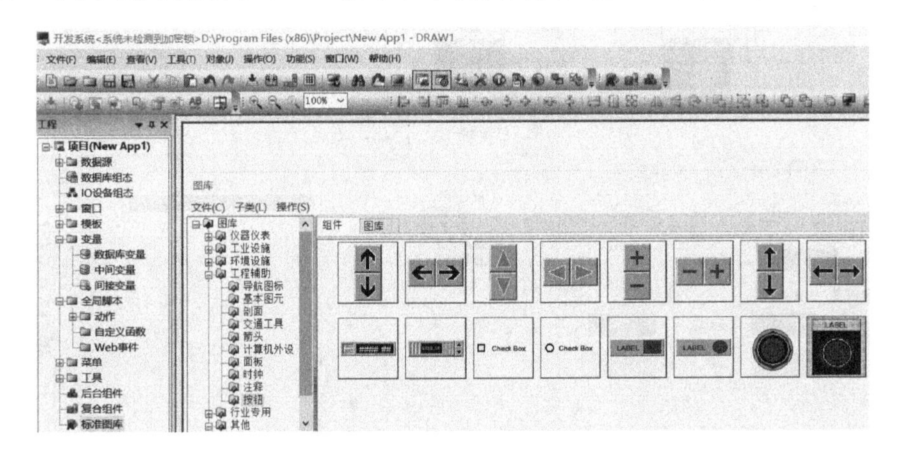

图6.2.25　子图列表

同理，在“图库”子目录中选择“报警灯”，那么所有报警灯将显示在窗口中，双击所需报警灯将出现在作图窗口中。最终效果图如图6.2.26所示。

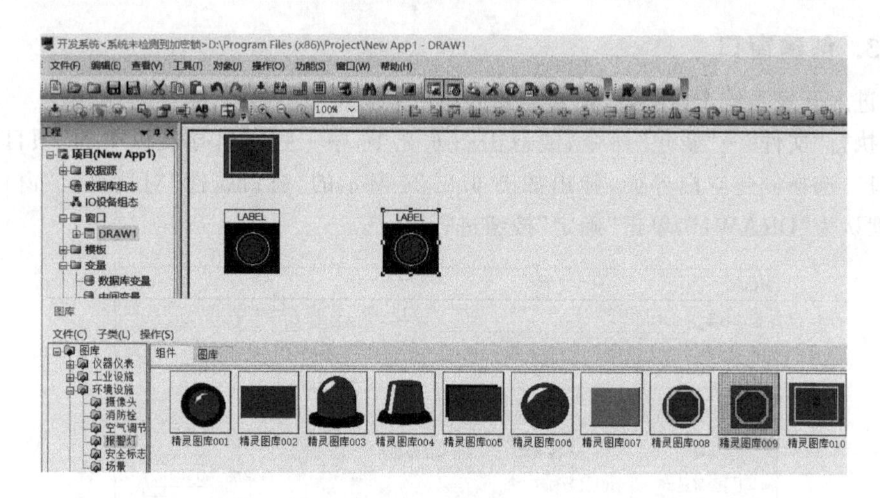

图 6.2.26 最终效果图

(2) 动画连接

接下来双击按钮 1 打开“开关向导”对话框，完成如图 6.2.27 所示的相关设置，

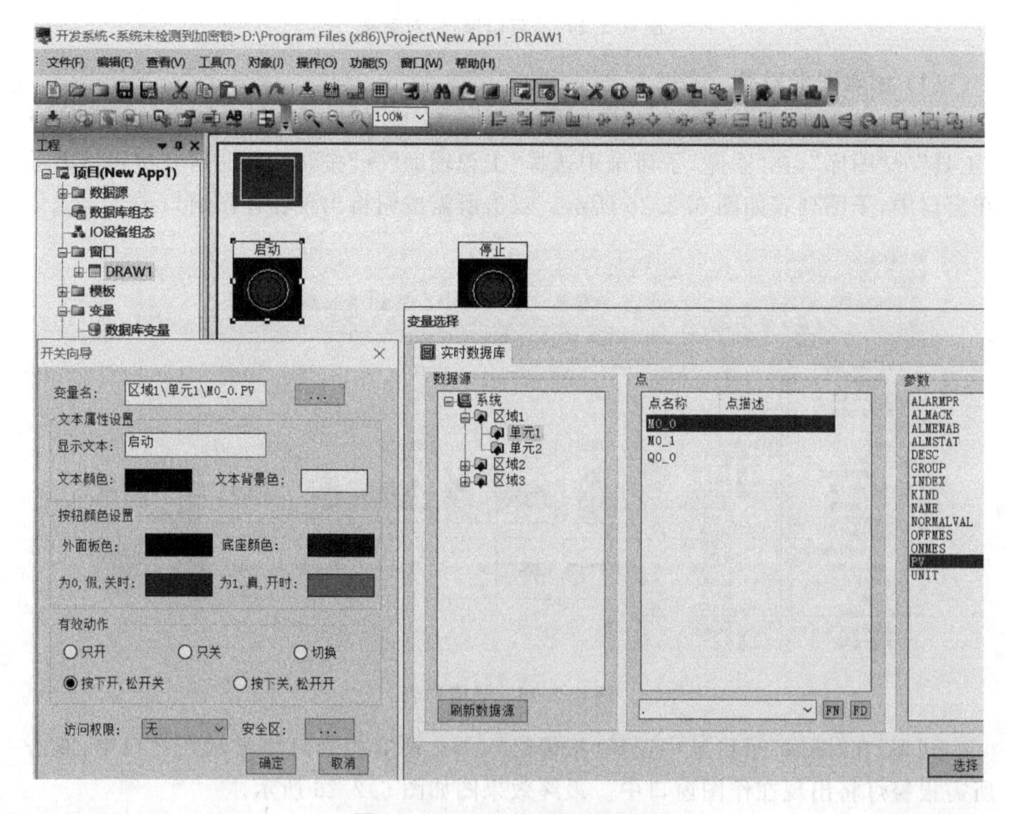

图 6.2.27 “开关向导”对话框

即“变量名”选择“M0_0”,“显示文本”改为“启动”,“有效动作”选择“按下开,松开关”。同理,完成按钮 2 设置 M0_1,报警灯设置 Q0_0。

4. 工程运行

(1) STEP 7 - Micro/WIN SMART 与西门子 PLC 的连接,力控与西门子 PLC 的连接

本项目计算机中 STEP 7 - Micro/WIN SMART 软件程序下载到 SMART PLC 用 PC/PPI 通信线 3DB30,计算机中力控软件程序下载到 SMART PLC 接用网线。图 6.2.28 所示为 S7 - 200 SMART CPU CR40 面板图。图 6.2.29 所示为 S7 - 200 SMART CPU SR60 接线图。

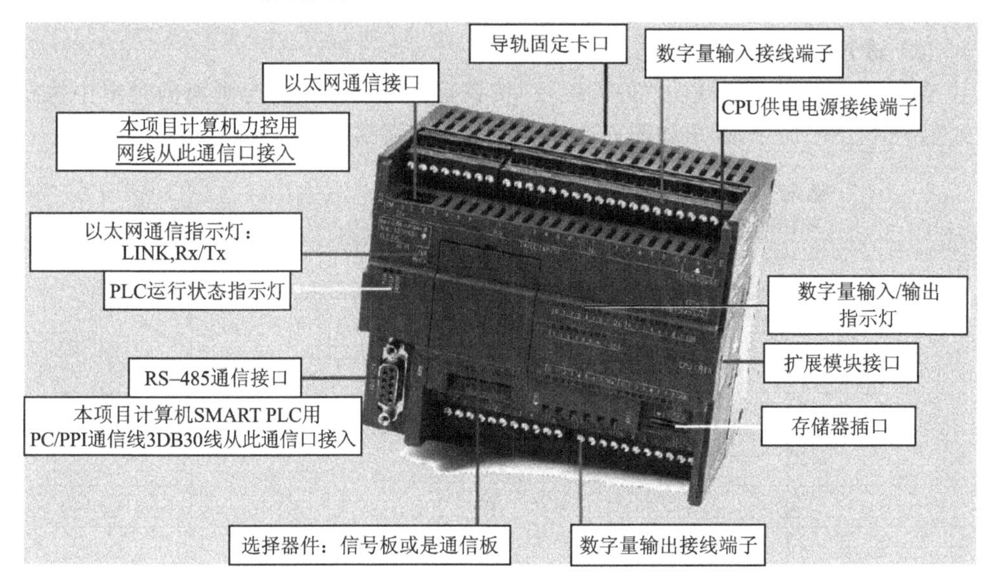

图 6.2.28　S7 - 200 SMART CPU CR40 面板图

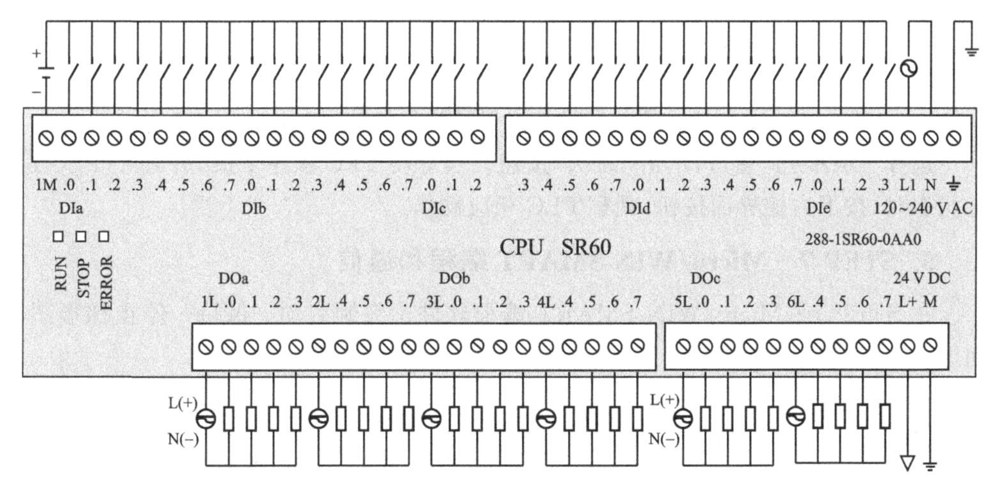

图 6.2.29　S7 - 200 SMART CPU SR60 接线图

表 6.2.1 所列为 S7－200 SMART CPU 型号。

表 6.2.1　S7－200 SMART CPU 型号

性　能	CR40	CR60	SR20	ST20	SR30	ST30	SR40	ST40	SR60	ST60
紧凑型，不可扩展	√	√								
标准，可扩展			√	√	√	√	√	√	√	√
继电器输出	√	√	√		√		√		√	
晶体管输出(DC)				√		√		√		√
I/O 点(内置)	40	60	20	20	30	30	40	40	60	60

(2) 进入运行

保存所有组态内容，单击“进入运行”按钮运行系统。在运行画面的菜单中执行“文件”→“打开”命令，弹出如图 6.2.30 所示的“界面浏览”对话框。

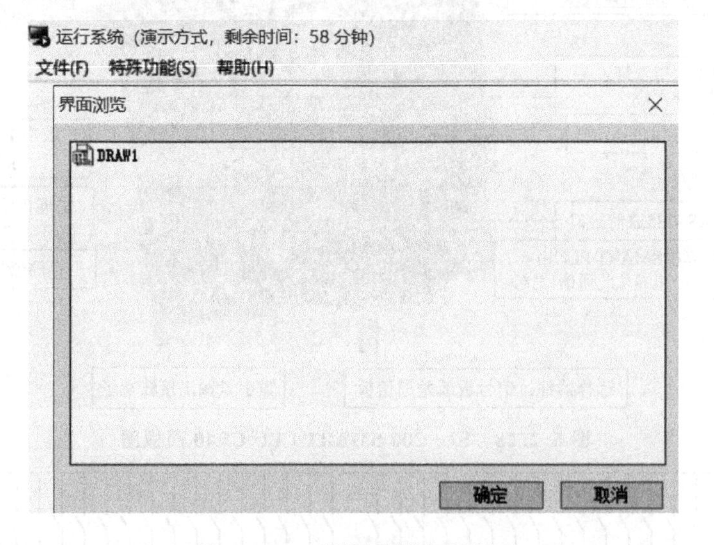

图 6.2.30　“界面浏览”对话框

选择“DRAW1”窗口，单击“确认”按钮。当等待 PLC 程序下载，并处于 PLC 运行状态时，按下力控界面按钮，观察 PLC 相应动作。

5. STEP 7－Micro/WIN SMART 编程和通信

在 STEP 7－Micro/WIN SMART 编程软件中编制启动—保持—停止梯形图，如图 6.2.31 所示。

SMART PLC 常用两种通信方式，如下：

① TCP IP 网络通信，如图 6.2.32 所示。

② PC/PPI 通信，如图 6.2.33 所示。

本实训项目采用 PC/PPI 通信。

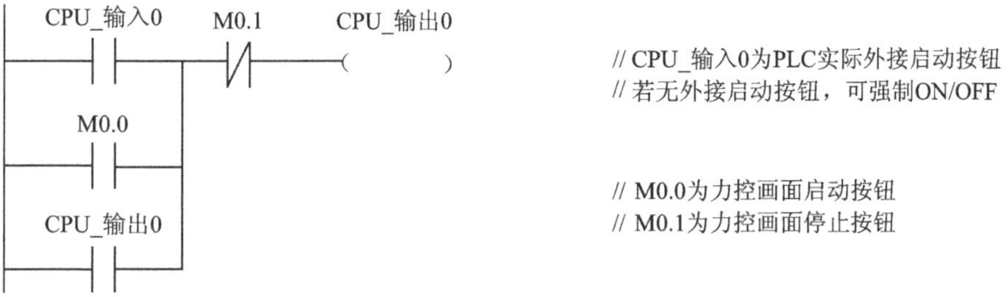

CPU_输入0　M0.1　CPU_输出0

// CPU_输入0为PLC实际外接启动按钮
// 若无外接启动按钮，可强制ON/OFF

M0.0

// M0.0为力控画面启动按钮
// M0.1为力控画面停止按钮

CPU_输出0

图 6.2.31　启动—保持—停止梯形图

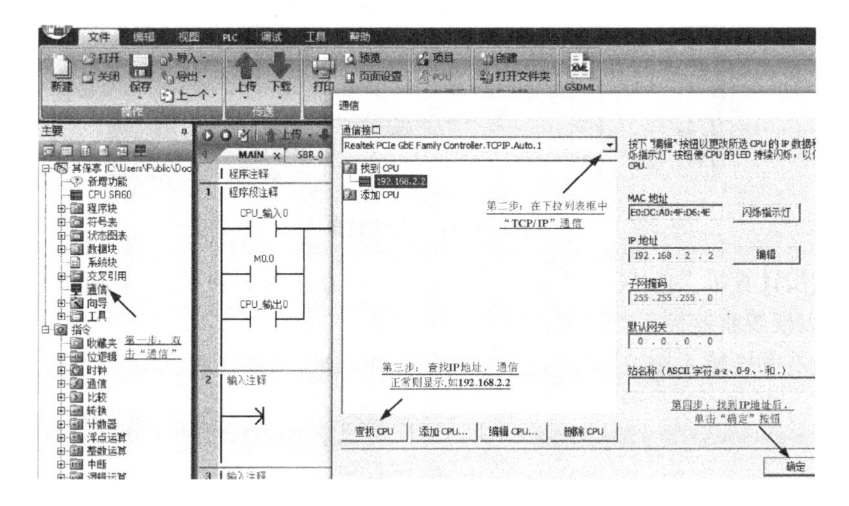

图 6.2.32　TCP IP 网络通信

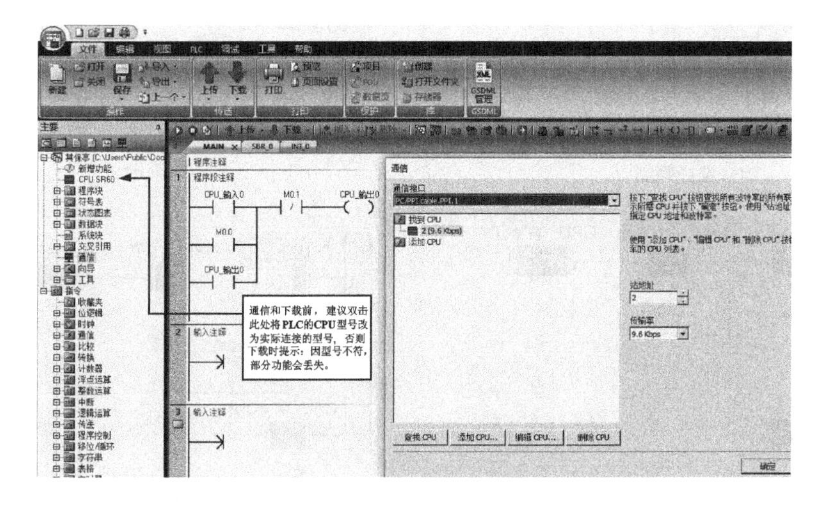

图 6.2.33　PC/PPI 通信

6. 调 试

通信连接成功后，单击“下载”按钮，调试效果如图 6.2.34 所示。

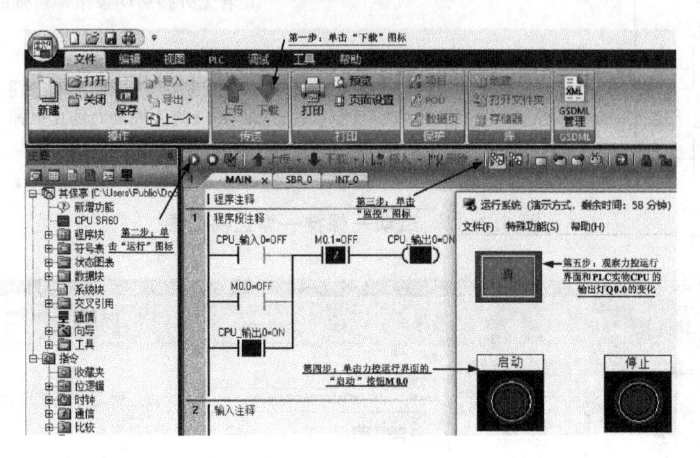

图 6.2.34 调试效果

同时按计算机上的 Win 键和“→”键，可以将力控画面和 PLC 画面分别排在屏幕左右，以便观察监控运行效果。

若没有外接输入按钮，可通过强制功能完成调试，强制过程见图 6.2.35。

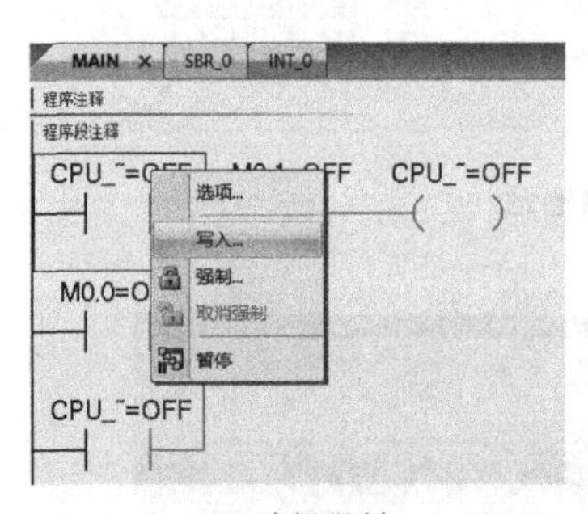

(a) 选择强制

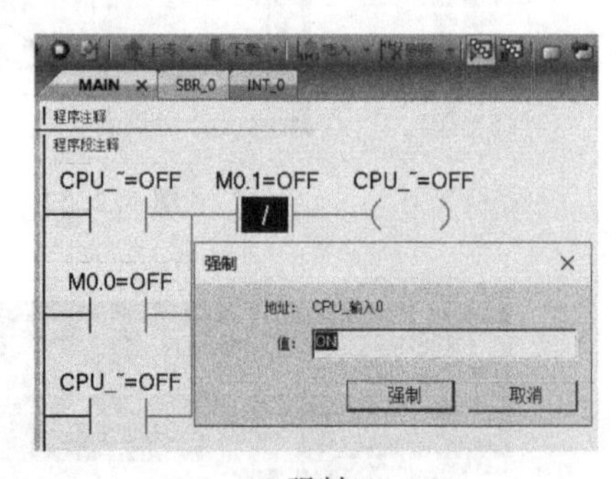

(b) 强制ON

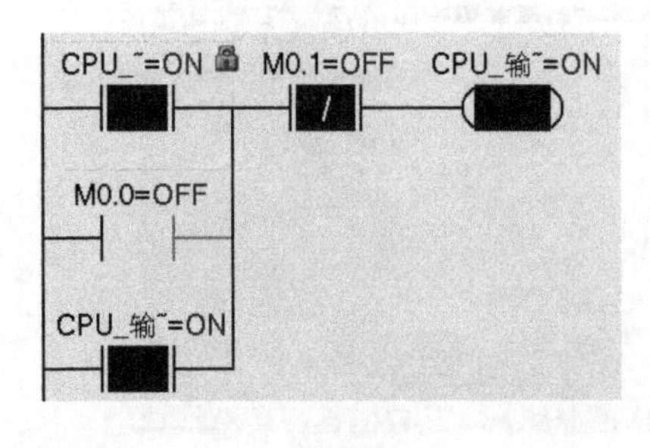

(c) 强制接通

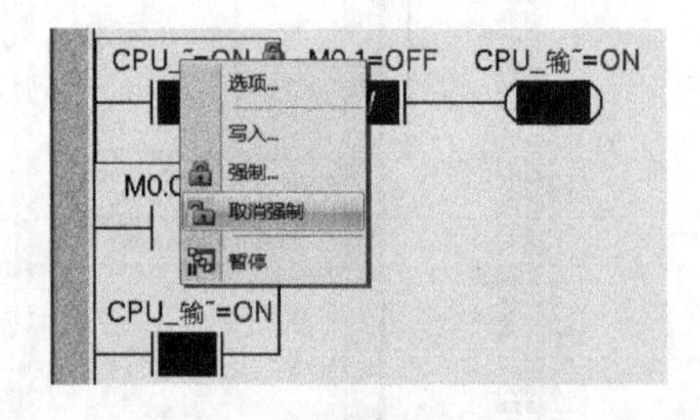

(d) 取消强制

图 6.2.35 强制过程

6.3　S7-200 PLC 的通信方式

西门子的 S7-200 PLC 可以支持 PPI 通信、MPI 通信(从站)、Modbus 通信、USS 通信、自由口协议通信、PROFIBUS-DP 现场总线通信(从站)、AS-I 通信和以太网通信等。限于篇幅,下面仅介绍 PPI 通信。

S7-200 CPU 之间最简单的通信方式就是 PPI 通信(基于 RS-485 协议),其数据量较小,速率可分为 9.6 kbit/s、19.2 kbit/s、187.5 kbit/s。PPI 协议是 S7-200 PLC 专用的主从通信协议,利用此协议可以实现 S7-200 PLC 与 S7-200 PLC 间的数据交换。这种通信方式利用 CPU 集成通信口即可实现,配置简单。通信中,主站设备将请求发送至从站设备,然后从站设备进行响应。

主从 PLC 通信有向导法和手动编程两种方法。NETR/NETW 向导使用简单,不用大量编程,只需按照向导步骤设置参数,因此不易出错。推荐采用向导法实现网络读/写(PPI)通信。

主从 PLC 通信的实现过程在逻辑上可分为三个基本步骤:一是确定主从 PLC 通信的端口及通信端口地址和通信频率;二是主从 PLC 间的变量读/写;三是主从 PLC 通信电缆连接。

另外,用 NETR、NETW、XMT、RCV、GPA、SPA 指令编程也可更加灵活地实现 PLC 间的通信。

【项目 6.1】　两台 PLC 之间 PPI 通信

1. 要　求

用主站输入 I0.0 控制从站输出 Q0.1 通断,用从站输入 I0.1 控制主站输出 Q0.0 通断。

分析:两个 PLC 的简单通信常用主从 PLC 通信来实现,主从 PLC 都需要进行端口及通信参数设置,主站往往还需要编程,从站则可不编程。对于主站,用主站输入 I0.0 控制从站输出 Q0.1 通断,需要用网络写功能;用从站输入 I0.1 控制主站输出 Q0.0 通断,需要用网络读功能。通过“向导”利用 V0.0 和 V1.0 两个中间变量,进行主站与从站间的联系,可实现读/写控制。

	主站　　　　从站
NETW(写入):	I0.0→V0.0→Q0.1
NETR(读取):	Q0.0←V1.0←I0.1

2. 向导的使用

(1) 端口的选择及通信设置

分别将 PC 与主站 CPU 和从站 CPU 用 PC/PPI 电缆连接,打开 STEP 7-Micro/WIN，单击“通信”或“系统块”，将主站端口地址设置为 2，从站端口地址设置为 3，通信频率设置为 9.6 kbit/s。主站和从站的波特率必须相等。

(2) 利用网络读/写向导设置读/写

① 启用向导。单击工具条中的“指令向导”按钮，弹出“指令向导”对话框，如图 6.3.1 所示，选择 NETR/NETW 选项，然后单击“下一步”按钮。

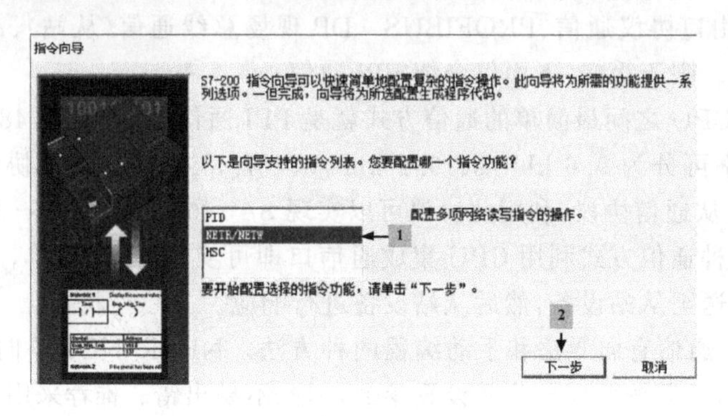

图 6.3.1 选择 NETR/NETW 选项

② 指定需要的网络操作数目。在图 6.3.2 所示的界面中设置需要进行多少个网络读/写操作。由于本例有一个网络读和一个网络写，故设为“2”，然后，单击“下一步”按钮。

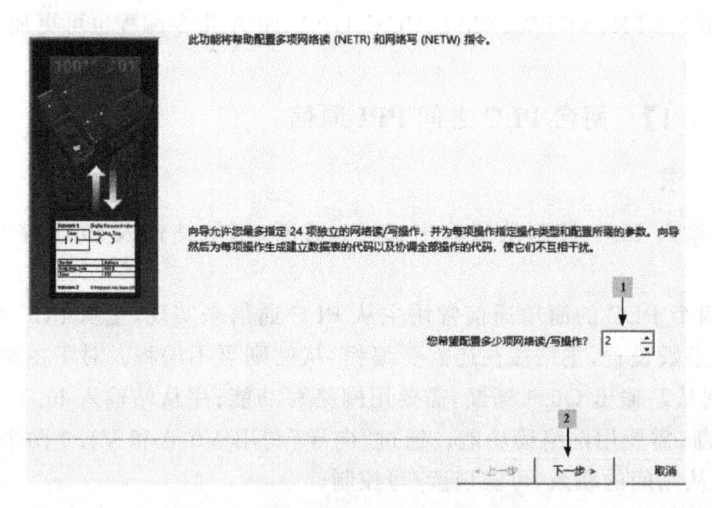

图 6.3.2 指定需要的网络操作数目

③ 指定端口号和子程序名称。由于 CPU 226 有 port 0 和 port 1 两个通信口，网络连接器插在哪个端口，配置时就选择哪个端口，子程序的名称可以不作更改，因此在图 6.3.3 所示的界面中直接单击“下一步”按钮即可。

④ 指定网络操作。图 6.3.4 所示的界面相对比较复杂，需要设置 5 个参数。在图 6.3.4 中的位置 1 处选择 NETR（网络读），主站读取从站的信息；在位置 2 处输入

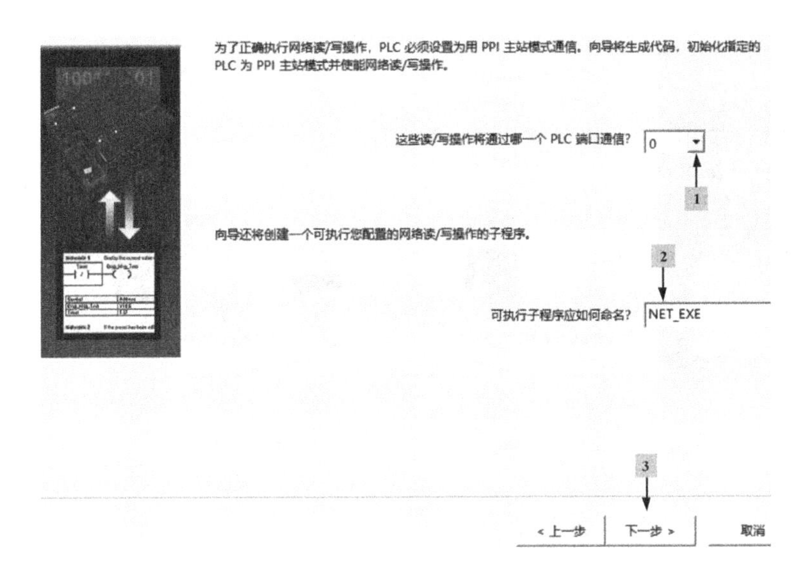

图 6.3.3　指定端口号和子程序名称

“1”，因为只有 1 个开关量信息；在位置 3 处输入“3”，因为从站的地址为“3”；位置 4 和位置 5 处输入“VB1”，然后单击“下一项操作”按钮。

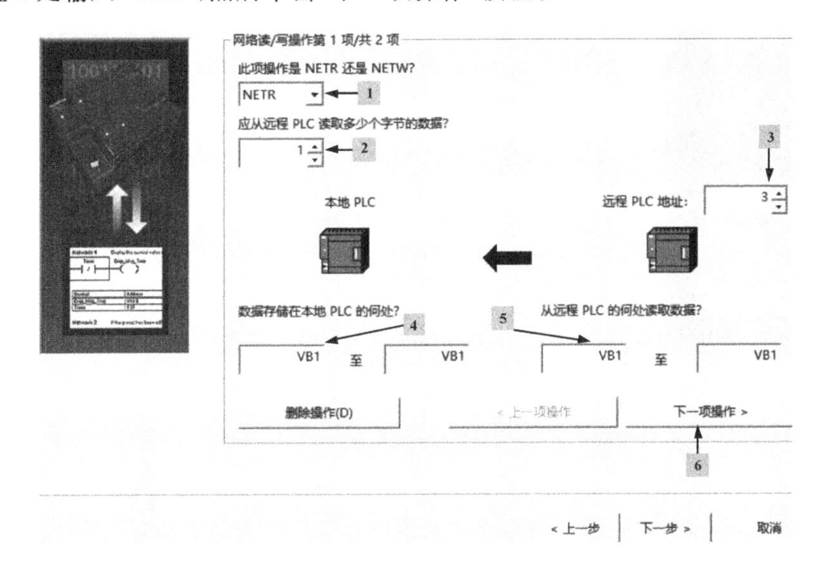

图 6.3.4　指定网络读操作

如图 6.3.5 所示，在图中位置 1 处选择 NETW（网络写），主站向从站发送信息；在位置 2 处输入“1”，因为只有 1 个开关量信息；在位置 3 处输入“3”，因为从站的地址为“3”；位置 4 和位置 5 处输入“VB0”，然后单击“下一步”按钮。

⑤ 分配 V 存储区。在图 6.3.6 所示的界面中分配系统要使用的存储区，通常使用默认值，然后单击“下一步”按钮。

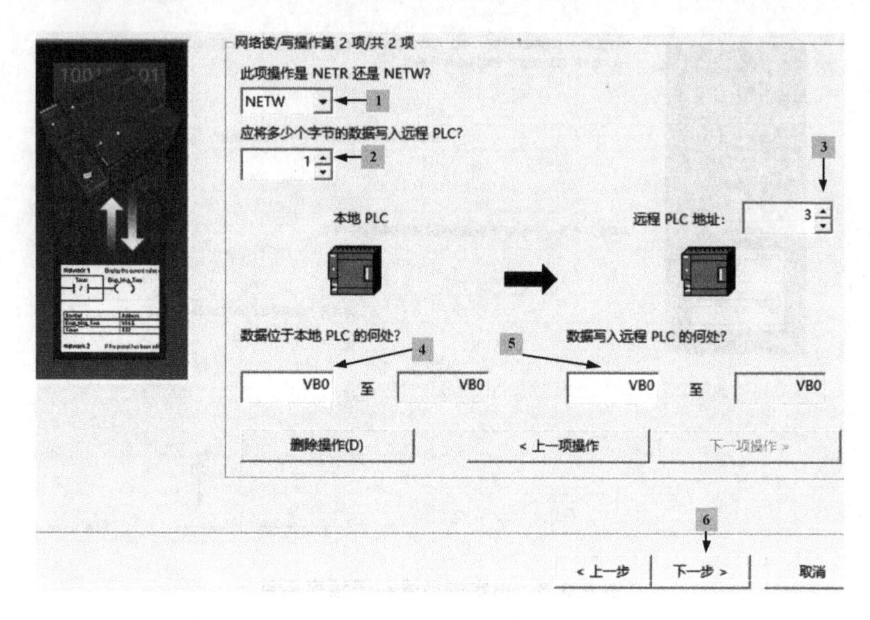

图 6.3.5　指定网络写操作

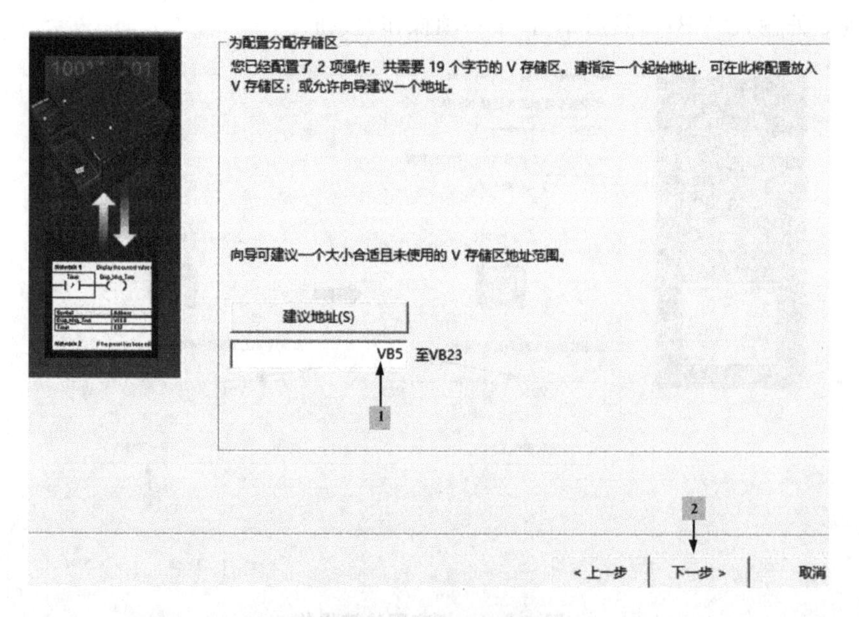

图 6.3.6　分配 V 存储区

⑥ 生成程序代码。最后单击“完成”按钮，如图 6.3.7 所示。至此，通信子程序“NET_EXE”已经生成，在后面的程序中可以方便地进行调用。

3. 编写程序

通信子程序只在主站中调用，从站不调用通信子程序，从站只需要在指定的 V

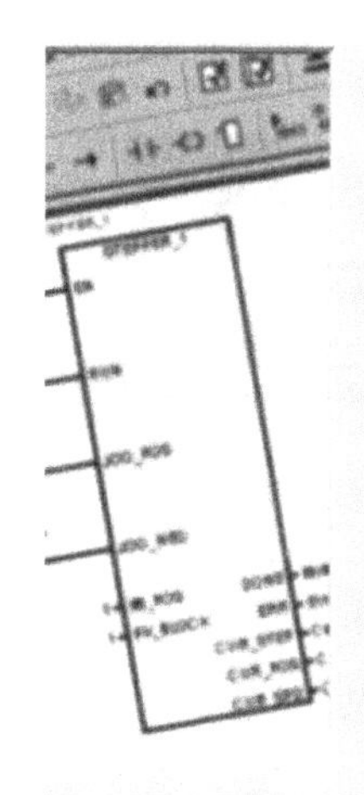

NETR/NETW 指令向导 现在会为您所选的配置生成项目组件，并使此代码能够被用户程序使用。您要求的配置包括以下项目组件：

子程序 "NET EXE"
全局符号表 "NET_SYMS"

以上列出的组件将成为您的项目的一部分。要在程序中使用此配置，须在主程序块中加入对子程序 "NET_EXE" 的调用。使用 SM0.0 在每个扫描周期内调用此子程序。这将开始执行配置的网络读/写操作。子程序 "NET_EXE" 具有用于配置网络读/写操作周期超时和表明出现超时错误的参数。
符号表 "NET_SYMS" 包含配置中每个网络读/写操作的状态（监控）符号地址。要增加、删除或修改网络读/写操作，请重新运行 S7-200 指令向导。

此向导配置将在项目树中按名称排列引用。您可以编辑默认名称，以便更好地识别此向导配置。

NET 配置

< 上一步　完成　取消

图 6.3.7　生成程序代码

存储单元中读/写相关的信息即可。主站和从站的程序如图 6.3.8 所示。

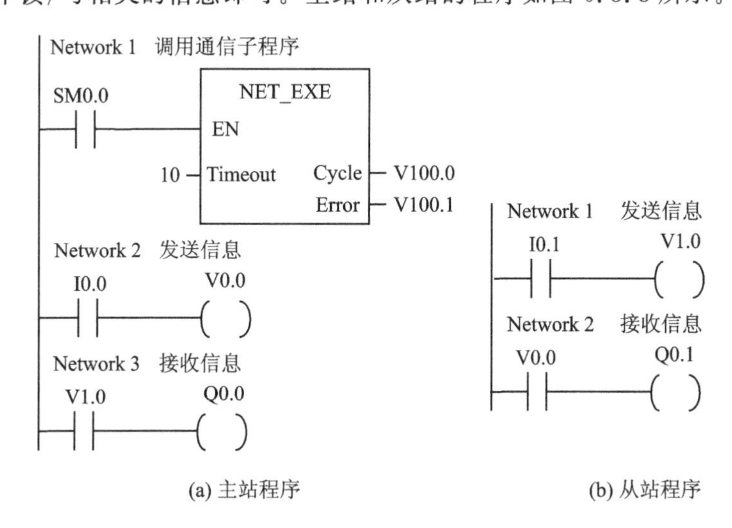

(a) 主站程序　　(b) 从站程序

图 6.3.8　主站和从站的程序

4. 下载程序及连接端口

完成上述操作后，将各个程序下载到各个 PLC 中，再通过 Profibus 网络电缆连接相应端口即可，如图 6.3.9 所示。最后联机调试运行。

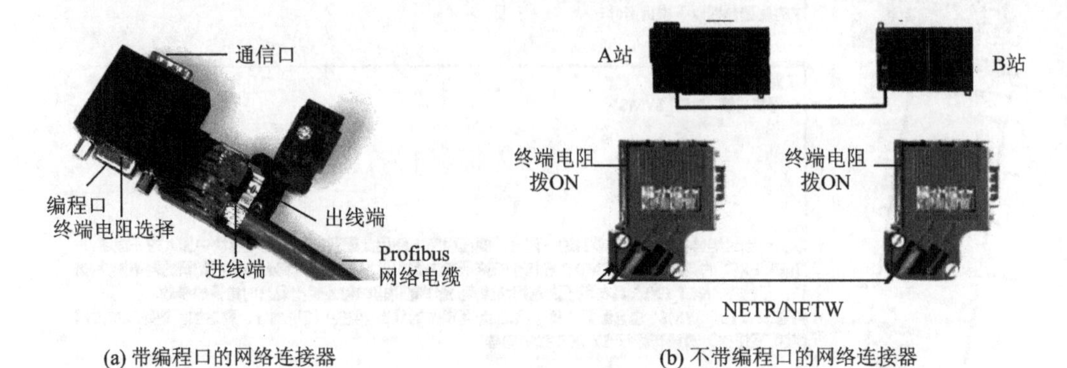

(a) 带编程口的网络连接器 (b) 不带编程口的网络连接器

图 6.3.9 主从 PLC PPI 通信示意图

网络连接器终端电阻选择 ON 表示接入终端电阻，所以两端的接头拨至 ON；OFF 表示断开终端电阻，所以中间的接头要拨至 OFF，连接器的进出两个接线都是通的。假如线上只有一个接头，通信口收发两针(3 和 8 脚)电阻值大约是 220 Ω；假如线上有两个接头，均是 ON 状态，收发两针电阻值大约是 110 Ω(被并联了)。

6.4 模拟量 I/O 扩展模块和 PID 闭环控制

6.4.1 模拟量 I/O 扩展模块

1. 模拟量 I/O 扩展模块的规格

模拟量 I/O 扩展模块包括模拟量输入模块、模拟量输出模块和模拟量输入/输出混合模块。部分模拟量 I/O 扩展模块的规格见表 6.4.1。

表 6.4.1 部分模拟量 I/O 扩展模块的规格

型 号	输入点	输出点	电 压	功 率	电源要求	
					5 V DC	24 V DC
EM231	4	0	24 V DC	2	20 mA	60 mA
EM232	0	2	24 V DC	2	20 mA	70 mA
EM235	4	1	24 V DC	2	30 mA	60 mA

2. 模拟量 I/O 扩展模块的接线

S7－200 系列的模拟量模块用于输入/输出电流或者电压信号。模拟量输入模块的接线如图 6.4.1 所示，模拟量输出模块的接线如图 6.4.2 所示。

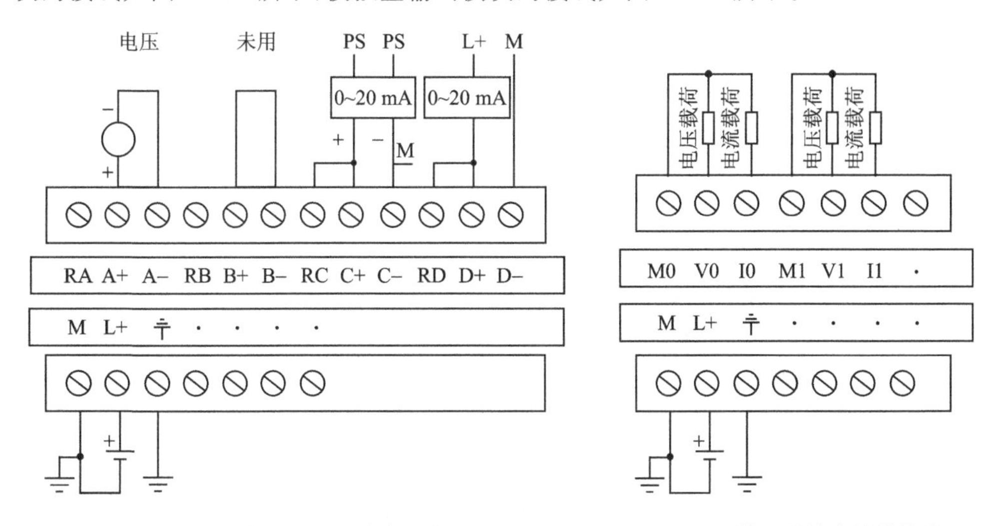

图 6.4.1　模拟量输入模块接线图　　**图 6.4.2　模拟量输出模块接线图**

模拟量输入模块有两个参数容易混淆，即模拟量转换的分辨率和模拟量转换的精度（误差）。分辨率是 A/D 模拟量转换芯片的转换精度，即用多少位的数值来表示模拟量。若 S7－200 模拟量模块的转换分辨率是 12 位，则能够反映模拟量变化的最小单位是满量程的 1/4 096。模拟量转换的精度除了取决于 A/D 转换的分辨率，还受到转换芯片的外围电路的影响。在实际应用中，输入的模拟量信号会有波动、噪声和干扰，内部模拟电路也会产生噪声、漂移，这些都会对转换的最后精度造成影响。这些因素造成的误差要大于 A/D 芯片的转换误差。

当模拟量扩展模块的输入点/输出点有信号输入或者输出时，LED 指示灯不会亮，这点与数字量扩展模块不同，因为西门子模拟量扩展模块上的指示灯没有与电路相连。

使用模拟量扩展模块时，要注意以下问题：

① 模拟量扩展模块有专用的扁平电缆与 CPU 通信，并通过此电缆由 CPU 向模拟量扩展模块提供 5 V DC 的电源。此外，模拟量扩展模块必须外接 24 V DC 电源。

② 每个模块都能同时输入/输出电流或者电压信号，对于模拟量输入的电压或者电流信号选择通过 DIP 开关设定，量程的选择也是通过 DIP 开关设定。一个模块可以同时作为电流信号或者电压输入模块使用，但必须分别按照电流和电压型信号的要求接线。但是，DIP 开关设置对整个模块的所有通道有效，在这种情况下，电流、电压信号的规格必须能设置为相同的 DIP 开关状态。如表 6.4.2 所列，0～5 V 和 0～20 mA 信号具有相同的 DIP 设置状态，可以接入同一个模拟量扩展模块的不同通道。

表 6.4.2 选择模拟量输入量程的 EM231 配置开关表

	SW1	SW2	SW3	满量程	分辨率
单极性	ON	OFF	ON	0～10 V	2.5 mV
		ON	OFF	0～5 V	1.25 mV
				0～20 mA	5 μA
双极性	OFF	OFF	ON	±5 V	2.5 mV
		ON	OFF	±2.5 V	1.25 mV

双极性就是信号在变化的过程中要经过“零”,单极性不过零。由于模拟量转换为数字量是有符号整数,所以双极性信号对应的数值会有负数。在 S7－200 中,单极性模拟量输入/输出信号的数值范围是 0～32 000,双极性模拟量信号的数值范围是－32 000～32 000。

③ 对于模拟量输入模块,传感器电缆线应尽可能短,而且应使用屏蔽双绞线,导线应避免弯成锐角。靠近信号源屏蔽线的屏蔽层应单端接地。

④ 未使用的通道应短接。如图 6.4.1 中的 B＋和 B－端子,未使用,进行了短接。

⑤ 一般电压信号比电流信号容易受干扰,所以应优先选用电流信号。由于电压型的模拟量信号输入端的内阻很高(S7－200 的模拟量模块为 10 MΩ),所以极易引入干扰。一般电压信号用于控制设备柜内电位器设置,或者距离非常近、电磁环境好的场合。电流信号不容易受到传输线沿途的电磁干扰,因而在工业现场获得广泛的应用。电流信号可以传输比电压信号远得多的距离。

⑥ 对于模拟量输出模块,电压和电流信号输出信号的接线不同,各自的负载接到各自的端子上。

⑦ 模拟量输出模块总是要占据两个通道的输出地址,即便有些模块(EM 235)只有一个实际输出通道,它也要占用两个通道的地址。在计算机和 CPU 实际联机时,执行 Micro/WIN 的 PLC→“信息”命令,可以查看 CPU 和扩展模块的实际 I/O 地址分配。

【项目 6.2】 PLC 的 A/D 模块控制液体加热装置

(1) 要 求

液体温度范围为 0～100 ℃。温度传感器 ST 通过变送器将模拟量的电压信号(0～10 V)输入到 PLC,与温度设定值 60 ℃进行比较。如果液体温度小于设定值,则 PLC 的模拟量输出口输出控制信号接通加热器 UC,否则停止加热。初始状态为容器内已储满液体。系统设有启动按钮和停止按钮。

(2) I/O 分配

液体加热 I/O 接口图如图 6.4.3 所示。

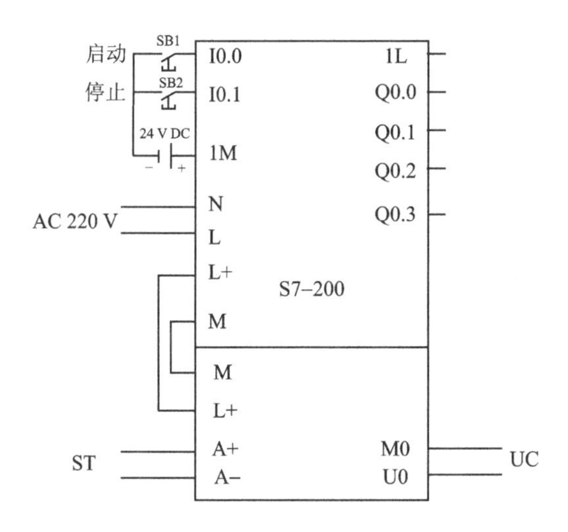

图 6.4.3　液体加热 I/O 接口图

(3) 梯形图设计

液体加热梯形图如图 6.4.4 所示。

(4) 安装调试

仿真调试时,注意仿真配置选 CPU 的最高型号 226XM,其次在主机右边第一白色模块处双击添加 A/D 模块 EM231,在右边第二白色模块处双击添加 D/A 模块 EM232。运行时,拖动模块 EM231 中 AIW0 的滑块,即改变输入温度对应的模拟电压 AIW0 值,观察模块 EM232 中 AQW0 输出模拟电压对应的变化。

6.4.2　PID 闭环控制

1. 模拟量闭环控制系统的组成

闭环控制是根据控制对象输出反馈来进行校正的控制方式,它是在测量出实际与计划发生偏差时,按定额或标准进行纠正的。

图 6.4.5 所示为典型的 PLC 模拟量闭环控制系统结构框图,图中虚线部分可由 PLC 的基本单元 PID 加上模拟量输入/输出扩展单元(如 EM231和 EM232)来承担,即由 PLC 自动采样来自检测元件或变送器的模拟输入信号,同时将采样的信号转换为数字量,存储在指定的数据寄存器中,经过 PLC 运算处理后输出给执行机构去执行。

图 6.4.5 中 $c(t)$为被控量,该被控量是连续变化的模拟量,如压力、温度、流量、转速等。mv(t)为模拟量输出信号,大多数执行机构(如电磁阀、变频器等)要求 PLC 输出模拟量信号。PLC 采样到的被控量 $c(t)$需转换为标准量程的直流电流或直流电压信号 pv(t),例如 4～20 mA 和 0～10 V 的信号。sp(n)是给定值,pv(n)是 A/D

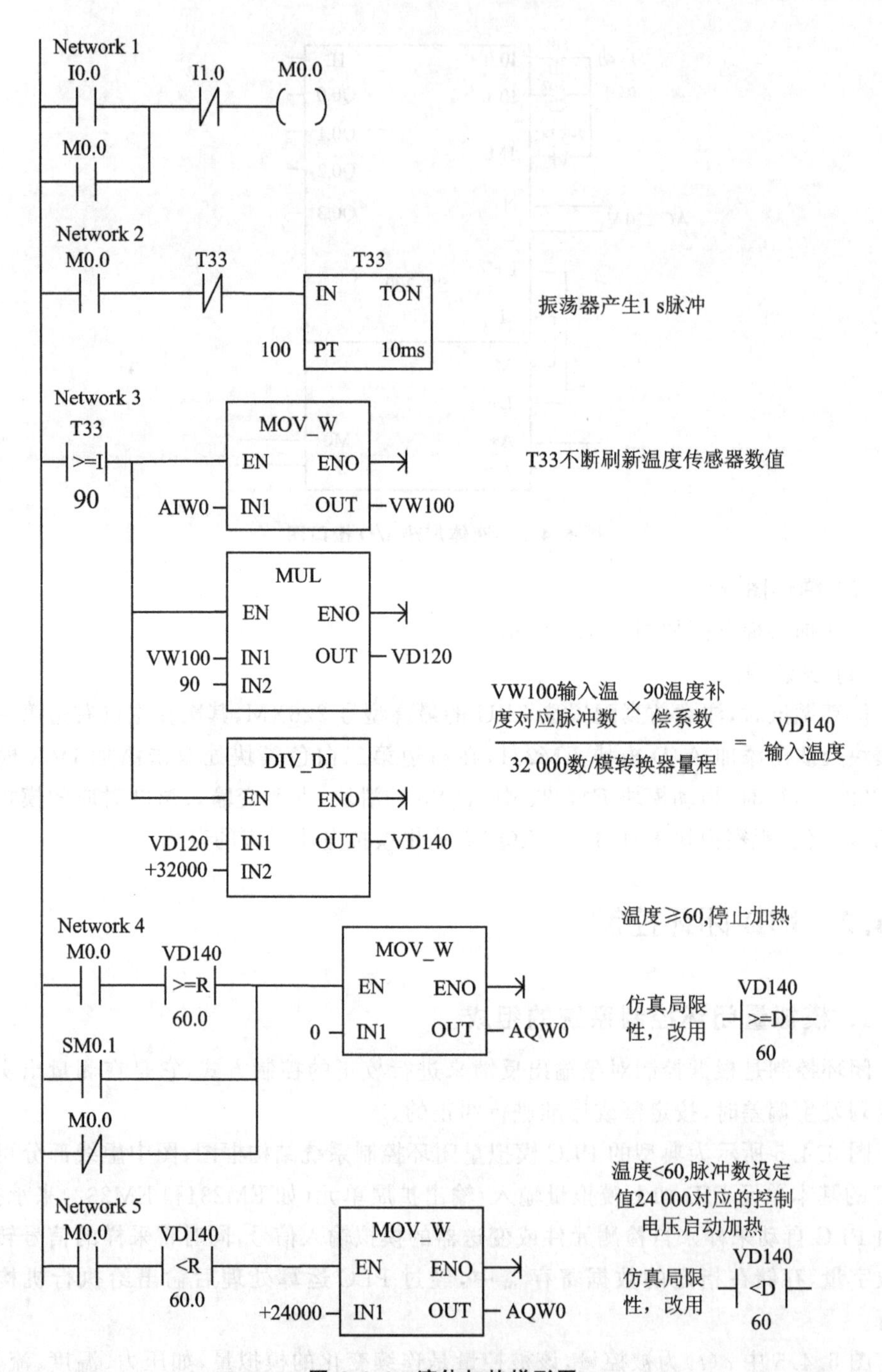

图 6.4.4 液体加热梯形图

转换后的反馈量。ev(n)是误差，ev(n)＝ sp(n)－ pv(n)。sp(n)、pv(n)、ev(n)、mv(n)分别是模拟量 sp(t)、pv(t)、ev(t)、mv(t)第 n 次采样计算时的数字量。

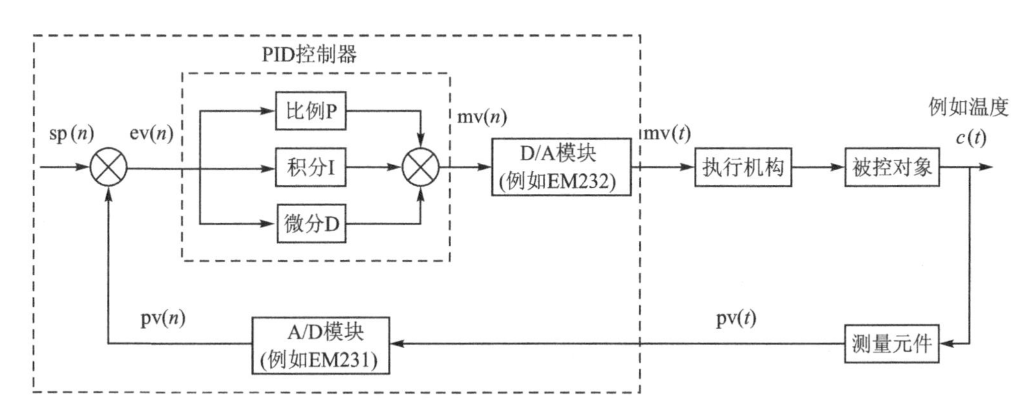

图 6.4.5　PLC 模拟量闭环控制系统结构框图

PID(Proportional Integral Derivative)即比例(P)-积分(I)-微分(D),其功能是,实现在有模拟量的自动控制领域中,需要按照 PID 控制规律进行自动调节的控制任务,如温度、压力、流量等。PID 是根据被控制输入的模拟物理量的实际数值与用户设定的调节目标值的相对差值,按照 PID 算法计算出结果,输出到执行机构进行调节,以达到自动维持被控制量跟随用户设定的调节目标值变化的目的。

2. PID 控制器的主要优点

① 不需要知道被控对象的数学模型。实际上,大多数工业对象准确的数学模型是无法获得的,对于这一类系统,使用 PID 控制可以得到比较满意的效果。

② PID 控制器具有典型的结构。各个控制参数相对较为独立,形成了完整的参数调整方法,很容易为工程技术人员掌握。

③ 有较强的灵活性和适应性。PID 控制器适用于各种工业应用场合,特别适用于"一阶惯性环节+纯滞后"和"二阶惯性环节+纯滞后"的过程控制对象。

④ PID 控制根据被控对象的具体情况,可以采用各种 PID 控制的变化改进控制方式,如 PI、PD、带死区的 PID、积分分离式 PID、变速积分 PID 等。

3. PID 表达式

模拟量 PID 控制器的输出表达式为

$$\mathrm{mv}(t)=K_{\mathrm{P}}\left[\mathrm{ev}(t)+\frac{1}{T_{\mathrm{I}}}\int \mathrm{ev}(t)\mathrm{d}t+T_{\mathrm{D}}\frac{\mathrm{dev}(t)}{\mathrm{d}t}\right]+M$$

式中:控制器的输入量(误差信号)$\mathrm{ev}(t)=\mathrm{sp}(t)-\mathrm{pv}(t)$,其中,$\mathrm{sp}(t)$为设定值,$\mathrm{pv}(t)$为过程变量(反馈值);$\mathrm{mv}(t)$为 PID 控制器的输出信号,是时间的函数;$K_{\mathrm{P}}$ 为 PID 回路的比例系数;T_{I} 和 T_{D} 分别为积分时间常数和微分时间常数;M 是积分部分的初始信号。

PID 参数整定是控制系统设计的核心内容,它是根据被控过程的特性,确定 PID 控制器的比例系数、积分时间和微分时间大小的。PID 控制器主要的参数 T_{I}、T_{D} 和 T_{S}(采样周期)需整定,无论哪一个参数选择不合适都会影响控制效果。

4. PID 表

PID 的应用控制可以采用 3 种方式进行：PID 应用指令方式、PID 指令向导方式和 PID 自整定方式。其中，PID 应用指令方式直接使用 PID 回路控制指令进行操作；PID 指令向导方式是在 SETP 7 - Micro/WIN32 软件中，通过设置相应参数来完成 PID 运算操作的；PID 自整定方式为用户提供了一套最优化的整定参数，使用这些参数可以使控制系统达到最佳的控制效果。

限于篇幅，下面仅简单介绍 PID 指令向导方式。

SETP 7 - Micro/WIN 软件提供了 PID 指令向导方式，用户只要在向导下设置相应的参数，就可以快捷地完成 PID 运算的子程序。在主程序中，通过调用由向导生成的子程序，就可以完成控制任务。PID 指令向导方式的操作类似网络读/写向导的操作。步骤大致如下：

① 运行向导；

② 回路给定值标定；

③ 回路输入/输出选项；

④ 回路报警选项；

⑤ 指定 PIN 运算数据存储区；

⑥ 创建子程序、中断程序；

⑦ PIN 生成子程序、中断程序和全局符号表；

⑧ 编写 PID 控制的主程序。

例 6.4.1　PID 向导的编程使用练习。通过 PID 向导，编写保持加热温度为给定值的控制程序。

要求：温度控制系统的温度变送器将 0～100 ℃温度转换为 4～20 mA 的电流，再通过一个 500 Ω 的电阻转换为 2～10 V 的电压，送到 CPU 224XP 本机集成的模拟量输入端。加热器用 Q1.0 输出的 PWM 脉冲来控制。

分析：自行完成 PID 向导配置。PID 向导配置完成后，只要主程序块中使用 SM0.0 在每个扫描周期中调用子程序 PID0_INIT 即可，选择指令树→指令→调用子程序→PID0_INIT。温度控制系统参考主程序如图 6.4.6 所示。

在 PID0_ INIT 子程序中包括以下几项：

① 反馈过程变量值地址 PV_I，即 AIW0。

② 给定值 Setpoin～，根据向导中设定的 0.0～100.0，输入 50.0，也就是过程值的 50%。因为过程值 AIW0 是一个 0～100 ℃的温度值，所以此处 50.0 代表 50 ℃。

③ 手动/自动控制方式选择 Auto～和 Manual～，表示用 I1.2 控制 PID 的手动/自动控制方式。当 I1.2 为 1 时为自动，经过 PID 运算从 Output 输出；当 I1.2 为 0 时，PID 将停止运算。

④ 手动控制输出值 ManualOutput，30.0。因配置向导时设定回路输出为数字

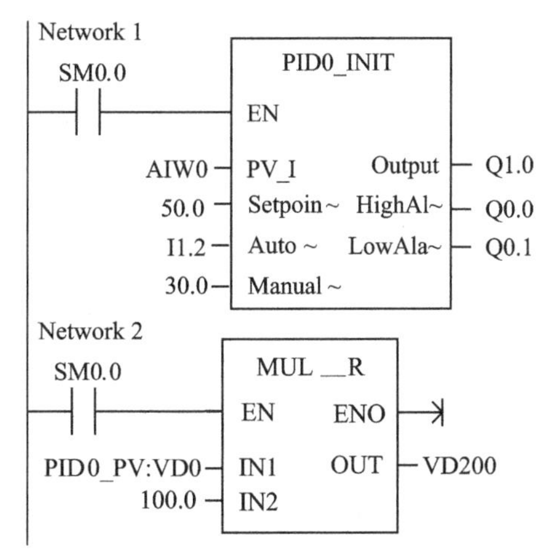

图 6.4.6　温度控制系统参考主程序

量，所以此处 30.0 代表占空比为 30%。

⑤ PID 控制输出值地址 Output，即 Q1.0，此处连接加热器。注意：在 PID0_INIT 子程序中，“Setpoin～”端的输入设定值可为常数，也可为变量地址。

⑥ HighAl～为高限报警条件，条件满足时 Q0.0 有输出。

⑦ LowAla～为低限报警条件，条件满足时 Q0.1 有输出。

将 PID 控制程序、数据块下载到 CPU 中，单击运行，可观察到标准过程变量 VD0 被反馈控制在设置值的范围内，对应实际过程变量（实际温度值）VD200 被控制在 50 ℃范围内。

在 CPU 处于运行模式，且 Micro/WIN 与 CPU 连接情况下，执行“工具”→“PID 调节控制面板”命令，弹出如图 6.4.7 所示的对话框。先手动调节，再自动调节。也

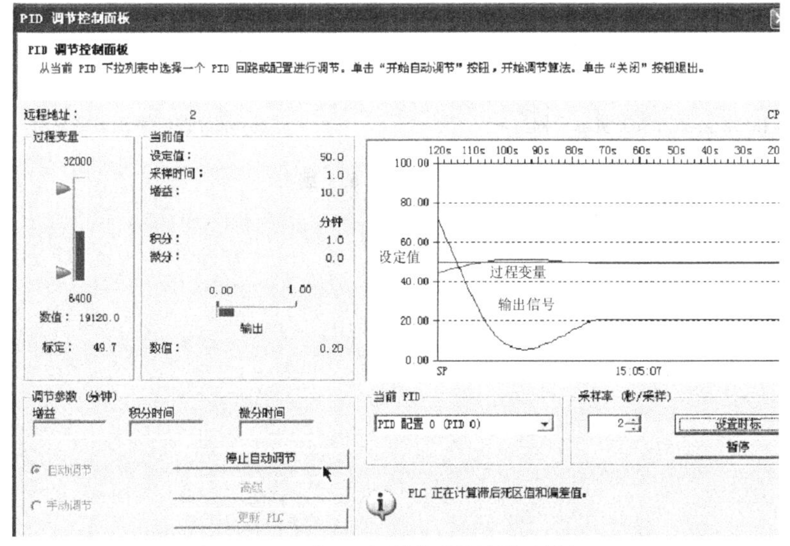

图 6.4.7　“PID 调节控制面板”对话框

就是说，过程值和设定值接近，并且输出没有不规律的变化，最好处于控制范围中心附近，完成 PID 自整定，得到较理想的增益以及积分和微分时间。

习　题

6.1　用 MCGS 组态软件完成一个水位控制系统的组态工程。

要求：

(1) 水位控制需要采集两个模拟数据：液位 1(最大值 10 m)；液位 2(最大值 6 m)；3 个数字数据：水泵、调节阀、出水阀。

(2) 完成工程中涉及动画制作、控制流程的编写、模拟设备的连接、数据显示、报警输出、报表曲线显示。

(3) 工程组态完成后，最终效果图如题图 6.1 所示。

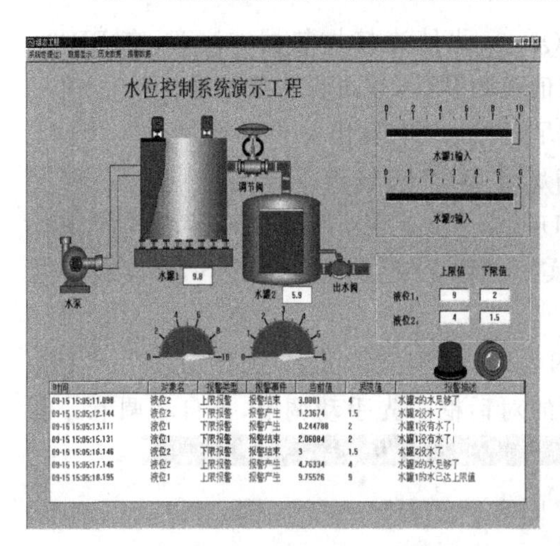

(a) 水位控制系统演示工程

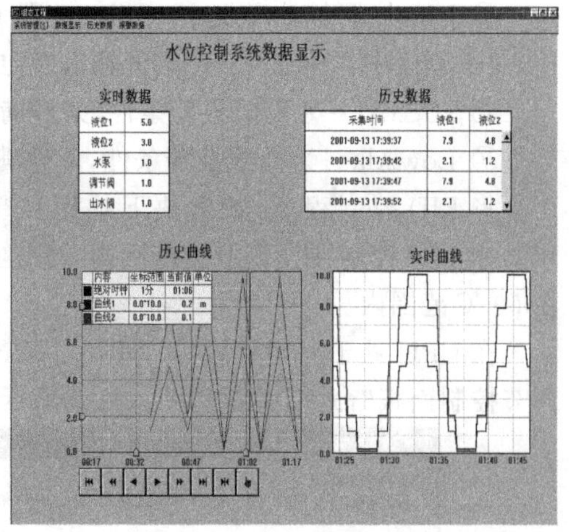

(b) 水位控制系统数据显示

题图 6.1　题 6.1 图

说明：组态测试时，均采用模拟数据进行。

参考文献

[1] 郑凤翼. PLC 程序设计方法与技巧[M]. 北京:机械工业出版社,2014.

[2] 阳胜峰. 视频学工控西门子 S7-200[M]. 北京:中国电力出版社,2015.

[3] 向晓汉. S7-200 PLC 完全精通教程[M]. 北京:化学工业出版社,2012.

[4] 廖常初. S7-200 PLC 基础教程[M]. 北京:机械工业出版社,2009.

[5] 方凤铃. PLC 技术及应用一体化教程(西门子 S7-200 系列)[M]. 北京:清华大学出版社,2011.

[6] 陈忠平,侯玉宝,李燕. S7-200 PLC 从入门到精通[M]. 北京:中国电力出版社,2015.

[7] 王红,迟恩先. PLC 系统设计与调试[M]. 北京:中国水利水电出版社,2015.